本书由大连市人民政府资助出版

岩土体应变局部化的 Cosserat 连续体理论与数值分析

唐洪祥　李锡夔　著

科学出版社

北京

内 容 简 介

针对岩土体的应变局部化问题，本书提出利用引入了正则化机制的Cosserat连续体理论来进行分析。对单相固体介质和饱和两相多孔介质，发展了二维、三维Cosserat连续体模型，从高阶有限元方法到低阶高精度有限元数值方法等方面进行了系统深入的分析研究，并进行了典型岩土工程问题的具体模拟应用，表明所发展的Cosserat连续体模型具有保持应变局部化边值问题适定性、再现应变局部化问题特征、模拟岩土体完整的破坏过程的能力。

本书可供土建、水利、交通等部门从事岩土工程领域研究的科研人员参考，也可供从事计算固体力学专业和工程中力学问题数值模拟工作的科技人员参考。

图书在版编目(CIP)数据

岩土体应变局部化的Cosserat连续体理论与数值分析/唐洪祥，李锡夔著. —北京：科学出版社，2018.6

ISBN 978-7-03-057327-8

Ⅰ. ①岩… Ⅱ. ①唐… ②李… Ⅲ. ①岩土力学—数值分析 Ⅳ. ①TU4

中国版本图书馆CIP数据核字（2018）第093272号

责任编辑：任加林　王会明 / 责任校对：王万红
责任印制：吕春珉 / 封面设计：东方人华

科学出版社出版
北京东黄城根北街16号
邮政编码：100717
http://www.sciencep.com
三河市骏杰印刷有限公司印刷
科学出版社发行　各地新华书店经销
*
2018年6月第一版　开本：B5（720×1000）
2018年6月第一次印刷　印张：13
字数：260 000

定价：80.00元

（如有印装质量问题，我社负责调换〈骏杰〉）
销售部电话 010-62136230　编辑部电话 010-62139281（HA08）

前　　言

在岩土体工程灾害中，一种比较普遍存在的且难以预测的情况是以剪切带为特征的渐进破坏和应变局部化现象，其通常有一个从发生、发展到整体失稳，再到滑动破坏的渐进过程。对于应变局部化和剪切带破坏问题，基于经典连续体理论的有限元数值方法的初边值问题在数学上将成为不适定，并导致病态的有限元网格依赖解。为正确地数值模拟由应变软化引起，以在局部狭窄区域急剧发生和发展的非弹性应变为特征的应变局部化现象，必须在经典连续体中引入某种类型的正则化机制以保持应变局部化问题的适定性。

本书在分析经典连续体模型对应变局部化问题数值模拟基本缺陷的基础上，利用引入了正则化机制的 Cosserat 连续体理论来进行应变局部化问题的分析工作，为数值上解决岩土类介质的渐进破坏分析提出一个合理的途径。经过前后十多年的努力，本书作者从理论分析及数值方法上建立了弹塑性 Cosserat 连续体模型，从二维平面应变问题到三维空间问题，从单相固体介质到饱和两相多孔介质，从高阶有限元方法到发展低阶高精度有限元等方面进行了系统、深入的分析研究，并进行了典型岩土工程问题的具体模拟应用。

本书的研究工作得到了国家自然科学基金重点基金项目（51639002）、国家重点基础研究发展计划（“973”计划）项目（2010CB731500）、大连理工大学基本科研业务费专项项目（DUT16ZD211）及地质灾害防治与地质环境保护国家重点实验室开放基金项目（SKLGP2017K023）的资助，作者在此表示衷心的感谢。同时感谢研究生胡兆龙、管毓辉、张毅鹏在本书部分内容的研究方面的出色工作，感谢研究生董岩、孙发兵、林荣烽、韦文成在本书文稿的整理和校阅等方面付出的辛勤劳动。

本书由大连市人民政府资助出版。

限于作者水平，书中难免有错误和遗漏，敬请读者批评指正。

作　者

2018 年 1 月于大连理工大学

目　　录

第 1 章　绪　　论

1.1　岩土体应变局部化研究的重要性、主要方法及存在问题

1.1.1　岩土体应变局部化研究的重要性

我国是一个山地面积广大而平原区域相对较少的多山地国家，每年在山地分布密集的西部地区都会发生各类地质灾害（如滑坡、泥石流等），造成大量的人员伤亡和巨额的国民财产损失，给人们的生产和生活带来诸多不便；加之近几十年经济发展水平的不断提高，国内各地大兴土木，在各类基础设施、工业民用建筑的建设过程中也出现了很多工程安全问题，导致了大量的人员伤亡和财产损失。在这些自然或是人为的灾害事故中，很大一类都与岩土体的破坏有关，山体滑坡、泥石流等自然灾害自不必说，各类土木工程建设项目中涉及岩土工程的灾害事故也十分普遍，如基坑开挖不当引起的坑壁坍塌、人工放坡导致的坡体滑移破坏、建筑高大坝体时引起的地基沉降与破坏等。因此，研究岩（石）土材料在不同条件下的破坏特征，合理预测其受力破坏发展过程，对于预防各类自然或是人为因素条件下形成的地质灾害、减少人员伤亡和财产损失具有重要的意义。

在岩土工程领域，应变局部化现象是岩土体灾害事故中重要而又十分常见的一类破坏现象，上述的各类岩土体破坏现象都属于这一范畴。通过对超固结黏土、密实砂土以及脆性岩石的强度试验研究，可以一窥应变局部化现象的一些基本特征：当外载达到一定的水平后，试样的整体承载能力不再随外载的增加而增加，而是在某一峰值后随着变形的继续增加而逐渐降低到一个较低的水平，在岩土介质中变形也相对集中在一个狭窄的带状区域内，即形成剪切带。该现象是诱发地质体渐进破坏（如滑坡失稳破坏、基坑开挖坑壁坍塌破坏等）的重要原因和具体表现，但有时其又表现出不可预知性[1-6]。

随着计算机技术的飞速发展，基于计算机技术的数值仿真方法，给研究此类问题带来一条有别于试验研究和理论研究但更加方便和有效的途径，人们需要做的是识别出不同条件下土体渐进变形的应变局部化破坏机制，建立合适的数值模型并发展能预测局部化变形的数值方法。合理可靠的数值模型能够给人们提供较准确的预测应变局部化导致的岩土体破坏问题的手段和方法，使人们及早进行灾害预防，避免出现严重的人员伤亡和财产损失，这对保障我国持续健康稳定的经济发展和基建设施建设具有十分重要的现实意义。

1.1.2 岩土体应变局部化研究的主要方法

作为岩土工程领域常见的一类破坏形式，应变局部化问题很早就受到学术界的关注，尤其是近年来工程领域对于岩土体承载力和变形的要求日益严格，对应变局部化的产生机理和影响因素的研究，越发引起人们的重视。近些年来，研究者们逐渐将目光聚集到剪切带的产生与扩展问题的分析上，并由此取得了大量的研究成果。

下面主要从应变局部化问题的试验研究、理论研究以及数值研究三个方面论述其发展进展。

1. 试验研究

传统的研究岩土体应变局部化问题的试验方法有直剪试验、三轴试验、平面应变试验等。近年来随着科技水平的不断提高，一些先进的测量技术（如扫描电镜、计算机图像技术、X 射线以及立体成像技术等）也被引用到试验测量研究土体的应变软化等力学性质中。传统的试验方法结合先进的测量技术极大地推动了应变局部化试验研究的发展。

Morgenstern 等[7]首先采用直剪试验方法观察了高岭土中剪切带的产生过程。Roscoe[8]则最早使用 X 射线技术研究了单剪试验和挡土墙的离心机模型试验中的剪切带形成机制。Scarpelli 等[9]利用 X 射线研究了砂土直剪试验中剪切带的模式，通过试验观察表明：试验装置会对砂土的剪切带倾角产生影响，这主要是通过试验装置对试样的约束限制程度不同而起作用；同时砂土试样的颗粒尺寸也影响着剪切带的模式。直剪试验装置简单操作方便，原理也相对简单，但模拟形式较为单一，且不能真正模拟剪切带的初边值条件，因而存在一些不足之处。学者们进而采用双轴平面应变仪、三轴试验仪等更接近土体真实应力、边界条件的试验装置来研究剪切带。

Vardoulakis[10]分别对松砂和密砂进行了平面应变试验研究，结果表明：在砂土应力-应变关系的硬化阶段出现了剪切带，剪切带倾角的试验值与 Mohr-Coulomb 理论和 Roscoe 理论求得的倾角的理论平均值基本一致。随后 Vardoulakis 又与 Graf[11]一起在平面应变条件下研究了干砂的初始缺陷对其剪切带的形成和发展产生的影响，其结果表明：试样的变形首先在其缺陷处发生，然后以缺陷处为始点，沿一定角度向外扩张，形成剪切带，而剪切带的形成模式显著地受到初始缺陷的大小和形式影响。Ord 等[12]研究了 Gosford 砂岩的平面应变试验，发现试样的剪切带同样形成于应力-应变关系的硬化阶段。Perice 等[13]通过对比研究轴对称条件与平面应变条件下应变局部化的差异，认为局部化剪切带更容易在平面应变条件下形成和发展。Finno 等[14]基于立体成像技术观察了平面应变条件下的饱和细颗粒松砂试样的剪切带形成过程，在所有试验中无论是否排水均清晰地观察到了剪切带出现的模式，及其持续发展的整个过程，这表明排水条件并不影响饱和松砂中剪切带的出现和发展。在相关的试验研究中[15]，Finno 等进一步讨论了制样方法对于砂土剪切带形成的影响。而 Yoshida[16]在平面应变试验条件下，着重关注研究了试样的颗粒尺寸、颗粒破碎性质以及颗粒的角状对于试样局部变形以及剪切带形成发展的影响，通过研究他们发现：试样的颗粒尺寸对剪切带内的变形特性影响最大，而颗粒的角状则对剪切带的形成影响最小，颗粒的破碎性对剪切带的形成影响作用居中。Oda 与 Kazama[17]结合 X 射线技术和光学显微镜，观察了平面应变条件下 Toyoura 砂和 Ticin 砂试样剪切带内微结构的变形特性，得到其剪切带的微观形成规律。Desrues 等[18]则首先成功地观测了平面应变条件下，试样内部的局部化变形过程，其主要做法是利用成像技术连续跟踪拍摄试样的变形过程，并将其内部应变增量场绘制出来，通过对比不同时序下的变形图片及应变增量场，完整地记录了试样内部应变局部化的变化过程，其试验结果表明：剪切带首先从试样中心产生，然后沿着与 Coulomb 公式计算的剪切带倾角大致相同的方向发展，试样最终由于应变局部化变形的发展而破坏，在剪切带邻近区域土体的剪胀十分明显，而远离剪切带的区域体积基本保持不变。张启辉等[19]利用改装的平面应变仪对上海典型硬黏性土进行了不排水剪切试验，初步讨论了剪切带内的变形机理；李蓓等[20]采用可量测局部侧向应变的平面应变仪具体研究了上海地区黏性土的固结不排水三轴剪切试验，通过对比剪切带的实测倾角与传统土力学理论中剪切带倾角的计算值，研究了剪切带内的变形机理，并认为剪切带的形成与孔隙水的运动密切相关。

除了以上提到的常规试验方法，在研究岩土类材料的应变局部化问题时，人们也采用了一些新近的试验技术：JIANG 等[21]基于微观定量测试技术，利用扫描电镜对结构性黏土的剪切带及其附近土体的微观结构进行了分析，从宏细观角度对比讨论了剪切带的发展规律，加深了人们对于剪切带形成机制的认识；潘一山等[22]则介绍了基于白光数字散斑相关技术研究岩土材料破坏过程中出现的应变局部化现象的方法，具体研究了花岗岩、煤以及土三种材料，实验中实时、定量跟踪和测定了这几类岩土材料的应变局部化发展规律；Take 与 Bolton[23]基于离心机模型试验技术对超固结土堤坝的渐进破坏过程进行了模拟试验，通过高质量的位移量测技术以及对于土体吸力的监测，在严格控制试验的边界条件下，离心模拟研究超固结土堤坝的试验达到了理想的效果，并对目前的数值模拟程序提出了合理的建议。随着这些新技术的应用，岩土研究的视角也必将向着更小更细致的时空区域进发，测量的精确程度也必将提升到更高的层次，这些新方法给研究土体渐进破坏过程、解释应变局部化问题的理论机理带来了新的途径。

2. 理论研究

应变局部化往往与应变软化联系在一起。从应变软化的机理来看，大多数土体（尤其是有一定胶结的天然土和超固结土）或多或少具有软化特征。由于土工建筑物物理特性的局部缺陷或几何特性，其应力分布一般是不均匀的，局部剪应力较大的材料点首先超过初始（峰值）抗剪强度，导致局部的破坏，随着变形沿着局部破坏区的发展，土体表现出某种应变软化特性，其强度与承载能力降低，破坏区土体所不能再承受的那部分剪应力将会转移给相邻的未破坏和未软化土体，引起相邻土体依次破坏和软化；随着土工建筑物所承受变形的进一步发展，这个过程会继续进行直到剪应力与抗剪强度达到平衡为止，此时，局部土体将承受较大的变形和处于软化阶段，而其余大部分土体材料还没达到峰值强度。如果达不到这样的平衡，这个过程将会继续直到破坏区域贯通成完整的破坏区（或剪切带）。此后土体结构物的应变集中在这一有限宽度的破坏区急剧发展，由于应变软化效应导致强度和承载能力逐渐下降[24]。因此，应变局部化表现为渐进破坏过程，而且在这个过程中还可能伴随着孔隙水的流动和局部含水量的变化，这在研究土工建筑物的长期稳定性问题中，有着十分重要的实际意义。

沈珠江将软化机理分为三种情况[25]，即减压软化（剪切过程中围压降低或孔压升高）、剪胀软化（与剪胀过程中颗粒组构变化有关）和损伤软化（颗粒间胶结链的破坏），并指出以上三种机理经常同时存在，如超固结黏土开挖时先有围压降低并伴随膨胀而产生负的孔隙压力，接着水分入渗导致吸力丧失，再接着随着变形的增大形成剪切带。

另外，必须强调指出，应变软化并不是发生变形局部化现象的唯一原因。对于岩土塑性材料，应用关联流动法则难以反映实际岩土的剪胀与剪缩状况，因而广泛采用了非关联的塑性流动法则。Rudnicki 和 Rice 证明了在采用非关联流动法则的情况下，即使在应变硬化时仍可能发生应变局部化[26]。进一步地，李锡夔等针对饱和非关联弹塑性多孔介质的动力分析给出了在应变硬化条件下发生颤震失稳的临界条件[27]。换句话说，当切线模量矩阵缺少对称性时，尽管没有应变软化，材料仍可能是不稳定的，仍可能发生应变局部化现象。从这点来说，局部化问题的研究具有更为广泛的意义。

软化问题一般归为结构软化与材料软化两类。前者为服从非关联流动法则的弹塑性材料的软化行为[28]，其局部化的出现与依赖于应力分量的当前值的局部分叉条件有关，软化不一定与选用的应力-应变准则的抗剪强度的损失有关。后者考虑承载能力的损失是材料的内在特性，在本构准则中假设软化的出现与积累的塑性应变有关[29,30]。Sterpi 对结构软化与材料软化分别进行了研究[31]，并指出，局部化变形的出现及其方向和宽度，受材料特性和状态以及试验条件等的强烈影响。根据材料特性，两种不同的局部化方式可被观察到。第一种材料特性具有很明显的黏聚力（如岩石类材料），在局部化变形中抗剪强度的黏性部分沿着破裂面逐渐消失。第二种材料具有典型的摩擦类材料特征（如密砂等），在局部化变形中形成狭窄的剪切带，在带内颗粒状材料结构有明显的变化，特别是随着相对密度减小，它的摩擦抗剪强度也减小。

3. 数值研究

建立在金属塑性理论基础上的分叉理论为应变局部化剪切带的研究提供了有力的工具，分叉理论主要是在 Hill[32,33]提出的应变局部化的理论框架基础上建立起来的。Rudnicki 等[26]在 Hill 的基础上也指出，可以将以剪切带为特征的应变局部化问题理解为描述材料非弹性变形的宏观本构特性发生了分叉，基于此他们首先提出了确定单相固体介质的应变局部化准则，将材料的力平衡方程、本构关系以及一致性条件结合在一起，使问题变为求解奇异矩阵的特征值问题。接着 Thomas，Hill 与 Rice 的工作[34-36]，Vardoulakis 将分叉理论引入到砂土的剪切带形成分析中，建立产生应变局部化的必要条件[37]。Mandel[38]指出可将土体在剪切过程中伴有应变软化特性的变形局部化失稳现象归结为材料非线性的分叉问题，其应力-应变关系随着加载的进行而产生分叉，因而可以采用分叉理论来分析研究土体材料的应变局部化问题。基于 Mandel 的工作，Vermeer 导出了剪切带倾角[39]，这与 Arthur 等在实验中得到的较为一致[40,41]。de Borst 用有限元数值方法求解了分叉问题[42]，Modaress 等对土工结构物的应变局部化及破坏进行了连续有限元分析，指出分叉及 Rice 的局部化条件以及二阶功的非正性等是材料失稳破坏的先兆[43]。Hilda van der Veen 则用分枝摆动技术进行了土体的变形分叉研究，得到了局部化的变形模式[44]。学者们也指出土体的分叉特性强烈的依赖于土体的本构模型[45]，试验和理论分析[46-49]都表明采用基于传统的材料稳定性 Drucker 公设基础上的共轴流动法则在分析土体的变形局部化问题时具有局限性，因此分析局部化变形失稳问题，宜采用土体变形分叉的非共轴理论。钱建固等[50]在此背景下发展了土体变形分叉的非共轴理论，赵锡宏等进行了弹塑性模型的非共轴修正对剪切带形成的研究，根据局部化变形理论，结合上海弹塑性模型，提出非共轴流动的修正方法以及分析非共轴流动对剪切带形成的影响[45]。这些关于分叉理论的研究，或预测了剪切带的倾角或找到了结构从均质变形转到局部变形的初始分叉点，但软化是几何还是材料特性只能在后分叉分析中估计到。另外分叉理论存在一定的缺陷，一是分叉点附近解的唯一性失去保证，刚度矩阵出现病态，难以保证计算结果的正确性；二是未对剪切带厚度与后局部化行为作任何交代。

在饱和/非饱和土体中产生应变局部化时，一般常伴随着局部剪胀和局部的孔隙水流动，即使在不排水条件下，局部排水似乎也不可避免，因此，为分析剪切带形成机制，需要考虑试样内部的局部孔隙水流动，Biot 固结理论[51,52]及广义 Biot 理论[53,54]为水土耦合的有限元数值模拟提供了有力工具。Takuo 等进行了计及膨胀及软化效应在内的开挖边坡的耦合有限元分析[55]，用三相非饱和模型来模拟膨胀过程（孔压消散），用随时间收缩的屈服面来考虑开挖中由于应力释放而导致结构开裂，以及随后由于水流入渗导致强度丧失的软化过程。Asaoka 采用无黏滞性的次加载面 cam-clay 模型进行了土水耦合的有限变形计算[56]，分析了超固结土壤由开挖引起边坡的剪胀及渐进性破坏，指出这是因土壤自身的软化以及因孔隙水流入局部化区域的土壤导致抗剪强度进一步降低引起的。

1.1.3 岩土体应变局部化数值研究存在的问题

上述基于经典连续体理论的有限元分析，在接近破坏条件出现失稳时，高应变区呈现局部化，且该区域内许多单元积分点处结果显示声张量成为奇异，拟静力问题的控制方程丧失椭圆型，这将使得所考虑的增量边值问题变为病态，问题的数值解答存在高度的网格依赖性。一旦处于高应变场的有限元数目达到一定的水平，离散的增量边界值问题也达到了病态阶段，这将导致在直接有限元分析中通常所使用增量算法的过早分叉。如果达到了材料的分叉条件，边值问题将丧失解的唯一性。研究结果表明[26,27,57-61]，基于经典（局部化）连续体对非关联塑性流动或应变软化非弹性的材料响应的数值模拟具有相当大的困难。

出现这种困难的主要原因在于上述研究中所采用的本构方程的局部特性，它假定一点的应力增量仅与那一点的应变增量有关，本构关系中不具有内尺度，不反映材料响应中的尺度效应。这个假定在破坏前阶段一般可接受，但在接近破坏或后破坏阶段其有效性则值得怀疑，因为此阶段破坏区域材料响应与所考虑材料点周围的粒子的位移与旋转密切相关。

1.2 Cosserat 连续体理论分析的必要性

当材料的破坏失稳与变形及其急剧发展限于狭窄的局部区域，称为变形局部化。变形局部化现象是指在金属、岩石、土壤等材料中观察到的高度变形的窄带，由于这些窄带中的变形通常以剪切变形模式为主，通常称其为剪切带。根据 Hill 的研究工作，剪切带被认为是联系两个速度梯度不连续材料面的一个薄的材料层[35]，对此问题的分析需要考虑描述这种材料行为的特殊的本构方程。

基于经典连续介质力学理论的有限元数值方法难以描述和模拟这种情况，其基本缺陷在于本构方程中不包含内部长度参数或高阶连续结构，因此当局部化现象发生时，在拟静力荷载下的介质平衡控制方程将丧失椭圆型，在瞬态加载下将丧失双曲线型，导致原初值边值问题提法的不适定性以及问题的数值模拟结果病态地依赖于有限元网格，并且当有限元网格加密时，剪切带变得越来越窄，应变软化部位的能量逸散将被错误地估计为零，其结果将收敛到不正确的没有物理意义的有限元解[62-68]。目前所提出的用来模拟应变局部化问题的理论中，有许多理论只是改善了数值计算某些方面的特性，但仍不能从根本上解决问题。如 Wu 利用增量非线性理论分析了砂土中的剪切带变形，考虑了剪切带内在的各向异性[69]，使结构刚度矩阵的可逆性得到了改善，但不能克服有限元网格的敏感性问题。

从数值稳定性角度出发，发展了弱间断和强间断途径。在弱间断途径中，剪切带内外有连续的位移场和间断的应变场，一些研究者应用此途径在一定程度上成功地分析了边坡稳定问题[70, 71]；在强间断途径中认为，没有剪切带，在二维平面问题中仅存在间断线，在三维空间问题中仅存在间断面，在间断线或间断面处的位移场出现跳跃。显然，此方法不能精确地捕捉到剪切带，自然也不能描述剪切带的变化与形式，得不到剪切带的厚度。强间断方法在得到网格无关的解答方面具有很大的潜力，但它仍处于发展阶段，并且目前仅局限在应用于少数几个经典本构模型，如 von Mises 或 Drucker-Prager 塑性模型等[72-75]。

在连续体的框架下，正确地数值模拟由应变软化引起的以在局部狭窄区域急剧发生和发展的非弹性应变为特征的应变局部化现象，有效的且具根本性的补救措施是在经典连续体中引入某种类型的正则化机制以保持应变局部化问题的适定性。

对于动力问题，通过考虑热流以及包含热力学耦合项或求助于本构描述中黏性的引入，原问题双曲线型的丧失及病态的网格依赖性能够或至少部分得到弥补。这些方法隐式地引入了一个内尺度到控制方程中，使得初边值问题的适定性得到保持[76-82]。

对于静力问题，显然上述方法不能引入一个内部长度尺寸，使得它们不能获得剪切带的厚度和克服单元网格的依赖性。

基于对经典连续介质理论的广义化，通常有三种不同的途径引入保持问题适定性的内尺度。

第一，建立一点的应力与特征长度范围内平均的非弹性应变的关系（非局部的本构方程），即非局部理论。应用此理论，Bazant 与 Pijaudier-Cabot 分析了材料的非局部损伤与局部化失稳[83,84]。非局部理论的缺点是在 Newton 方法的框架下需重新表述一致性条件，而且即便采用关联流动法则，其切线刚度矩阵的对称性也不能得到保证。

第二，在材料的应力-应变本构关系中通过加入塑性应变的梯度项隐式地引入作为正则化机制的内尺度，即梯度塑性理论。Mindlin 首先将二阶梯度用于线弹性体的研究[85]；Mühlhaus 和 Aifantis 推导了梯度塑性的变分原理[86]；Zbib 和 Aifantis 进行了梯度相关塑性理论与剪切带的研究[87]；de Borst 和 Mühlhaus 推导了梯度相关塑性下一维弹塑性问题的解析解，并对算法进行了研究[88]；李锡夔和 Cescotto 提出了一个考虑有限应变和应用混合应变元的梯度弹塑性连续体有限元方法，解析地导出了梯度塑性下一致性单元切线刚度矩阵和速率本构方程的一致性积分算法[89, 90]。梯度塑性理论中由于将塑性应变的梯度项引入到本构方程中使其成为偏微分方程，它在弹性阶段与塑性阶段是不同的，导致同一控制微分方程在求解阶段上的变化引起数学上的困难；而且，在有限元分析中每一个节点必须考虑一个额外的塑性乘子自由度，必须引入额外的边界条件，物理上不好理解，塑性乘子及其梯度事先也不知道。

第三，应用广义连续体理论，也称 Cosserat 连续体理论（或微极理论），以及它的特殊情况：偶应力理论（当 Cosserat 理论中定义的微极转角等于由线位移场定义的宏观转角时）。Cosserat 连续体理论在经典连续体中所定义的位移自由度之外引入了旋转自由度和相应产生的微曲率，引入了与微曲率能量共轭的对偶应力，以及作为正则化机制在本构方程中具有“特征长度”意义的内尺度参数。已有的结果表明，在剪切破坏机制起主要作用的情况下，在剪切带中旋转是一个必要的组成部分，Cosserat（微极）理论与偶应力理论在经典连续体的基础上增加了旋转自由度，且在本构描述中非常自然地引入了一个特征长度，所增加的自由度与本构参数有具体的物理意义[91-93]。与经典连续体模型相比，Cosserat 连续体模型仅在其固有的复杂性（平面问题中每个有限元节点增加了一个旋转自由度与一个转动平衡方程）程度上大于常规的连续体模型，其有限元数值分析过程可由经典连续体有限元法作直接推广。Cosserat 连续体理论的主要缺点是在纯拉伸（压缩）作用下，所引入的旋转自由度及对偶应力将不起作用，因而退回到经典的连续体理论。但对于岩土工程中以剪切破坏为主的土体结构，它是合适的。

1.3 Cosserat 连续体理论的发展过程与现状及应用

1.3.1 Cosserat 连续体理论的发展过程

Cosserat 理论最早由 Cosserat 兄弟于 1909 年提出，即将弯矩作用引入微元体的平衡，在变形时，不仅有位移产生还伴随着转动，导致了应变和应力张量的非对称性。此理论当时并非用来分析弹性理论框架下的问题，而且没有引入本构关系，所以一直没有得到重视。在大约 50 年后，考虑到一些材料的强度明显地受应变梯度的影响，在一定程度上依赖于粒子尺寸，偶应力弹性理论用于描述这些延伸的或广义的弹性理论，Mindlin 和 Sternberg 等求解了圆孔及裂缝问题中偶应力对应力集中的影响[94,95]；Green 等提出了一种塑性微极理论[96]。然而在 20 世纪 60 年代后期人们逐渐失去了对这个理论的研究兴趣，可能是因为此理论内在的复杂性，除了在最简单的情况下（而且是在弹性范围内）之外控制微分方程是不可解的。此后，de Borst 求解了纯弹性无限长剪切层的一维问题[91]，在此情况下控制方程将得到很大的简化，但对弹塑性固体来说解析解答看来仍不可能得到，因而必须使用有限元等数值技术。

1.3.2 Cosserat 理论在应变局部化问题中的发展与应用

应变局部化问题的研究可以分别从“微观力学”和“宏观力学”两个观点出

发，包括局部化变形模式以及控制它的起始和扩展的准则等。微观力学途径通过模拟粒状材料的颗粒或材料的晶体颗粒之间的相互作用来分析应变局部化问题，而宏观力学途径则试图模拟基于大尺寸试样的实验室实验结果所反映的及现场所观察到的材料整体的软化行为，没有进入到材料的微观组分之间相互作用细节的层面。即宏观途径相对于微观途径显示出某些不足，但它似乎能更好地得到适用于大规模工程问题分析的全面变形模式[31]。下面主要从宏观途径来概述 Cosserat 理论在应变局部化问题中的研究和应用。

基于弹塑性连续体理论，随着数值方法的发展，Cosserat 连续体理论在两个方面得到了一定应用。首先，由于内部长度尺寸的引入，使用 Cosserat 连续体理论可以考虑应力集中或材料的微结构尺寸效应等问题[97,98]；其次，由于 Cosserat 连续体理论在经典连续体的基础上增加了旋转自由度，且在本构描述中作为正则化机制自然地引入了一个特征长度，近来被应用于以剪切破坏机制为主的局部化问题的研究中[99-110]。

de Borst 推导了 von Mises 屈服准则下的弹塑性 Cosserat 连续体公式[92]，并把它推广到压力相关 J_2 流动准则情况[93]，在 Newton 方法的框架下直接导出了本构方程积分的返回-映射算法及一致性切线模量矩阵，保证了算法的二次收敛率，并且当采用关联塑性时切线刚度矩阵保持了主对称性；在进行应变局部化问题的有限元模拟时，随着网格逐渐细化，荷载-位移曲线收敛到物理上真实的解并得到了有限宽度的剪切带。Cramer 等对于关联与非关联塑性问题[99]，用自适应有限元方法在 Cosserat 连续体理论框架中考虑了应变局部化现象，通过对单相土体的数值算例证明总体上这种方法适用于包括关联及非关联塑性的弹塑性问题，显示了在非关联塑性应变局部化的情况下，相比于经典连续体，Cosserat 连续体能克服非关联流动法则所引起的材料失稳导致病态的有限元网格依赖解的优越性。Dietsche 等估计了微极 Rankine 及 von Mises 材料中的应变局部化条件[100]。在不可压缩占优的情况下，具有标准双线性位移与旋转插值以及完全积分的四节点四边形单元表现较差，会导致所谓的体积自锁。Steinmann 研究表明，基于混合变分原理，标准双线性位移与旋转插值的特性可以得到改善，他还论证了用包含膨胀与压力作为独立变量的混合变分原理，单元有能力模拟微极材料的后分叉行为。Steinmann 发展了 Cosserat 理论的大应变模型，并应用混合变分原理，将旋转自由度进行独立变分，导出了四节点四边形等参混合元 4 点积分公式，并数值模拟了延展性材料的应变软化和损伤软化问题[101, 102]；Ristinmaa 和 Vecchi 将旋转自由度用位移自由度表示，这样仅有位移自由度作为独立变量，在热动力学框架内导出了弹塑性偶应力理论并进行了有限元应用分析[103]。Papanastasiou 和 Vardoulakis 使用 Cosserat Mohr-Coulomb 塑性方法调查了深孔中渐进发展的应变局部化过程[104]。Iordache 和 Willam 显示了 Cosserat 理论抑制了依赖于偶应力状态的应变局部化，因而维持除了拉伸破坏模式之外的连续的破坏模式[105]。利用 Cosserat 理论，

Mühlhaus 等分析了砂土中剪切带的厚度，并进行了极限荷载问题的求解[106,107]。Tejchman 等考虑了两种形式的应力-应变曲线，即应变软化与应变软化后的应变强化，数值结果表明应力-应变曲线对剪切带的形成至关重要：仅用应力-应变关系的应变软化曲线得到单一的剪切带，而用应变软化后的应变强化曲线得到一群剪切带[108]。李锡夔等发展了压力相关弹塑性 Cosserat 连续体模型本构积分的一致性算法[109, 110]。

除了弹塑性 Cosserat 连续体的应用之外，另有一些应用微极亚塑性来模拟土体中应变局部化的工作。亚塑性概念与弹塑性概念的区别在于无论是塑性流动和塑性势面还是将变形分解为弹性和塑性部分都不需要。Tejchman 等[111,112]用微极亚塑性模型对剪切带的形成进行了数值模拟，结果表明，在双轴试验中颗粒材料内出现的剪切带宽度随着初始孔隙比、压力水平以及平均粒子直径的增加而增加。Bauer 基于亚塑性本构模型，调查了率无关、无黏性和干砂材料中剪切带分叉的可能性[113]。

在土与基础、桩、挡土墙等结构物相互作用的问题中，剪切带的宽度在很大程度上影响外力从土颗粒转移到结构物或从结构物转移到土颗粒的大小，因此土体中剪切带宽度的确定至关重要。Tejchman 和 Gudehus 使用微极亚塑性模型，对两个粗糙墙体间土颗粒受剪所产生的剪切带进行了数值分析，研究了初始孔隙比、压力水平、平均粒子直径、粒子特性、墙体粗糙度、墙体刚度以及变形方向与剪切带宽度之间的关系[114]。

Huang 等对微极亚塑性材料中剪切应变局部化进行了数值分析，研究了无黏性粒子材料（如砂）的基本特性。所使用的数值模型考虑了粒子旋转、平均粒子尺寸、孔隙比、应力及偶应力的影响，应用此模型于平面应变问题的有限元程序中，进行了平面剪切下粒状材料剪切带演化的数值研究，表明剪切应变局部化的演化及部位受初始状态及微极边界条件的强烈影响[115,116]。

Maier 和 von Wolffersdorff 对一个非局部和一个微极亚塑性模型进行了比较研究[117,118]。通过对双轴试验和三轴试验的数值模拟，非局部化模型和极性亚塑性模型都能较好地描述后破坏阶段颗粒材料的力学行为，并预测荷载-位移曲线和剪切带宽度。但两个模型都低估了剪切带的倾角。如果被使用的有限单元的大小比剪带宽度小，两个方法都能保证得到网格无关的解。

Kruyt 为颗粒材料的静力学和动力学提出一个离散 Cosserat 模型的理论框架[119]。Tordesillas 等从微观力学层次得出了 Cosserat（微极）连续体本构方程，本构方程的非局部特性不仅克服了经典连续体的不足，方便剪切带演变的研究，而且本构模型参数是微粒的物理特性和它们的相互作用（即微粒刚度系数，微粒间滚动摩擦和滑摩擦系数），具有与离散元分析模型同样的材料特性。因此，此微观力学方法为将物理实验与离散元模拟结果相结合提供了工具[120]。

另外，Toupin[121]，Mindlin[122]在本构方程中引入应变梯度，提出了一种广义连续体理论或称应变梯度连续体理论，其中应变梯度不仅与微观曲率有关而且与法向应变梯度有关，由此也可以推出偶应力理论，后来被Aifantis[123]、Fleck等[124]发展为塑性应变梯度理论[125-127]。

Fleck 和 Hutchinson 从几何必需位错及统计储存位错的角度出发，发展了一种应变梯度塑性的偶应力理论，它是经典的 J_2 形变或 J_2 流动理论的推广[124]。应变梯度塑性的偶应力理论在一定程度上成功地估计了细铜丝扭转、薄梁弯曲和裂尖场应力分析中所出现的尺度效应。然而，Shu 和 Fleck 将这种理论应用到压痕问题上[128]，其结果与微压痕或者纳米压痕试验结果符合得并不好。原因是在应变梯度偶应力理论中，位移的二阶梯度只涉及旋转梯度，而问题的裂尖场是无旋的，旋转梯度变为低阶项，因此对裂纹面上的力没有贡献。由于这个原因，Fleck 和 Hutchinson 提出了另一套理论——应变梯度塑性 SG 理论[129]，在这个理论中除了考虑旋转梯度外，还考虑拉伸梯度。Nix 和 Gao 等发展了一种简单的位错模型[130]，Gao，Huang 等在 Nix 和 Gao 工作的启示下，发展了一种基于位错机制的应变梯度塑性理论，简称 MSG 理论[131, 132]，这种应变梯度塑性理论通过一个多尺度、分层次的框架，实现了宏观塑性和位错理论的联系。

塑性应变梯度理论更能反映细观材料的尺度和变形局部化效应，近年来，塑性应变梯度理论的研究很受重视。Shu 等提出了 Fleck-Hutchinson 唯象应变梯度理论的有限元应用[133]，为 Fleck-Hutchinson 理论开发了混合型的有限元法，这些单元使用标准 C^0 连续的形函数，可达到和 C^1 单元一样的收敛性。Yang 等发展了基于应变梯度理论的偶应力理论，用一个额外的平衡关系来约束偶应力张量使之对称，在此理论中对称曲率张量成为唯一合理共轭的高阶应变度量，对系统的总应变能有一个真实的贡献。在此基础上，发展了一种各向同性材料的线弹性模型[134]。

Fleck-Hutchinson 理论主要用来模拟金属塑性，而岩土材料塑性与金属塑性有很大不同。由于经典岩土材料的可塑性理论不能清楚地从微观尺度来进行研究，而且，由于破坏几乎总是表现为局部化变形并且清楚地显示出内部长度，有必要从唯象理论进行研究并对模型加以改进。考虑到一些岩土材料的粒子特性以及颗粒的应变和材料本身的应变之间有明显的不同（如砂），Chambon 等对具有微结构介质的塑性流动理论进行了推广，研究了这种理论和Cosserat 理论之间的链接，并给出了一个二阶梯度塑性模型的一般框架。研究指出，二阶梯度模型和 Cosserat 二阶梯度模型能较好地适应岩土材料，特别是 Cosserat 二阶梯度模型可以很好地用于非黏性岩土材料，而二阶梯度模型对于黏性岩土材料可能是一个好模型[135]。

除此之外，Trovalusci 和 Masiani 发展了对于各向异性不连续材料用微极理论进行研究。将所考虑的材料描述为刚性单元相互作用系统，对不能承受拉伸但能抵抗摩擦滑动的材料（如砖/石砌筑工程、岩块集合体、颗粒材料等）进行了非线性分析，指出这类材料的行为依赖于其组分的力学特性，受形状、尺寸、倾向以及单元排列的强烈影响[136]。Cerrolaza 等对短而结实的结构（如砖石）发展了 Cosserat 非线性有限元分析软件[137]。另有一些研究人员将 Cosserat 连续体理论应用于晶体材料[138-140]。

对于饱和/非饱和土体的应变软化问题，文献[141]指出，尽管含液多孔介质的应变局部化现象并没有像单项固体材料那样表现出严重的网格依赖性，但在一定条件下仍然存在，因而引入正则化机制是十分必要的。在引入正则化机制研究中，基于梯度塑性理论，Oka 等将体积黏塑性应变的二次梯度引入本构方程中以考虑与微观结构的移动相联系的非局部影响[142]，并研究了与饱和黏土的应变梯度相关的黏弹塑性本构模型的失稳问题。基于混合物理论基础之上的多孔介质理论，Ehlers 与 Volk 发展了对饱和两相介质[Cosserat（微极）介质和经典连续体]的有限元数值模型[143, 144]。

1.4 结　　语

本章介绍了岩土工程领域中应变局部化的破坏现象及研究的重要性，从实验、理论及数值方法等方面对岩土体应变局部化问题的研究进行了归纳总结，指出基于经典连续体理论及其有限元数值分析存在的问题与不足，提出了对岩土体应变局部化问题采用 Cosserat 连续体理论及有关数值方法进行分析的必要性，并对其发展过程、现状及应用进行了综述。

第 2 章　弹性 Cosserat 连续体基本理论及其应用

2.1　三维弹性 Cosserat 连续体模型

经典连续体理论中选取的材料体的研究对象是一个无限小的微元体，不考虑微元体的尺度问题，则微元体表面的应力分布无梯度变化而呈理想的均匀分布。但在 Cosserat 连续体理论中假设的材料点并不是一个无限小的数学点而是具有一定的微尺度结构。这样在分析材料点力学性质时，微元体的微尺寸对于应力的分布会产生一定的影响，最明显的作用就是导致应力的梯度分布以及应力偶矩的出现。对于实际具有微结构的材料体而言这种力学模型是能够在一定程度上描述介质体内由于微结构存在而产生的应力不均匀现象以及宏观与微观尺度下材料结构的力学性质差异性（即尺寸效应）的。此外，由于材料点具有有限的微体积，因此在分析材料体的运动时，应考虑其转动效应，这样不可避免地就要引入材料点自身的独立旋转自由度，这种旋转模式区别于介质体的宏观转动效应；同时，为了描述有限体积的 Cosserat 材料微元，引入具有类似于“特征尺寸”意义的内部长度参数的概念则是必须的，虽然这一概念的物理意义仍有待进一步的研究。这样具有 Cosserat 理论性质的连续介质所具备的特征可以概括为：描述材料的微元体具有有限的体积，每个材料点增加了三个独立的旋转自由度，并因此引入了微曲率以及与之能量共轭的偶应力的概念，同时也引入了概念上类似于材料“特征尺寸”意义的内部长度参数。以下将从 Cosserat 连续体理论应满足的物理学定律、力学性质等角度入手，详细描述这一介质理论所具有的理论特征，并阐述 Cosserat 连续体理论与经典连续体理论的区别与联系。

2.1.1　Cosserat 连续体的运动学描述

关于 Cosserat 连续体的基本运动学规律 Mindlin 和 Altenbach 等做了详细的研究和论述[94, 122, 145, 146]，下面基于他们的研究成果来说明 Cosserat 连续体的基本运动学过程。

考虑 t 时刻下微极连续体的实际构型（或称为当前构型）用 $\boldsymbol{x}(t)$ 表示，其内某一颗粒点的位置由位置向量 $\boldsymbol{r}$ 给出，该颗粒的方向则由三个互相正交的方向向量 $\boldsymbol{d}_k\,(k=1,2,3)$ 定义，给定位置向量 $\boldsymbol{r}$ 和方向向量 $\boldsymbol{d}_k$ 就确定了一点的平移和旋转运动。为了描述介质体的相对变形，引入参考构型的概念，该参考构型可以是任一时刻的物体的实际构型，为了方便起见一般将 $t=0$ 时刻的构型作为参考构型

（也称作初始构型），用 $\boldsymbol{X}$ 表示。参考构型下颗粒的状态用位置向量 $\boldsymbol{R}$ 表示，而其方位则由方向向量 $\boldsymbol{D}_k$ 来定义，如图 2.1 所示。

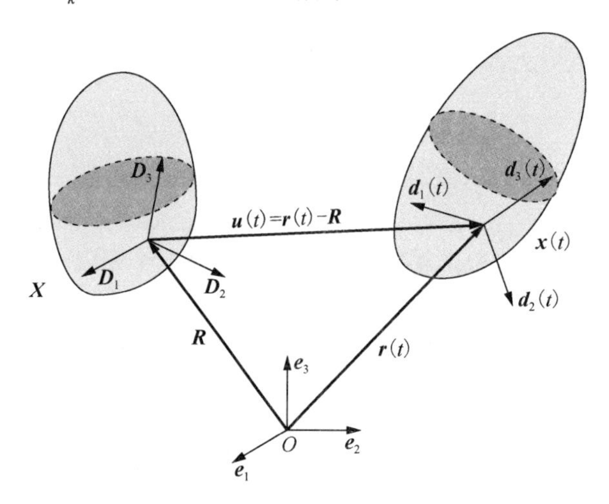

图 2.1　微极体的变形（参考构型和当前构型）

微极连续体的运动可以通过向量场来描述，即

$$\boldsymbol{r}=\boldsymbol{r}(\boldsymbol{R},t),\qquad \boldsymbol{d}_k=\boldsymbol{d}_k(\boldsymbol{R},t) \tag{2.1}$$

在变形过程中三个方向向量保持相互之间的正交性不变，即 $\boldsymbol{d}_k\cdot\boldsymbol{d}_m=\delta_{km}$，而颗粒方向的改变可用一个正交张量描述为

$$\boldsymbol{H}=\boldsymbol{d}_k\otimes\boldsymbol{D}_k \tag{2.2}$$

这里将 $\boldsymbol{H}$ 称为微旋转张量，故 $\boldsymbol{r}$ 描述的是 t 时刻连续体内颗粒的位置，而 $\boldsymbol{H}$ 则定义了它的方向。由于 $\boldsymbol{D}_k$ 和 $\boldsymbol{d}_k$ 的方向可被选成相同的，$\boldsymbol{H}$ 保持适当的正交性。这样微极连续体的变形可以被描述为

$$\boldsymbol{r}=\boldsymbol{r}(\boldsymbol{R},t),\qquad \boldsymbol{H}=\boldsymbol{H}(\boldsymbol{R},t) \tag{2.3}$$

变形过程中的线速度可由下式确定，即

$$\boldsymbol{v}=\dot{\boldsymbol{r}} \tag{2.4}$$

角速度矢量则由下式给定，即

$$\boldsymbol{\omega}=-\frac{1}{2}(\boldsymbol{H}^{\mathrm{T}}\cdot\dot{\boldsymbol{H}})_{\times} \tag{2.5}$$

这里 $\boldsymbol{X}_{\times}$ 代表二阶张量 $\boldsymbol{X}$ 的矢量不变量，对于任何基矢量 $\boldsymbol{e}^k$，有

$$\boldsymbol{X}_{\times}=\left(X_{mn}e^m\otimes e^n\right)_{\times}=X_{mn}e^m\times e^n \tag{2.6}$$

式（2.5）表明 $\boldsymbol{\omega}$ 是与反对称张量 $\boldsymbol{H}^{\mathrm{T}}\cdot\dot{\boldsymbol{H}}$ 相关的矢量不变量。

2.1.2　Cosserat 连续体的基本动力学方程

如图 2.2 所示，假设材料体内一体积为 V 的区域，S 为区域的边界，$\boldsymbol{n}$ 为边

界 S 上的外法线向量。边界 S 上某一点处面元上的应力合力矢量 $\boldsymbol{t}_n$ 以及偶应力合力偶矢量 $\boldsymbol{\chi}_n$，区域内作用体力 $\boldsymbol{b}$ 及体力偶 $\boldsymbol{c}$；其中，应力合力矢量 $\boldsymbol{t}_n$ 及体力矢量 $\boldsymbol{b}$ 为极向量，偶应力合力偶矢量 $\boldsymbol{\chi}_n$ 及体力偶 $\boldsymbol{c}$ 为轴向量。轴向量的正方向遵循右手定则。

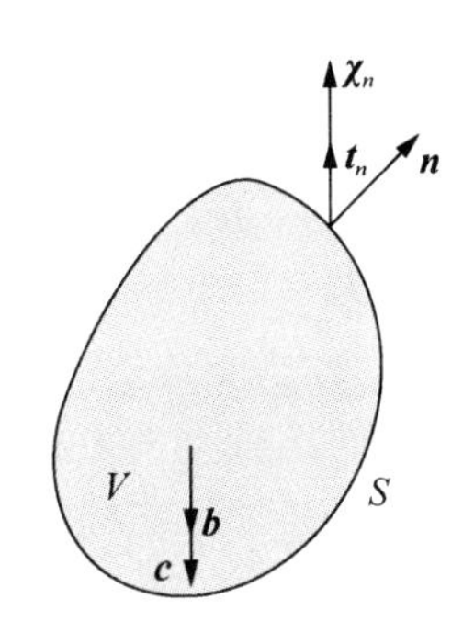

图 2.2　介质体内某一区域受力状态

由连续介质力学的相关知识可知，该区域内材料体在当前构型下的欧拉型连续性方程、动量及动量矩平衡方程以及能量守衡方程分别如下：

连续性方程

$$\frac{\mathrm{d}}{\mathrm{d}t}\int_V \rho \mathrm{d}V = 0 \tag{2.7}$$

动量平衡方程

$$\frac{\mathrm{d}}{\mathrm{d}t}\int_V \boldsymbol{v}\rho \mathrm{d}V = \int_S \boldsymbol{t}_n \mathrm{d}S + \int_V \boldsymbol{b}\mathrm{d}V \tag{2.8}$$

动量矩平衡方程

$$\frac{\mathrm{d}}{\mathrm{d}t}\int_V \boldsymbol{r}\times\boldsymbol{v}\rho \mathrm{d}V = \int_S (\boldsymbol{r}\times\boldsymbol{t}_n + \boldsymbol{\chi}_n)\mathrm{d}S + \int_V (\boldsymbol{r}\times\boldsymbol{b}+\boldsymbol{c})\mathrm{d}V \tag{2.9}$$

能量守衡方程

$$\frac{\mathrm{d}}{\mathrm{d}t}\int_V \left(\frac{1}{2}\boldsymbol{v}\cdot\boldsymbol{v}+U\right)\rho \mathrm{d}V = \int_S \left(\boldsymbol{t}_n\cdot\boldsymbol{v}+\frac{1}{2}\boldsymbol{\chi}_n\cdot\nabla\times\boldsymbol{v}\right)\mathrm{d}S + \int_V \left(\boldsymbol{b}\cdot\boldsymbol{v}+\frac{1}{2}\boldsymbol{c}\cdot\nabla\times\boldsymbol{v}\right)\mathrm{d}V \tag{2.10}$$

式中，$\mathrm{d}/\mathrm{d}t$ 为物质导数；ρ 为物质密度；$\boldsymbol{r}$ 为空间位置向量；$\boldsymbol{v}=\mathrm{d}\boldsymbol{r}/\mathrm{d}t$ 为物质速率；U 为内能密度；$\nabla=\partial/\partial\boldsymbol{r}$ 为空间梯度算子；$\frac{1}{2}\nabla\times\boldsymbol{v}$ 为旋率。

下面推导将上述各方程分别统一写到一个积分号下的形式。

（1）动量平衡方程

材料点上的合应力矢量 $\boldsymbol{t}_n$ 可用应力张量 $\boldsymbol{\sigma}$ 表示为

$$\boldsymbol{t}_n = \boldsymbol{\sigma}\cdot\boldsymbol{n} \tag{2.11}$$

此处 $\boldsymbol{\sigma}$ 仅表示经典的应力张量。类似地，$\boldsymbol{\chi}_n$ 也可由偶应力张量 $\boldsymbol{m}$ 表示为

$$\boldsymbol{\chi}_n = \boldsymbol{m}\cdot\boldsymbol{n} \tag{2.12}$$

其中，偶应力张量为

$$\boldsymbol{m} = \begin{pmatrix} m_{xx} & m_{xy} & m_{xz} \\ m_{yx} & m_{yy} & m_{yz} \\ m_{zx} & m_{zy} & m_{zz} \end{pmatrix} \tag{2.13}$$

根据散度定理可知

$$\int_S \boldsymbol{t}_n \mathrm{d}S = \int_S \boldsymbol{\sigma}\cdot\boldsymbol{n}\mathrm{d}S = \int_V \nabla\cdot\boldsymbol{\sigma}\mathrm{d}V = \int_V \mathrm{div}\boldsymbol{\sigma}\mathrm{d}V \tag{2.14}$$

将上式代入式（2.8），由雷诺运输定理得

$$\int_V \boldsymbol{b} + \mathrm{div}\boldsymbol{\sigma} - \dot{\boldsymbol{v}}\rho \mathrm{d}V = 0 \tag{2.15}$$

式中，$\dot{\boldsymbol{v}} = \mathrm{d}\boldsymbol{v}/\mathrm{d}t$。式（2.15）为当前构型（空间形式）下的动量平衡方程，写成局部形式为

$$\boldsymbol{b} + \mathrm{div}\boldsymbol{\sigma} = \rho\dot{\boldsymbol{v}} \tag{2.16}$$

（2）动量矩平衡方程

对于式（2.9）所表达的动量矩平衡方程等号左边有

$$\frac{\mathrm{d}}{\mathrm{d}t}\int_V \boldsymbol{r}\times\boldsymbol{v}\rho\mathrm{d}V = \int_V \frac{\mathrm{d}(\boldsymbol{r}\times\boldsymbol{v})}{\mathrm{d}t}\rho\mathrm{d}V + \int_V \boldsymbol{r}\times\boldsymbol{v}\frac{\mathrm{d}\rho}{\mathrm{d}t}\mathrm{d}V \tag{2.17}$$

而上面等式右边第二项实际上是连续性方程的表达式，由式（2.7）知其值为 0，故式（2.17）可写为

$$\frac{\mathrm{d}}{\mathrm{d}t}\int_V \boldsymbol{r}\times\boldsymbol{v}\rho\mathrm{d}V = \int_V \frac{\mathrm{d}(\boldsymbol{r}\times\boldsymbol{v})}{\mathrm{d}t}\rho\mathrm{d}V = \int_V (\boldsymbol{v}\times\boldsymbol{v} + \boldsymbol{r}\times\dot{\boldsymbol{v}})\rho\mathrm{d}V = \int_V \boldsymbol{r}\times\dot{\boldsymbol{v}}\rho\mathrm{d}V \tag{2.18}$$

对于式（2.9）等号右边第一项可分别展开化简为

$$\begin{aligned}\int_S \boldsymbol{r}\times\boldsymbol{t}_n\mathrm{d}S &= \int_S \boldsymbol{r}\times(\boldsymbol{n}\cdot\boldsymbol{\sigma})\mathrm{d}S = -\int_S \boldsymbol{n}\cdot\boldsymbol{\sigma}\times\boldsymbol{r}\mathrm{d}S \\ &= -\int_V \mathrm{div}(\boldsymbol{\sigma}\times\boldsymbol{r})\mathrm{d}V = \int_V (\boldsymbol{r}\times\mathrm{div}\boldsymbol{\sigma} + \boldsymbol{\sigma}\times\boldsymbol{I})\mathrm{d}V\end{aligned} \tag{2.19}$$

以及

$$\int_S \boldsymbol{\chi}_n\mathrm{d}S = \int_S \boldsymbol{m}\cdot\boldsymbol{n}\mathrm{d}S = \int_V \mathrm{div}\boldsymbol{m}\mathrm{d}V \tag{2.20}$$

其中，$\mathrm{div}\boldsymbol{r} \equiv \boldsymbol{I}$ 为二阶单位张量。从而可将式（2.9）化为

$$\int_V \boldsymbol{r}\times(\mathrm{div}\boldsymbol{\sigma} + \boldsymbol{b} - \rho\dot{\boldsymbol{v}})\mathrm{d}V + \int_V (\mathrm{div}\boldsymbol{m} + \boldsymbol{c} + \boldsymbol{\sigma}\times\boldsymbol{I})\mathrm{d}V = 0 \tag{2.21}$$

上式为空间形式下的动量矩平衡方程，其中偶应力表示的动量矩方程部分为

$$\mathrm{div}\boldsymbol{m} + \boldsymbol{c} + \boldsymbol{\sigma}\times\boldsymbol{I} = 0 \tag{2.22}$$

考察式（2.21），如果忽略偶应力 $\boldsymbol{m}$ 及体力偶 $\boldsymbol{c}$，即退化到经典连续体理论框架下，式（2.21）变为

$$\int_V \boldsymbol{r}\times(\mathrm{div}\boldsymbol{\sigma} + \boldsymbol{b} - \rho\dot{\boldsymbol{v}})\mathrm{d}V = -\int_V \boldsymbol{e}:\boldsymbol{\sigma}^{\mathrm{T}}\mathrm{d}V \tag{2.23}$$

这里有 $\boldsymbol{\sigma}\times\mathrm{div}\boldsymbol{r} = \boldsymbol{e}:\boldsymbol{\sigma}^{\mathrm{T}}$，而上式左侧恒为 0，故有 $\boldsymbol{e}:\boldsymbol{\sigma}^{\mathrm{T}} = 0$，写成指标形式为

$$e_{ijk}\sigma_{jk}^{\mathrm{T}} = e_{ijk}\sigma_{kj} = 0 \tag{2.24}$$

式中，$i, j, k = 1,2,3$。取 $i = 1$，则有

$$\begin{gathered} e_{123}\sigma_{32} + e_{132}\sigma_{23} = \sigma_{32} - \sigma_{23} = 0 \\ \sigma_{32} = \sigma_{23} \end{gathered} \tag{2.25}$$

进一步可推导出 $\sigma_{12} = \sigma_{21}$，$\sigma_{13} = \sigma_{31}$，即

$$\boldsymbol{\sigma} = \boldsymbol{\sigma}^{\mathrm{T}} \tag{2.26}$$

此即均匀各向同性经典连续体理论中应力张量具有对称性的原因，同时也证明了经典连续体理论中剪应力互等的定理。

（3）能量守衡方程

对于式（2.10）所表达的能量守恒方程，由雷诺运输定理可知

$$\frac{\mathrm{d}}{\mathrm{d}t}\int_V\left(\frac{1}{2}\boldsymbol{v}\cdot\boldsymbol{v}+U\right)\rho\mathrm{d}V=\int_V(\boldsymbol{v}\cdot\dot{\boldsymbol{v}}+\dot{U})\rho\mathrm{d}V$$

$$\begin{aligned}\int_S\boldsymbol{t}_n\cdot\boldsymbol{v}\mathrm{d}S&=\int_S\boldsymbol{n}\cdot\boldsymbol{\sigma}\cdot\boldsymbol{v}\mathrm{d}S=\int_V\mathrm{div}(\boldsymbol{\sigma}\cdot\boldsymbol{v})\mathrm{d}V\\&=\int_V(\mathrm{div}\boldsymbol{\sigma}\cdot\boldsymbol{v}+\boldsymbol{\sigma}:\mathrm{div}\boldsymbol{v})\mathrm{d}V\\&=\int_V(\mathrm{div}\boldsymbol{\sigma}\cdot\boldsymbol{v}+\boldsymbol{\sigma}:\boldsymbol{d})\mathrm{d}V\end{aligned}$$

$$\begin{aligned}\int_S\frac{1}{2}\chi_n\cdot\nabla\times\boldsymbol{v}\mathrm{d}S&=\frac{1}{2}\int_S\boldsymbol{n}\cdot\boldsymbol{m}\cdot\nabla\times\boldsymbol{v}\mathrm{d}S=\frac{1}{2}\int_V\mathrm{div}(\boldsymbol{m}\cdot\nabla\times\boldsymbol{v})\mathrm{d}V\\&=\frac{1}{2}\int_V[\mathrm{div}\boldsymbol{m}\cdot(\nabla\times\boldsymbol{v})+\boldsymbol{m}:\nabla\nabla\times\boldsymbol{v}]\mathrm{d}V\end{aligned}$$

式中，$\boldsymbol{\sigma}:\mathrm{div}\boldsymbol{v}=\boldsymbol{\sigma}:\boldsymbol{d}$，$\boldsymbol{d}$ 为速度梯度张量。将上面三式代入式（2.10）中并结合式（2.22）得

$$\int_V(\rho U-\boldsymbol{\sigma}:\boldsymbol{d})\mathrm{d}V=\frac{1}{2}\int_V[\boldsymbol{m}:\nabla\nabla\times\boldsymbol{v}-(\boldsymbol{\sigma}\times\boldsymbol{I})\cdot\nabla\times\boldsymbol{v}]\mathrm{d}V \tag{2.27}$$

关于 Cosserat 连续体理论的能量守衡方程，Mindlin 曾对式（2.22）的形式进行了进一步的推导，发现实际上材料体内的偶应力并未对内能的改变做出贡献，材料体内能的变化仅与应力张量的对称部分有关。式（2.15）、式（2.21）、式（2.27）分别给出了 Cosserat 连续体理论中动量平衡方程、动量矩平衡方程及能量守衡方程的空间积分形式，在推导 Cosserat 连续体的弹性及塑性有限元格式时都必须满足上述物理规律，否则将无法得到正确而严密的结果。

2.1.3　三维 Cosserat 材料的力学性质

（1）Cosserat 材料介质点的转动自由度

在 Cosserat 连续体理论中每个材料点处不仅有传统的三个平移自由度，同时也引入了三个独立的旋转自由度。Cosserat 转动被视为依附在材料点上的独立的刚性转动，不同于由平移自由度所引起的材料体的剪切变形造成的材料点的宏观转动效应。在 Cosserat 连续体理论中，独立的旋转自由度分量由绕坐标轴的转角来表示，Steinmann 等[101]推导了一个关于 Cosserat 旋转的普遍表示形式

$$\boldsymbol{R}^{\mathrm{c}}=\exp\left(\mathrm{spn}(\boldsymbol{\omega}^{\mathrm{c}})\right) \tag{2.28}$$

式中，$\boldsymbol{\omega}^{\mathrm{c}}$ 表示独立的旋转矢量，并将绕不同坐标轴旋转的转角表示为 ω^{c}。旋转矢量 $\boldsymbol{\omega}^{\mathrm{c}}$ 可表达为

$$\boldsymbol{\omega}^{\mathrm{c}}=\omega_i\boldsymbol{e}_i \tag{2.29}$$

式中，$\boldsymbol{e}_i$ 为基矢量的第 i 个分量，而转角被定义为

$$\omega^{\mathrm{c}}=\left\|\boldsymbol{\omega}^{\mathrm{c}}\right\| \tag{2.30}$$

则与之相关的反对称张量 $\mathrm{spn}(\boldsymbol{\omega}^{\mathrm{c}})$ 可表达为

$$\operatorname{spn}(\boldsymbol{\omega}^{c}) = \boldsymbol{e} \cdot \boldsymbol{\omega}^{c} \tag{2.31}$$

式中，$\boldsymbol{e}$ 为置换符号张量，上式展开也可写为下面的矩阵形式

$$\operatorname{spn}(\boldsymbol{\omega}^{c}) = \begin{pmatrix} 0 & -\omega_3 & \omega_2 \\ \omega_3 & 0 & -\omega_1 \\ -\omega_2 & \omega_1 & 0 \end{pmatrix} \tag{2.32}$$

旋转张量 $\boldsymbol{R}^{c}$ 的数学定义为

$$\boldsymbol{R}^{c} = \exp\left(\operatorname{spn}(\boldsymbol{\omega}^{c})\right) = \cos\omega^{c}\boldsymbol{I} + \frac{\sin\omega^{c}}{\omega^{c}}\operatorname{spn}(\boldsymbol{\omega}^{c}) + \frac{1-\cos\omega^{c}}{(\omega^{c})^{2}}\boldsymbol{\omega}^{c}\otimes\boldsymbol{\omega}^{c} \tag{2.33}$$

在二维情况下（xy 平面）上述等式退化为

$$\boldsymbol{R}^{c} = \begin{pmatrix} \cos\omega_3 & -\sin\omega_3 & 0 \\ -\sin\omega_3 & \cos\omega_3 & 0 \\ 0 & 0 & 1 \end{pmatrix} \tag{2.34}$$

然而在三维情况下，$\boldsymbol{R}^{c}$ 可以被近似地表达为下列多项式的形式

$$\exp(f(x)) = \sum_{n=0}^{\infty}\frac{1}{n!}\left(f(x)\right)^{n} \tag{2.35}$$

在小转动条件下，旋转矩阵 $\boldsymbol{R}^{c}$ 可近似表达为

$$\boldsymbol{R}^{c} \cong 1 + \operatorname{spn}\left(\boldsymbol{\omega}^{c}\right) = \begin{pmatrix} 1 & -\omega_3 & \omega_2 \\ \omega_3 & 1 & -\omega_1 \\ -\omega_2 & \omega_1 & 1 \end{pmatrix} \tag{2.36}$$

（2）Cosserat 应变及微曲率

在 Cosserat 连续体理论中基本的运动学变量为位移及其一阶梯度以及旋转角及其一阶梯度，二者的高阶形式忽略不计。在 Cosserat 连续体模型中，由于每个材料点上增加了三个独立转动自由度，材料点的自由度数量变为 6 个，用变量 $\boldsymbol{u}$ 表示为向量格式

$$\boldsymbol{u} = \left\{u_x \quad u_y \quad u_z \quad \omega_x \quad \omega_y \quad \omega_z\right\}^{\mathrm{T}} \tag{2.37}$$

每个转动自由度会绕相应的转动轴产生一个扭转微曲率，并在其他两个转动轴方向产生两个弯曲微曲率，此时 Cosserat 连续体理论中 18 个应变分量写成向量形式为

$$\begin{aligned}\boldsymbol{\varepsilon} = \{&\varepsilon_{xx} \quad \varepsilon_{yy} \quad \varepsilon_{zz} \quad \varepsilon_{xy} \quad \varepsilon_{yx} \quad \varepsilon_{yz} \quad \varepsilon_{zy} \quad \varepsilon_{zx} \quad \varepsilon_{xz} \\ &\kappa_{xx}l_t \quad \kappa_{yy}l_t \quad \kappa_{zz}l_t \quad \kappa_{xy}l_b \quad \kappa_{xz}l_b \quad \kappa_{yx}l_b \quad \kappa_{yz}l_b \quad \kappa_{zx}l_b \quad \kappa_{zy}l_b\}^{\mathrm{T}}\end{aligned} \tag{2.38}$$

式中，$\kappa_{xx},\kappa_{yy},\kappa_{zz}$ 为扭转微曲率分量；$\kappa_{xy},\kappa_{xz},\kappa_{yx},\kappa_{yz},\kappa_{zx},\kappa_{zy}$ 为弯曲微曲率分量；l_t 为与扭转有关的内部长度参数；l_b 为与弯曲有关的内部长度参数。这里将微曲率分量写成与相应的内部长度参数乘积的形式使之具有与应变相同的因次，便于分析计算。

下面以平面变形为例，讨论 Cosserat 理论中引入旋转自由度之后，各应变分量形式发生的变化。图 2.3 所示为 Cosserat 连续体理论中平面（以 xy 平面为例）情况下的应变分量计算的几何解释，此时材料点仅与自由度 u_x,u_y,ω_z 有关。

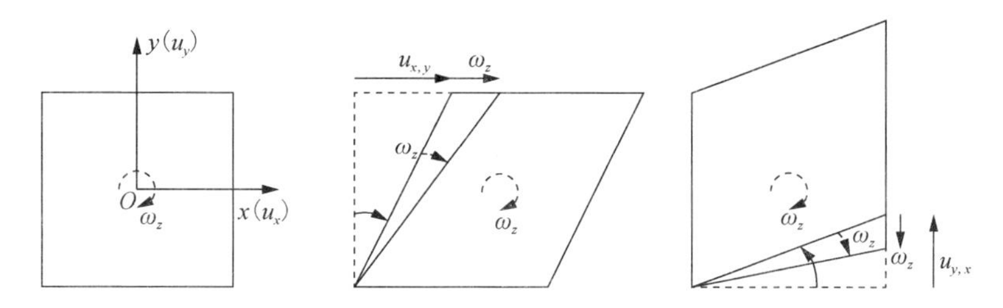

图 2.3　二维平面小变形情况下，Cosserat 连续体理论中剪应变计算的几何解释

在这里剪应变除了包含平移自由度的一阶梯度项，还包含由于独立的转动自由度所引起的微平面转角的变化，因而有 $\varepsilon_{xy}=u_{y,x}-\omega_z$，$\varepsilon_{yx}=u_{x,y}+\omega_z$。其中，$u_{y,x}$ 和 $u_{x,y}$ 分别为位移 u_y 对坐标轴 x 和位移 u_x 对坐标轴 y 的一阶偏导数，而经典连续体理论中剪应变的计算则为 $\varepsilon_{xy}=\varepsilon_{yx}=(u_{y,x}+u_{x,y})/2$。

在文献[101]中，Steinmann 推导了 Cosserat 旋转张量 $\boldsymbol{R}^{\mathrm{c}}$ 与各微曲率分量之间的关系

$$\boldsymbol{\kappa}=\left(\boldsymbol{R}^{\mathrm{c}}\left(\boldsymbol{R}^{\mathrm{cT}}\nabla\right)\right) \tag{2.39}$$

写成分量形式为

$$\kappa_{ijl}=R_{ik}^{\mathrm{c}}R_{jk,l}^{\mathrm{c}} \tag{2.40}$$

可以看出，微曲率张量 $\boldsymbol{\kappa}$ 是一个三阶张量。但是当交换前两个角标可以发现微曲率张量实际上是反对称的，因而能用下式将其退化为一个二阶张量

$$\kappa_{ml}=\frac{1}{2}\left(e_{mij}R_{ik}^{\mathrm{c}}R_{jk,l}^{\mathrm{c}}\right) \tag{2.41}$$

结合式（2.36），将 $\boldsymbol{R}^{\mathrm{c}}$ 代入式（2.40），并忽略转角的高阶项，则二阶微曲率张量可写为

$$\boldsymbol{\kappa}=\begin{pmatrix}\kappa_{xx} & \kappa_{xy} & \kappa_{xz}\\ \kappa_{yx} & \kappa_{yy} & \kappa_{yz}\\ \kappa_{zx} & \kappa_{zy} & \kappa_{zz}\end{pmatrix}=\begin{pmatrix}\omega_{x,x} & \omega_{x,y} & \omega_{x,z}\\ \omega_{y,x} & \omega_{y,y} & \omega_{y,z}\\ \omega_{z,x} & \omega_{z,y} & \omega_{z,z}\end{pmatrix}=\omega_{i,j}^{\mathrm{c}} \tag{2.42}$$

结合上面的分析，在三维 Cosserat 连续体理论中各应变及微曲率分量可写成

$$\begin{cases}\varepsilon_{xx}=\dfrac{\partial u_x}{\partial x},\varepsilon_{yy}=\dfrac{\partial u_y}{\partial y},\varepsilon_{zz}=\dfrac{\partial u_z}{\partial z} & \kappa_{xx}=\dfrac{\partial\omega_x^{\mathrm{c}}}{\partial x},\kappa_{yy}=\dfrac{\partial\omega_y^{\mathrm{c}}}{\partial y},\kappa_{zz}=\dfrac{\partial\omega_z^{\mathrm{c}}}{\partial z}\\ \varepsilon_{xy}=\dfrac{\partial u_y}{\partial x}-\omega_z^{\mathrm{c}},\varepsilon_{yx}=\dfrac{\partial u_x}{\partial y}+\omega_z^{\mathrm{c}} & \kappa_{xy}=\dfrac{\partial\omega_x^{\mathrm{c}}}{\partial y},\kappa_{xz}=\dfrac{\partial\omega_x^{\mathrm{c}}}{\partial z}\\ \varepsilon_{yz}=\dfrac{\partial u_z}{\partial y}-\omega_x^{\mathrm{c}},\varepsilon_{zy}=\dfrac{\partial u_y}{\partial z}+\omega_x^{\mathrm{c}} & \kappa_{yx}=\dfrac{\partial\omega_y^{\mathrm{c}}}{\partial x},\kappa_{yz}=\dfrac{\partial\omega_y^{\mathrm{c}}}{\partial z}\\ \varepsilon_{zx}=\dfrac{\partial u_x}{\partial z}-\omega_y^{\mathrm{c}},\varepsilon_{xz}=\dfrac{\partial u_z}{\partial x}+\omega_y^{\mathrm{c}} & \kappa_{zx}=\dfrac{\partial\omega_z^{\mathrm{c}}}{\partial x},\kappa_{zy}=\dfrac{\partial\omega_z^{\mathrm{c}}}{\partial y}\end{cases} \tag{2.43}$$

从上面的应变表达式可知，Cosserat 连续体模型中各剪应变将不再互等，每个剪应变分量不仅与材料点的位移有关，还受到材料点旋转的影响，剪应力互等定理也不再成立，这是 Cosserat 连续体理论区别经典连续体理论的一个重要的方面。

（3）Cosserat 应力及偶应力

相应于上面的应变分析，Cosserat 连续体理论中每个材料点所具有的应力分量增加到 18 个，即

$$\boldsymbol{\sigma}=\left\{\sigma_{xx}\ \ \sigma_{yy}\ \ \sigma_{zz}\ \ \sigma_{xy}\ \ \sigma_{yx}\ \ \sigma_{yz}\ \ \sigma_{zy}\ \ \sigma_{zx}\ \ \sigma_{xz}\right.$$
$$\left.\frac{m_{xx}}{l_t}\ \ \frac{m_{yy}}{l_t}\ \ \frac{m_{zz}}{l_t}\ \ \frac{m_{xy}}{l_b}\ \ \frac{m_{xz}}{l_b}\ \ \frac{m_{yx}}{l_b}\ \ \frac{m_{yz}}{l_b}\ \ \frac{m_{zx}}{l_b}\ \ \frac{m_{zy}}{l_b}\right\}^{\mathrm{T}} \tag{2.44}$$

式中，m_{xx},m_{yy},m_{zz} 为扭转偶应力分量；$m_{xy},m_{xz},m_{yx},m_{yz},m_{zx},m_{zy}$ 为弯曲偶应力分量。这里将偶应力分量表示成与内部长度参数比值的形式也有与微曲率分量表示形式相同的意义。图 2.4 中显示出了三维空间单元体中的应力及偶应力状态。

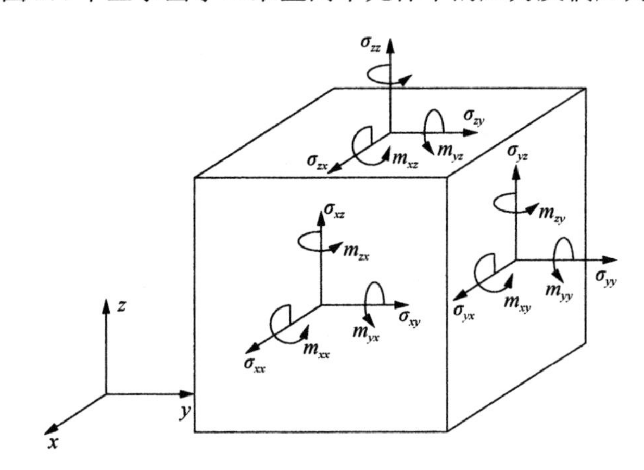

图 2.4　三维 Cosserat 连续体空间问题中的应力及偶应力状态

由应力、应变的推导分析可知，如果不考虑旋转自由度，或者材料介质无微结构特性（即内尺度参数为 0），Cosserat 连续体理论自然退化为经典连续体理论，对应的剪应力、剪应变分量具有相同的计算形式；若进一步假设材料体为均匀各向同性体则容易得出剪应力互等的结论，这已属于经典材料力学理论的范畴。这也说明了 Cosserat 连续体是一种更为广义的连续介质理论，经典连续体理论在某种程度上可以看作是 Cosserat 连续体理论的近似理论（国外有人将 Cosserat 连续体理论称为广义介质理论，也说明了这一情况）。

2.2　三维 Cosserat 连续体模型的有限元格式

2.2.1　平衡方程

Cosserat 连续体理论假定在连续体上的每点存在微动量，根据 Steinmann[101]以及 Truesdell 等[147]的分析，考虑力与动量平衡可得到如下用张量符号表示的平衡方程

$$\begin{cases}\sigma_{ij,i}+b_j=0\\ m_{kj,j}+e_{kij}\sigma_{ij}+c_k=0\end{cases}\tag{2.45}$$

式中，下标i,j,k均为（x,y,z）的循环；b_j，c_k代表体力分量与体力偶分量。

2.2.2　几何方程

在 2.1.3 小节中已经具体给出了三维 Cosserat 材料微元体的几何方程，现定义如下形式的微分算子矩阵$\boldsymbol{L}$

$$\boldsymbol{L}=\begin{pmatrix}\boldsymbol{L}_1\\ \boldsymbol{L}_2\end{pmatrix}\tag{2.46}$$

式中

$$\boldsymbol{L}_1=\begin{pmatrix}\frac{\partial}{\partial x}&0&0&0&0&0\\ 0&\frac{\partial}{\partial y}&0&0&0&0\\ 0&0&\frac{\partial}{\partial z}&0&0&0\\ 0&\frac{\partial}{\partial x}&0&0&0&-1\\ \frac{\partial}{\partial y}&0&0&0&0&1\\ 0&0&\frac{\partial}{\partial y}&-1&0&0\\ 0&\frac{\partial}{\partial z}&0&1&0&0\\ \frac{\partial}{\partial z}&0&0&0&-1&0\\ 0&0&\frac{\partial}{\partial x}&0&1&0\end{pmatrix},\quad \boldsymbol{L}_2=\begin{pmatrix}0&0&0&l_t\frac{\partial}{\partial x}&0&0\\ 0&0&0&0&l_t\frac{\partial}{\partial y}&0\\ 0&0&0&0&0&l_t\frac{\partial}{\partial z}\\ 0&0&0&l_b\frac{\partial}{\partial y}&0&0\\ 0&0&0&l_b\frac{\partial}{\partial z}&0&0\\ 0&0&0&0&l_b\frac{\partial}{\partial x}&0\\ 0&0&0&0&l_b\frac{\partial}{\partial z}&0\\ 0&0&0&0&0&l_b\frac{\partial}{\partial x}\\ 0&0&0&0&0&l_b\frac{\partial}{\partial y}\end{pmatrix}\tag{2.47}$$

这样式（2.43）可写成如下的矩阵形式

$$\boldsymbol{\varepsilon}=\boldsymbol{L}\boldsymbol{u}\tag{2.48}$$

2.2.3 物理方程

对于三维 Cosserat 连续体，根据 Gauthier 和 Eringen 等的分析[148, 149]，一共有 6 个弹性常数，可以由内能非负的原理以及极限情况得到与扭转及弯曲有关的两个特征长度参数，即扭转项内部长度参数 l_t 与弯曲项内部长度参数 l_b 。Yang 等引入了一个附加的平衡关系以限制偶应力张量为对称，从而使各向同性线弹性材料除了经典连续体的材料参数外只需另引入一个特征长度参数。本书的偶应力张量部分为非对称，因而在三维模型的本构关系中引入了两个特征长度参数 l_t 及 l_b ，与此相应的线弹性应力-应变本构关系为

$$\boldsymbol{\sigma} = \boldsymbol{D}_{\mathrm{e}}\boldsymbol{\varepsilon} \tag{2.49}$$

式中，$\boldsymbol{D}_{\mathrm{e}}$ 为各相同性弹性矩阵，其表达式为

$$\boldsymbol{D}_{\mathrm{e}} = \begin{pmatrix} \boldsymbol{D}_u & \boldsymbol{0} \\ \boldsymbol{0} & \boldsymbol{D}_\omega \end{pmatrix} \tag{2.50}$$

式中

$$\boldsymbol{D}_u = \begin{pmatrix} \lambda+2G & \lambda & \lambda & 0 & 0 & 0 & 0 & 0 & 0 \\ \lambda & \lambda+2G & \lambda & 0 & 0 & 0 & 0 & 0 & 0 \\ \lambda & \lambda & \lambda+2G & 0 & 0 & 0 & 0 & 0 & 0 \\ 0 & 0 & 0 & G+G_{\mathrm{c}} & G-G_{\mathrm{c}} & 0 & 0 & 0 & 0 \\ 0 & 0 & 0 & G-G_{\mathrm{c}} & G+G_{\mathrm{c}} & 0 & 0 & 0 & 0 \\ 0 & 0 & 0 & 0 & 0 & G+G_{\mathrm{c}} & G-G_{\mathrm{c}} & 0 & 0 \\ 0 & 0 & 0 & 0 & 0 & G-G_{\mathrm{c}} & G+G_{\mathrm{c}} & 0 & 0 \\ 0 & 0 & 0 & 0 & 0 & 0 & 0 & G+G_{\mathrm{c}} & G-G_{\mathrm{c}} \\ 0 & 0 & 0 & 0 & 0 & 0 & 0 & G-G_{\mathrm{c}} & G+G_{\mathrm{c}} \end{pmatrix} \tag{2.51}$$

$$\boldsymbol{D}_\omega = \begin{pmatrix} 2G & 0 & 0 & 0 & 0 & 0 & 0 & 0 & 0 \\ 0 & 2G & 0 & 0 & 0 & 0 & 0 & 0 & 0 \\ 0 & 0 & 2G & 0 & 0 & 0 & 0 & 0 & 0 \\ 0 & 0 & 0 & 2G & 0 & 0 & 0 & 0 & 0 \\ 0 & 0 & 0 & 0 & 2G & 0 & 0 & 0 & 0 \\ 0 & 0 & 0 & 0 & 0 & 2G & 0 & 0 & 0 \\ 0 & 0 & 0 & 0 & 0 & 0 & 2G & 0 & 0 \\ 0 & 0 & 0 & 0 & 0 & 0 & 0 & 2G & 0 \\ 0 & 0 & 0 & 0 & 0 & 0 & 0 & 0 & 2G \end{pmatrix} \tag{2.52}$$

式中，$\lambda = 2G\upsilon/(1-2\upsilon)$ ，G ，υ 分别为经典意义上的剪切模量与泊松比；G_{c} 为 Cosserat 剪切模量。

基于以上分析，可得出弹性 Cosserat 连续体三维问题的静力控制方程为

$$\boldsymbol{L}^{\mathrm{T}}\boldsymbol{\sigma}+\boldsymbol{f}=0 \tag{2.53}$$

式中，$\boldsymbol{f}$ 为外力矩阵。

2.2.4　有限元格式推导

在 Cosserat 连续体有限元模型中，单元中任意一点的位移可表示为

$$\boldsymbol{u}\cong\overline{\boldsymbol{u}}=\left\{\overline{u_x}\ \ \overline{u_y}\ \ \overline{u_z}\ \ \overline{\omega_x}\ \ \overline{\omega_y}\ \ \overline{\omega_z}\right\}^{\mathrm{T}} \tag{2.54}$$

式中，$\overline{\boldsymbol{u}}$ 为单元节点位移分量插值后的近似解。

考虑到 Cosserat 连续体中要求单元的位移试解有更高的连续性，本书的有限元公式推导采用空间 20 节点六面体单元进行（图 2.5），则每个位移分量又可写成

$$\begin{cases}u_x\cong\overline{u_x}=\sum\limits_{i=1}^{20}N_iu_{xi},u_y\cong\overline{u_y}=\sum\limits_{i=1}^{20}N_iu_{yi},u_z\cong\overline{u_z}=\sum\limits_{i=1}^{20}N_iu_{zi}\\ \omega_x\cong\overline{\omega_x}=\sum\limits_{i=1}^{20}N_i\omega_{xi},\omega_y\cong\overline{\omega_y}=\sum\limits_{i=1}^{20}N_i\omega_{yi},\omega_z\cong\overline{\omega_z}=\sum\limits_{i=1}^{20}N_i\omega_{zi}\end{cases} \tag{2.55}$$

式中，N_i 为空间 20 节点等参元形函数；u_{xi}，u_{yi}，u_{zi}，ω_{xi}，ω_{yi}，ω_{zi} 为单元的第 i 个节点位移分量。

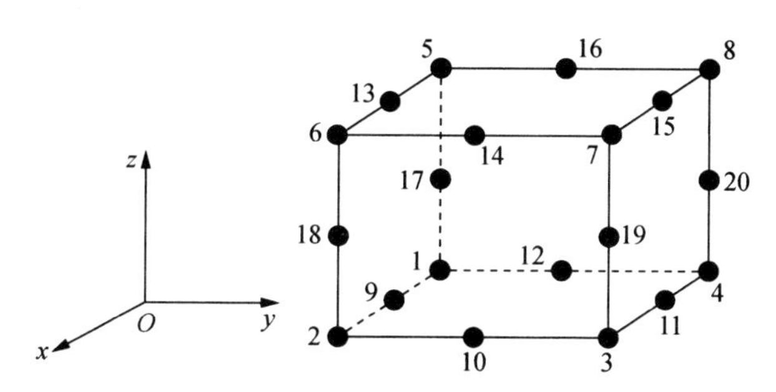

图 2.5　20 节点六面体的三维 Cosserat 连续体有限单元

将式（2.55）写成矩阵形式，即

$$\overline{\boldsymbol{u}}=\boldsymbol{N}\boldsymbol{\delta}^{\mathrm{e}} \tag{2.56}$$

式中，$\boldsymbol{\delta}^{\mathrm{e}}$ 为单元节点位移向量，可表达为

$$\boldsymbol{\delta}^{\mathrm{e}}=\left\{\boldsymbol{\delta}_1^{\mathrm{T}}\ \ \boldsymbol{\delta}_2^{\mathrm{T}}\ \ \cdots\ \ \boldsymbol{\delta}_{20}^{\mathrm{T}}\right\}^{\mathrm{T}} \tag{2.57}$$

且有

$$\boldsymbol{\delta}_i=\left\{u_{xi}\ \ u_{yi}\ \ u_{zi}\ \ \omega_{xi}\ \ \omega_{yi}\ \ \omega_{zi}\right\}^{\mathrm{T}}\quad(i=1,2,\cdots,20) \tag{2.58}$$

$\boldsymbol{N}$ 为插值形函数矩阵，且有

$$\boldsymbol{N}=\left[N_1\boldsymbol{I}\quad N_2\boldsymbol{I}\quad\cdots\quad N_{20}\boldsymbol{I}\right] \tag{2.59}$$

式中，$\boldsymbol{I}$ 为单位矩阵。

采用 Garlerkin 加权余量法作有限元离散，取 $\boldsymbol{N}$ 为权函数，要求单元域上加权余差为零，则

$$\int_{V^{\mathrm{e}}} \boldsymbol{N}^{\mathrm{T}} \left(\boldsymbol{L}^{\mathrm{T}} \boldsymbol{\sigma} + \boldsymbol{f} \right) \mathrm{d}V^{\mathrm{e}} = 0 \tag{2.60}$$

令 $\boldsymbol{B} = \boldsymbol{L}\boldsymbol{N}$，对式（2.60）采用分部积分与高斯定理得

$$\int_{V^{\mathrm{e}}} \boldsymbol{B}^{\mathrm{T}} \boldsymbol{\sigma} \mathrm{d}V^{\mathrm{e}} - \boldsymbol{F} = 0 \tag{2.61}$$

引入本构关系

$$\boldsymbol{\sigma} = \boldsymbol{D}_{\mathrm{e}} \boldsymbol{\varepsilon} = \boldsymbol{D}_{\mathrm{e}} \boldsymbol{L} \boldsymbol{u} = \boldsymbol{D}_{\mathrm{e}} \boldsymbol{L} \boldsymbol{N} \boldsymbol{\delta}^{\mathrm{e}} = \boldsymbol{D}_{\mathrm{e}} \boldsymbol{B} \boldsymbol{\delta}^{\mathrm{e}} \tag{2.62}$$

代入式（2.61）中可得

$$\boldsymbol{K} \boldsymbol{\delta}^{\mathrm{e}} = \boldsymbol{F} \tag{2.63}$$

其中刚度阵

$$\boldsymbol{K} = \int_{V^{\mathrm{e}}} \boldsymbol{B}^{\mathrm{T}} \boldsymbol{D} \boldsymbol{B} \mathrm{d}V^{\mathrm{e}} \tag{2.64}$$

2.3　二维弹性 Cosserat 连续体模型

在实际工程应用中，很多问题都可简化为平面应变问题处理，为方便起见，这里给出了适用于平面应变问题的二维弹性 Cosserat 连续体模型。二维 Cosserat 连续平面问题中的应力及偶应力如图 2.6 所示。

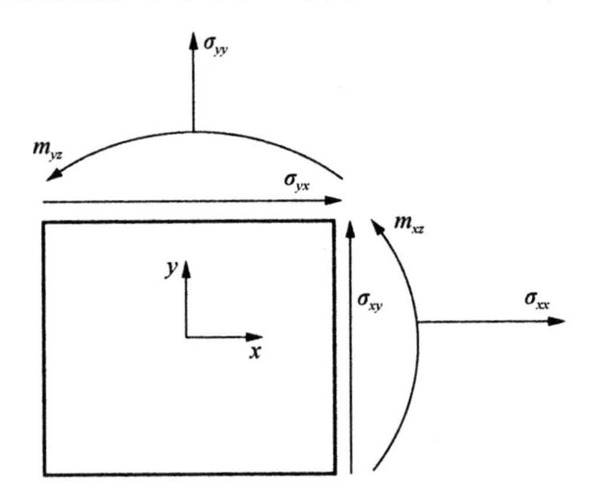

图 2.6　二维 Cosserat 连续体平面问题中的应力及偶应力

在 Cosserat 连续体平面分析中，作为微极固体的每个材料点具有三个自由度，即

$$\boldsymbol{u} = [u_x \ \ u_y \ \ \omega_z]^{\mathrm{T}} \tag{2.65}$$

式中，u_x, u_y 和 ω_z 分别为平面内的平移和旋转自由度。相应地，应变和应力向量定义为

$$\boldsymbol{\varepsilon} = [\varepsilon_{xx} \;\; \varepsilon_{yy} \;\; \varepsilon_{zz} \;\; \varepsilon_{xy} \;\; \varepsilon_{yx} \;\; \kappa_{zx} l_c \;\; \kappa_{zy} l_c]^{\mathrm{T}} \tag{2.66}$$

$$\boldsymbol{\sigma} = [\sigma_{xx} \;\; \sigma_{yy} \;\; \sigma_{zz} \;\; \sigma_{xy} \;\; \sigma_{yx} \;\; m_{zx}/l_c \;\; m_{zy}/l_c]^{\mathrm{T}} \tag{2.67}$$

式中，κ_{zx},κ_{zy} 为微曲率；m_{zx},m_{zy} 为相应的偶应力；l_c 为内部长度参数。应变–位移关系和平衡方程可表示为

$$\boldsymbol{\varepsilon} = \boldsymbol{L}\boldsymbol{u} \tag{2.68}$$

$$\boldsymbol{L}^{\mathrm{T}}\boldsymbol{\sigma} + \boldsymbol{f} = \boldsymbol{0} \tag{2.69}$$

式（2.69）中算子矩阵

$$\boldsymbol{L}^{\mathrm{T}} = \begin{bmatrix} \dfrac{\partial}{\partial x} & 0 & 0 & 0 & \dfrac{\partial}{\partial y} & 0 & 0 \\ 0 & \dfrac{\partial}{\partial y} & 0 & \dfrac{\partial}{\partial x} & 0 & 0 & 0 \\ 0 & 0 & 0 & -1 & 1 & l_c\dfrac{\partial}{\partial x} & l_c\dfrac{\partial}{\partial y} \end{bmatrix} \tag{2.70}$$

考虑到我们所要处理的是由弹塑性应变软化导致的应变局部化分析，应变 $\boldsymbol{\varepsilon}$ 可假定和分解为弹性应变 $\boldsymbol{\varepsilon}_{\mathrm{e}}$ 与塑性应变 $\boldsymbol{\varepsilon}_{\mathrm{p}}$ 之和，并假定线性的弹性应力–应变关系为

$$\boldsymbol{\sigma} = \boldsymbol{D}_{\mathrm{e}}\boldsymbol{\varepsilon}_{\mathrm{e}} \tag{2.71}$$

式中，各向同性弹性模量矩阵

$$\boldsymbol{D}_{\mathrm{e}} = \begin{bmatrix} \lambda+2G & \lambda & \lambda & 0 & 0 & 0 & 0 \\ \lambda & \lambda+2G & \lambda & 0 & 0 & 0 & 0 \\ \lambda & \lambda & \lambda+2G & 0 & 0 & 0 & 0 \\ 0 & 0 & 0 & G+G_c & G-G_c & 0 & 0 \\ 0 & 0 & 0 & G-G_c & G+G_c & 0 & 0 \\ 0 & 0 & 0 & 0 & 0 & 2G & 0 \\ 0 & 0 & 0 & 0 & 0 & 0 & 2G \end{bmatrix} \tag{2.72}$$

式中，$\lambda = 2G\upsilon/(1-2\upsilon)$，$G$，$\upsilon$ 分别为经典意义上的剪切模量与泊松比；G_c 为 Cosserat 剪切模量。

2.4　三维 Cosserat 连续体弹性模型的有限元应用

为了验证上述提出的三维 Cosserat 连续体模型的正确性及数值应用效果，基于大型通用有限元计算软件 ABAQUS 提供的用户单元子程序（UEL）作者编写了具有三维 Cosserat 连续体单元性质的有限元程序。下面通过几个数值算例来说明程序的可靠性。

2.4.1 微结构尺寸相关效应的数值模拟

已有实验表明，一些微结构的力学强度特性具有明显的尺寸效应[150,151]。下面以一个一般的微梁弯曲与微杆扭转问题为例，来阐明发展的三维 Cosserat 连续体模型与数值方法的有效性以及模拟尺寸相关效应方面的能力。

（1）微梁弯曲尺寸效应

考虑一长厚比 $l/h=8$、宽厚比 $b/h=2$ 的微悬臂梁，微梁自由端表面作用 $\tau_s=10\text{MPa}$ 的剪切应力，微悬臂梁的几何和边界条件如图 2.7 所示。材料参数分别为：弹性模量 $E=20\text{GPa}$，泊松比 $\upsilon=0.3$，Cosserat 剪切模量 $G_c=5\text{GPa}$，材料内部长度参数取 $l_t=l_b=l_c=250\mu\text{m}$。Timoshenko 和 Goodier 给出了悬臂梁自由端挠度的解析解[152]

$$u_y=\frac{4\tau_s l^3}{Eh^2}(1-\upsilon^2) \tag{2.73}$$

考虑微梁厚度与材料内部参数的比例 h/l_c 逐渐增大的情况下，可以分别由经典连续体理论的理论公式、有限元（FEM）以及 Cosserat 连续体理论的有限元（即 Cosserat-FEM）计算梁自由端的挠度值。表 2.1 给出了 h/l_c 分别为 1、2、4、6、10、20 等 6 种情况下微梁的尺寸，表 2.2 给出了对应 6 种情况的计算结果。

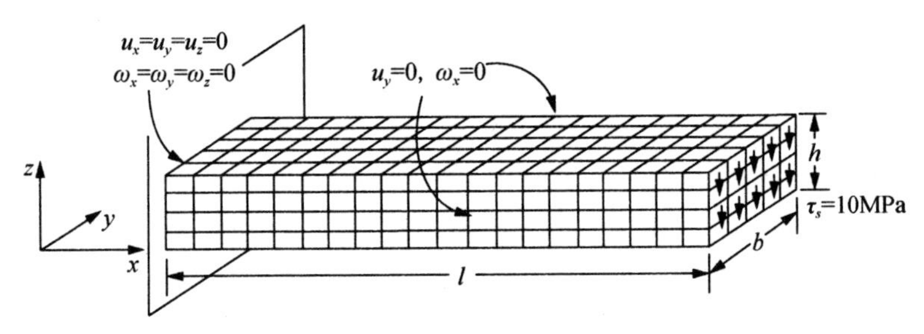

图 2.7 微悬臂梁的几何与边界条件

表 2.1 6 种情况下微悬臂梁的模型尺寸

h/l_c	$l/\mu\text{m}$	$b/\mu\text{m}$	$h/\mu\text{m}$
1	2 000	500	250
2	4 000	1 000	500
4	8 000	2 000	1 000
6	12 000	3 000	1 500
10	20 000	5 000	2 500
20	40 000	10 000	5 000

表 2.2　由经典连续体解析解、FEM 和 Cosserat-FEM 计算得到的微悬臂梁自由端挠度值

h/l_c	解析解/μm	FEM 数值解/μm	Cosserat-FEM 数值解/μm
1	232.96	234.86	26.36
2	465.92	469.72	153.24
4	931.84	939.43	616.63
6	1 397.76	1 409.14	1 141.87
10	2 329.6	2 348.57	2 164.24
20	4 659.2	4 697.14	4 596.53

由表 2.2 可知，FEM 解与经典连续体解析解比较接近。当微梁尺寸与材料内部长度参数较接近时，Cosserat-FEM 的计算结果较小，且与 FEM 的计算结果有较大差异；当微梁尺寸远大于材料内部长度参数时（比如 $h/l_c=20$），Cosserat-FEM 的计算结果和 FEM 以及解析解的计算结果较为接近。

图 2.8 给出了挠度值 w 与梁高 h 的相对值沿梁长度方向 x 与梁高 h 比值的变化曲线（为了避免曲线点太密影响图示效果，仅给出了其中 4 种情形）。从图中可明显看出：随着 h/l_c 比值的增加，Cosserat-FEM 的计算结果逐渐接近 FEM 的计算结果；反之，Cosserat-FEM 的计算结果越来越小且与 FEM 的计算结果相差较大。由此说明，当微梁尺寸与材料内部参数比较接近时，微梁的尺寸效应明显，并且尺寸效应使得微梁的强度提高。

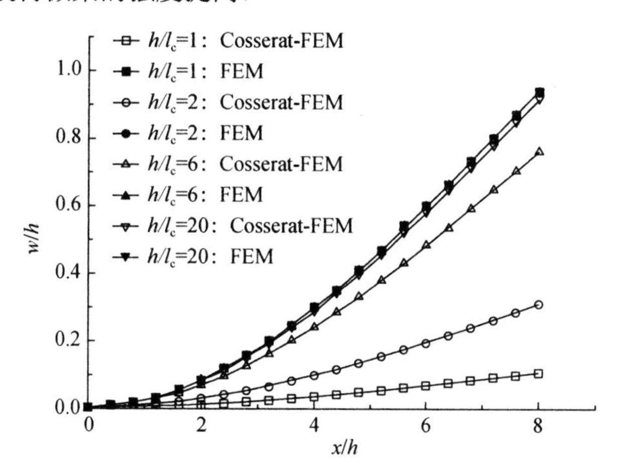

图 2.8　4 种情形下微悬臂梁自由端挠度的相对值沿梁长的变化曲线

（2）微杆扭转问题

考虑一截面为圆形的微杆，固定梁长与截面直径之比 $l/d=10$，杆端施加扭矩为 $T=10\text{N}\cdot\text{m}$，其几何与边界条件如图 2.9 所示。模型材料参数为：弹性模量 $E=100\text{GPa}$，泊松比 $\upsilon=0.25$，Cosserat 剪切模量 $G_c=25\text{GPa}$，Cosserat 连续体理

论的内部长度参数取 $l_t = l_b = l_c = 2\text{mm}$ 。采用材料力学中计算扭转杆两个端面相对转角的解析公式[153]

$$\varphi = \frac{Tl}{GI_p} \tag{2.74}$$

可以计算得到相对转角的大小。式（2.74）中 T 是施加的扭矩；G 为剪切模量；I_p 为圆形截面的惯性矩。

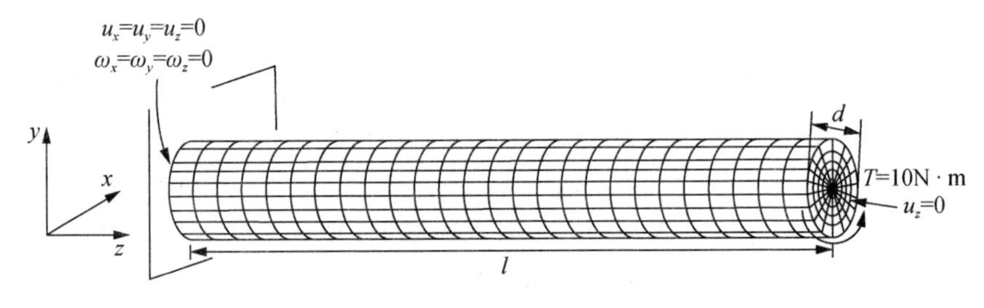

图 2.9　微杆扭转的几何与边界条件

考虑微杆截面直径与材料内部长度参数的比值 d/l_c 逐渐增大的情况下，分别由经典连续体理论的解析解、有限元（FEM）与 Cosserat 连续体理论的有限元（Cosserat-FEM）计算微杆两端相对转角值。表 2.3 给出了 d/l_c 分别为 1，2，4，6，12，20 共 6 种情况下微杆的解析解与数值分析结果。由表中数值可知，FEM 数值结果与解析解几乎完全一致。而 Cosserat-FEM 的数值结果显示，在微杆截面直径较小时，相对转角也很小，即刚度很大；当微杆截面直径增大时，相对转角也增大，且越来越接近 FEM 数值结果与解析解。这说明，当微杆尺寸与材料内部参数比较接近时，微杆的尺寸效应明显，并且尺寸效应使得微杆的强度提高。

表 2.3　微杆截面直径逐渐增加时，微悬梁两端相对扭转角由不同方法计算得到的结果

d/l_c	解析解/μm	FEM 数值解/μm	Cosserat-FEM 数值解/μm
1	3.183 1	3.183 13	0.181 11
2	0.397 89	0.397 89	0.072 79
4	0.049 74	0.049 74	0.021 93
6	0.014 74	0.014 74	0.009 19
12	0.001 84	0.001 84	0.001 58
20	0.000 398	0.000 398	0.000 375

对于上述两个算例体现出的微结构尺寸效应现象，从能量的角度分析，外力所做的功在三维弹性 Cosserat 连续体内转变为两部分内能（不考虑其他形式的能量损耗），即经典意义上的线应变能以及与微结构扭转和弯曲有关的应变能。其中，后一部分内能所占的比例随微结构尺寸与材料内部长度参数的接近越来越大，即前一部分所占的比例相对减小，因此 Cosserat-FEM 的模拟结果显示，随着微结构

尺寸与材料内部长度参数的接近，微梁的挠度以及微杆的转角对比经典连续体理论的解析解以及 FEM 解越来越小，表现出明显的尺寸效应。

2.4.2　弹性 Cosserat 理论在非均匀介质中的应用

土是岩土工程领域中最为常见的材料，由于其自然界历史产物这一性质，在长时间的堆积加厚过程中，岩土中颗粒的排列呈现出很强的方向性，造成土的材料性质在水平和竖直方向上存在较大的差异，呈现各向异性的现象，在工程分析中经常将其视为横向属性与纵向属性不同的材料对待。因此，基于岩土的这一材料特性，研究其作为横观各向同性体的材料和力学性质，对岩土工程来说有重要的意义。

1. 横观各向同性 Cosserat 连续体弹性模型

（1）横观各向同性 Cosserat 弹性体的物理方程

所谓的横观各向同性体是指材料体在平行于某一平面（即所谓的“横向”）的各个方向上都具有相同的弹性性质，而在垂直于该平面的方向上具有与之相异的弹性性质，因此，横观各向同性体是一种特殊的正交各向异性体。基于此定义并结合弹性力学的基本假设，决定横观各向同性体弹性力学行为的独立弹性常数有 5 个。如图 2.10 所示，假设 z 轴为弹性主向之一的纵向，x 轴和 y 轴都在各向同性平面内（即横向平面内），对于经典连续体而言，图 2.4 中微元体上不存在偶应力，横观各向同性体应力-应变关系可表达为

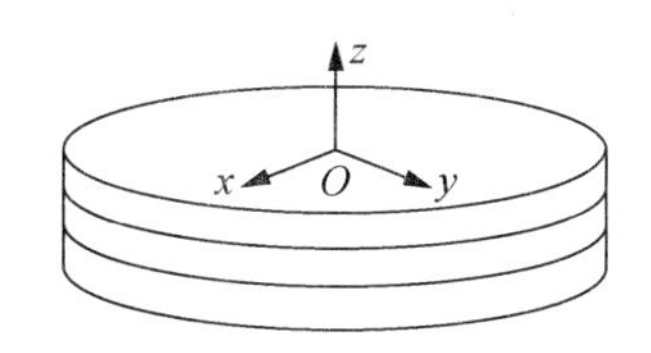

图 2.10　横观各向同性体各主方向示意图

$$\begin{Bmatrix}\sigma_{xx}\\\sigma_{yy}\\\sigma_{zz}\\\sigma_{xy}\\\sigma_{yz}\\\sigma_{zx}\end{Bmatrix}=\begin{pmatrix}d_{11}&d_{12}&d_{13}&0&0&0\\d_{12}&d_{11}&d_{13}&0&0&0\\d_{13}&d_{13}&d_{33}&0&0&0\\0&0&0&G_1&0&0\\0&0&0&0&G_2&0\\0&0&0&0&0&G_2\end{pmatrix}=\begin{Bmatrix}\varepsilon_{xx}\\\varepsilon_{yy}\\\varepsilon_{zz}\\\gamma_{xy}\\\gamma_{yz}\\\gamma_{zx}\end{Bmatrix}\tag{2.75}$$

式中

$$d_{11}=\frac{1-m\upsilon_2^2}{(1+\upsilon_1)(1-\upsilon_1-2m\upsilon_2^2)}E_1,d_{12}=\frac{\upsilon_1+m\upsilon_2^2}{(1+\upsilon_1)(1-\upsilon_1-2m\upsilon_2^2)}E_1,d_{13}=\frac{\upsilon_2}{(1-\upsilon_1-2m\upsilon_2^2)}E_1,$$

$$d_{33}=\frac{(1-\upsilon_1)}{1-\upsilon_1-2m\upsilon_2^2}E_2,G_1=\frac{E_1}{2(1+\upsilon_1)}\tag{2.76}$$

式中，$m=\dfrac{E_1}{E_2}$；E_1，υ_1，G_1 分别为材料各向同性平面内的弹性模量、泊松比和剪切模量；E_2，υ_2，G_2 分别为材料的纵向弹性模量、泊松比和剪切模量。这其中 E_1，υ_1，E_2，υ_2，G_2 为 5 个独立的弹性常数。

现在再考虑 Cosserat 理论下，横观各向同性材料的应力-应变关系。由三维 Cosserat 连续体材料点上的应力分布可知，偶应力 m_{xx}，m_{yy}，m_{xy}，m_{yx} 发生在 xOy 平面内，故四者与其各自的应变微曲率之间遵从横向的材料关系，剩下的 5 个偶应力（包括 1 个扭转偶应力及 4 个弯曲偶应力）发生在纵向的平面内，故它们与其各自的应变微曲率之间遵从的是纵向的材料关系。可将横观各向同性 Cosserat 连续体的应力-应变关系表达为

$$\boldsymbol{\sigma}=\boldsymbol{D}_{\mathrm{e}}\boldsymbol{\varepsilon} \tag{2.77}$$

式中，应力向量为

$$\begin{aligned}\boldsymbol{\sigma}=\Big\{&\sigma_{xx}\ \ \sigma_{yy}\ \ \sigma_{zz}\ \ \sigma_{xy}\ \ \sigma_{yx}\ \ \sigma_{yz}\ \ \sigma_{zy}\ \ \sigma_{zx}\ \ \sigma_{xz}\\ &\frac{m_{xx}}{l_t}\ \ \frac{m_{yy}}{l_t}\ \ \frac{m_{zz}}{l_t}\ \ \frac{m_{xy}}{l_b}\ \ \frac{m_{xz}}{l_b}\ \ \frac{m_{yx}}{l_b}\ \ \frac{m_{yz}}{l_b}\ \ \frac{m_{zx}}{l_b}\ \ \frac{m_{zy}}{l_b}\Big\}^{\mathrm{T}}\end{aligned} \tag{2.78}$$

应变向量为

$$\begin{aligned}\boldsymbol{\varepsilon}=\Big\{&\varepsilon_{xx}\ \ \varepsilon_{yy}\ \ \varepsilon_{zz}\ \ \varepsilon_{xy}\ \ \varepsilon_{yx}\ \ \varepsilon_{yz}\ \ \varepsilon_{zy}\ \ \varepsilon_{zx}\ \ \varepsilon_{xz}\\ &\kappa_{xx}l_t\ \ \kappa_{yy}l_t\ \ \kappa_{zz}l_t\ \ \kappa_{xy}l_b\ \ \kappa_{xz}l_b\ \ \kappa_{yx}l_b\ \ \kappa_{yz}l_b\ \ \kappa_{zx}l_b\ \ \kappa_{zy}l_b\Big\}^{\mathrm{T}}\end{aligned} \tag{2.79}$$

而弹性矩阵可以表达为

$$\boldsymbol{D}_{\mathrm{e}}=\begin{pmatrix}\boldsymbol{D}_u & \boldsymbol{0}\\ \boldsymbol{0} & \boldsymbol{D}_{\omega}\end{pmatrix} \tag{2.80}$$

式中，$\boldsymbol{D}_u$ 和 $\boldsymbol{D}_{\omega}$ 都是 4 阶张量，并可表达为下列两个矩阵

$$\boldsymbol{D}_u=\begin{pmatrix} d_{11} & d_{12} & d_{13} & 0 & 0 & 0 & 0 & 0 & 0\\ d_{12} & d_{11} & d_{13} & 0 & 0 & 0 & 0 & 0 & 0\\ d_{13} & d_{13} & d_{33} & 0 & 0 & 0 & 0 & 0 & 0\\ 0 & 0 & 0 & G_1+G_{\mathrm{c}} & G_1-G_{\mathrm{c}} & 0 & 0 & 0 & 0\\ 0 & 0 & 0 & G_1-G_{\mathrm{c}} & G_1+G_{\mathrm{c}} & 0 & 0 & 0 & 0\\ 0 & 0 & 0 & 0 & 0 & G_2+G_{\mathrm{c}} & G_2-G_{\mathrm{c}} & 0 & 0\\ 0 & 0 & 0 & 0 & 0 & G_2-G_{\mathrm{c}} & G_2+G_{\mathrm{c}} & 0 & 0\\ 0 & 0 & 0 & 0 & 0 & 0 & 0 & G_2+G_{\mathrm{c}} & G_2-G_{\mathrm{c}}\\ 0 & 0 & 0 & 0 & 0 & 0 & 0 & G_2-G_{\mathrm{c}} & G_2+G_{\mathrm{c}} \end{pmatrix} \tag{2.81}$$

$$
\boldsymbol{D}_{\omega}=\begin{pmatrix}
2G_1 & 0 & 0 & 0 & 0 & 0 & 0 & 0 & 0\\
0 & 2G_1 & 0 & 0 & 0 & 0 & 0 & 0 & 0\\
0 & 0 & 2G_2 & 0 & 0 & 0 & 0 & 0 & 0\\
0 & 0 & 0 & 2G_1 & 0 & 0 & 0 & 0 & 0\\
0 & 0 & 0 & 0 & 2G_2 & 0 & 0 & 0 & 0\\
0 & 0 & 0 & 0 & 0 & 2G_1 & 0 & 0 & 0\\
0 & 0 & 0 & 0 & 0 & 0 & 2G_2 & 0 & 0\\
0 & 0 & 0 & 0 & 0 & 0 & 0 & 2G_2 & 0\\
0 & 0 & 0 & 0 & 0 & 0 & 0 & 0 & 2G_2
\end{pmatrix} \tag{2.82}
$$

上述的弹性矩阵中各弹性常数与经典连续体理论下横观各向同性体的弹性常数一致，G_c 为 Cosserat 剪切模量。可以看出，若不考虑 Cosserat 剪切模量作为材料的固有性质参数，则横观各向同性 Cosserat 连续体与经典理论的横观各向同性体一样具有 5 个独立的弹性材料参数。而式（2.78）和式（2.79）将应力-应变向量中的偶应力分量和微曲率分量写成与内部长度参数运算后的形式，是为了使应力向量和应变向量中的各分量具有相同的量纲，便于理论分析和程序实现。l_t 与 l_b 分别为与扭转相关和与弯曲相关的内部长度参数。

这里的发展的横观各向同性 Cosserat 连续体弹性模型采用三维 20 节点减缩积分单元作为该模型的有限单元类型，并结合 ABAQUS 用户单元子程序（UEL）发展了适合该模型的有限元程序。

（2）模型验证

考虑图 2.7 所示的微悬臂梁，长 2m，宽 0.5m，高 0.25m，一端固支（约束 6 个自由度），另一端自由，自由端承受 10MPa 的剪切应力（外力）。分两个方面检验程序的正确性，一是检验程序退化为各向同性体的能力，二是检验程序模拟横观各向同性体力学性质的能力，对比的计算结果均由 ABAQUS 自带模型计算得出。

1）退化为各向同性体的能力。通过在程序中将横向和纵向的弹性参数设为一致，可将横观各向同性体退化为各向同性体材料。在这里令横向与纵向的弹性模量及泊松比相同，分别为 20GPa 和 0.25，Cosserat 剪切模量为 5GPa，内部长度参数为 0（即为经典连续体），数值计算该悬臂梁自由端挠度 $w = 242.173\text{mm}$ 。为了对比，这里引入 Timoshenko-Goodier 提出的悬臂梁解析解公式（2.73），求得该悬臂梁自由端挠度 $w = 240.00\text{mm}$ ；同时为了对比，采用 ABAQUS 自带 20 节点减缩积分单元计算出各向同性条件下该悬臂梁自由端的挠度 $w = 242.174\text{mm}$ 。图 2.11 给出了分别用 ABAQUS 自带单元及子程序计算得到的悬臂梁长度方向上挠度的变化趋势。由比较结果可以看出，通过将悬臂梁材料横向与纵向的弹性模量及泊松比设为一致，子程序能够退化为各向同性体材料，并且将内部长度参数设为 0 也能退化为经典连续体材料，计算结果与解析解以及 ABAQUS 自带单元计算结果差异很小，与 ABAQUS 自带单元的计算结果几乎一致。

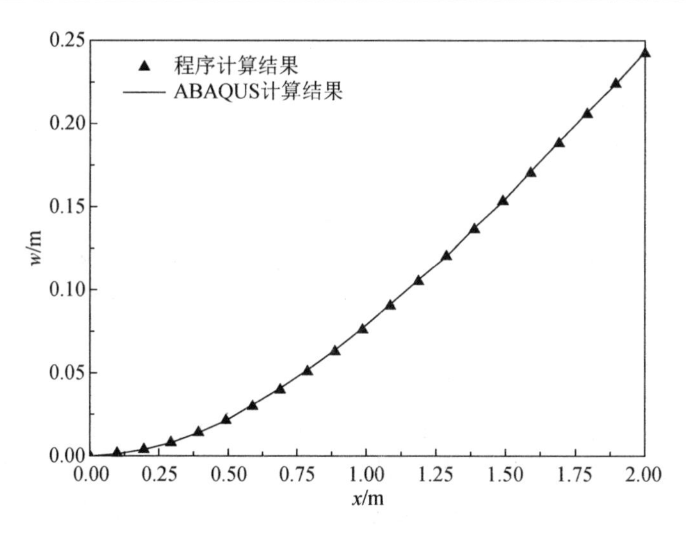

图 2.11　沿悬臂梁长度方向挠度变化曲线

2）横观各向同性体程序正确性检验。仍以图 2.7 所示的悬臂梁为例，将其材料选为横观各向同性体，为了保持计算的稳定性，在 ABAQUS 中，规定横观各向同性体材料参数需满足以下关系：E_1，E_2，G_1，$G_2>0$；$|\upsilon_1|<1$；$\upsilon_2<(E_1/E_2)^{1/2}$；$\upsilon_2<(E_2/E_1)^{1/2}$；$1-\upsilon_1^2-2\upsilon_2^2-2\upsilon_1\upsilon_2^2>0$。另外，由前面推导的弹性矩阵的形式可以发现，即使材料满足上面的各关系式，弹性矩阵各元素仍然有可能出现值为负的情况，这样也会导致计算结果出现不稳定的情况，因此在选取横观各向同性体材料参数时需注意这一现象。悬臂梁的其他材料参数不变，分别为 Cosserat 剪切模量为 5GPa，内部长度参数 $l_c=0$（即为经典连续体），自由端承受 10MPa 的剪切应力。在满足稳定条件下改变材料参数，以 E_1，E_2 及 υ_1，υ_2 之间大小关系选取表 2.4 中 4 种材料参数进行数值计算。为了对比，采用 ABAQUS 中的横观各向弹性模型以及所编写程序计算了 4 种情况下该悬臂梁自由端的挠度值（见表 2.4）。

表 2.4　4 种情况下悬臂梁自由端挠度值

E_1/GPa	E_2/GPa	υ_1	υ_2	G_2/GPa	w/mm	
					ABAQUS	子程序
20	10	0.25	0.2	5	243.603	243.603
20	10	0.25	0.3	5	241.900	241.899
10	20	0.25	0.2	5	484.373	484.374
10	20	0.25	0.3	5	483.827	483.826

由表中的计算结果可知，4 种情况下由 ABAQUS 自带单元及横观各向同性材料模拟的悬臂梁自由端挠度计算结果与所编写的子程序计算结果在相当高的精度上保持了一致性，说明了程序的正确性。当减小横向弹性模量为原来值的一半并增加纵向弹性模量为原来值的 2 倍时，梁的挠度值也大幅度增加，约为原来的 2 倍。

（3）弹性矩形板下多层地基分析

为了验证所提出的横观各向同性 Cosserat 连续体模型的有效性，这里参考文献[154]中弹性矩形板下多层地基的分析算例，也以相同材料参数的 4 层地基作为分析对象，研究受对称荷载作用下横观各向同性分层地基中的应力和位移情况。但是与该文献中的算例不一样的是，本算例中采用的是方形板，荷载通过方形板作用在土体上，方形板的半边长为 $a=b=3\text{m}$，其厚度为 $h=0.5\text{m}$。有限元模型及土层分布情况如图 2.12 所示。

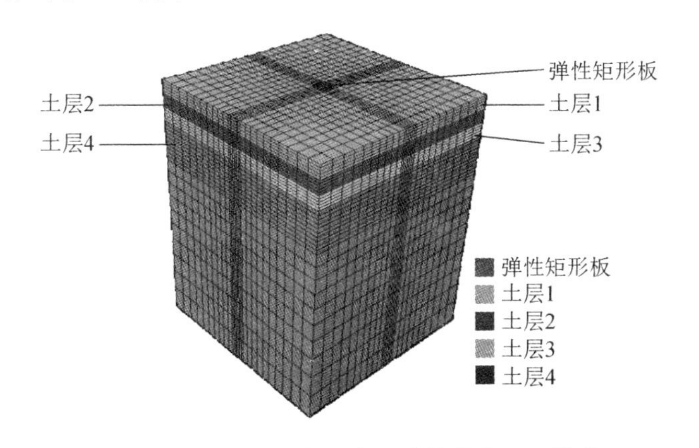

图 2.12　弹性矩形板下多层地基的有限元模型

矩形板的刚度定义为[155]

$$k=\frac{E_{\mathrm{b}}}{E_{\mathrm{v4}}}\left(1-\upsilon_{\mathrm{v4}}^{2}\right)\left(\frac{h}{a}\right)^{3} \tag{2.83}$$

式中，E_{b} 为矩形板的弹性模量；E_{v4} 为第四层地基土的纵向弹性模量；υ_{v4} 为第四层地基土的纵向泊松比；矩形板的泊松比 $\upsilon_{\mathrm{b}}=0.25$。

竖向应力系数和竖向位移系数分别定义为

$$I_z=\frac{\sigma_z}{p},\quad I_w=\frac{wE_{\mathrm{v4}}}{2pa} \tag{2.84}$$

式中，σ_z 为竖向应力值；p 为外载值；w 为竖向位移值。

表 2.5 给出了各土层的弹性材料参数，在这里将土体分别假设为均匀各向同性体和横观各向同性体考虑，并且在假设土体为均匀各向同性体时，要在程序中令土体的纵向参数与横向参数相同，即令 $E_2=E_1$，$\upsilon_2=\upsilon_1$，$G_2=G_1$。图 2.13 和图 2.14 分别给出了将土体做不同假设计算得到的竖向应力系数 I_z 和竖向位移系数 I_w 曲线。

表 2.5　各分层土体的弹性材料参数

土层	E_1/MPa	υ_1	E_2/MPa	υ_2	G_2/MPa	厚度/m
1	3	0.25	6	0.35	4	5
2	16	0.25	8	0.3	5.4	5
3	5	0.25	9	0.35	8	5
4	12	0.25	12	0.25	10	80

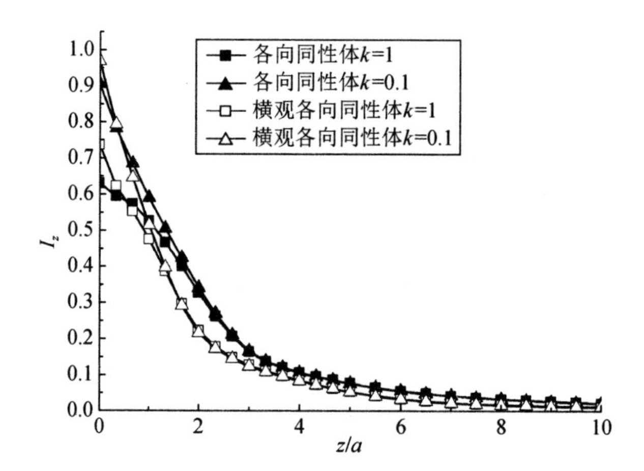

图 2.13　不同刚度 k 时均匀各向同性理论和横观各向同性理论计算得到的板中心下竖向应力系数 I_z

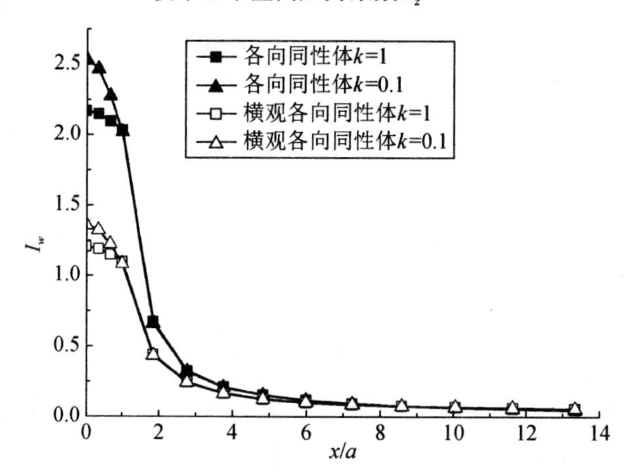

图 2.14　不同刚度 k 时均匀各向同性理论和横观各向同性理论计算得到的地基表面竖向位移系数 I_w

从图 2.13 和图 2.14 中可以看出，随着土层深度的增加，地基中的竖向应力系数 I_z 不断降低，而在水平方向上，竖向位移系数 I_w 也随着统计点的位置距矩形板中心的距离增加而减小；同时也可清晰地看出，在同样的外载条件下，将土体假设为均匀各向同性体和横观各向同性体计算得到的竖向应力和位移结果是明显不同的，这说明对土体做出不同的理论假设会得出差异明显的计算结果，极大地影响地基土体的应力位移计算精度。因此，研究横观各向同性地基模型对保证地基沉降和应力计算的正确性和精确性具有重要的意义。

进一步地，将土体考虑为横观各向同性 Cosserat 连续体，并比较不同内部长度参数下地基土的竖向应力和竖向位移分布情况。这里统一取矩形板的刚度为 $k=1$，而内部长度参数值 $l_c(=l_b=l_t)$ 分别选取 0.05m 、0.1m 及 0.2m。图 2.15 和图 2.16 分别给出了计算得到地基土体的竖向应力系数 I_z 的分布曲线和竖向位移系数 I_w 的分布曲线。

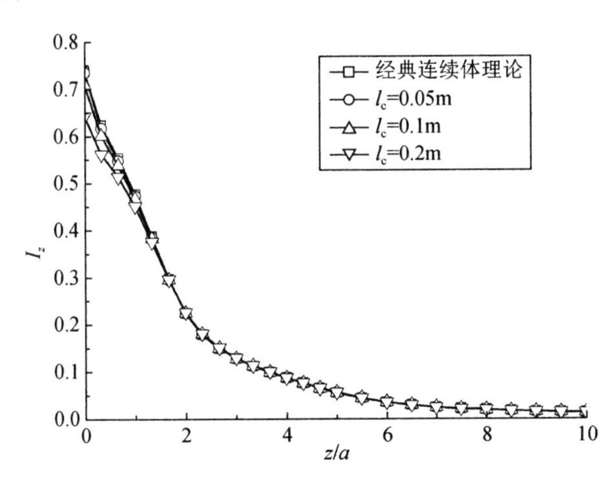

图 2.15　应用 Cosserat 理论和经典连续体理论计算得到的板中心下竖向应力系数 I_z

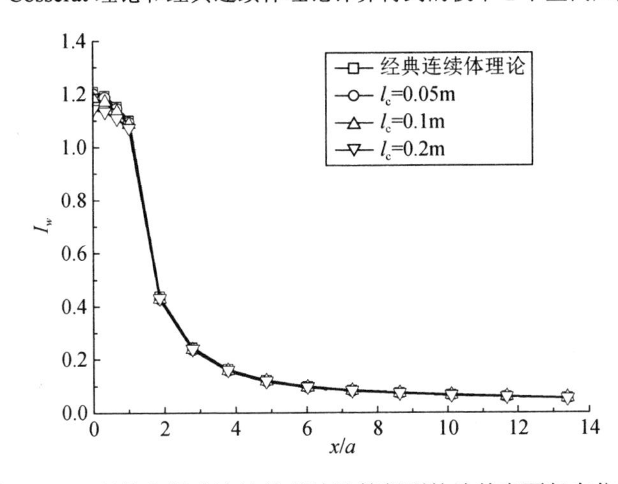

图 2.16　应用 Cosserat 理论和经典连续体理论计算得到的地基表面竖向位移系数 I_w

由计算结果可知，Cosserat 连续体理论计算得到的竖向应力值和竖向位移值要略低于经典连续体理论的计算结果，并且随着内部长度参数值的增加，竖向应力系数和竖向位移系数的值进一步降低。这是由于从能量角度看，Cosserat 连续体中应变能被分为常规应变能部分以及与偶应力和微曲率有关的应变能部分，而后者随着内部长度参数的增加储能能力也逐渐提高，因而从直观上反映出来即是地基的承载能力提高了。同时，通过将内部长度参数值取为 0 也能得到与经典连续体理论一致的计算结果，表明 Cosserat 连续体理论是一种更普遍的连续介质理论，反映了程序的正确性。

2. 层状岩体的 Cosserat 等效连续体模型

（1）层状岩体的力学性质及 Cosserat 连续体均匀化方法

如前所述，在分析具有层状节理特征的结构体（如层状岩体）时，通常有两种方法：一是将结构面用节理单元来表示，以此来模拟结构面与岩石层的不同力学特性以及两者接触面上的力学行为；二是采用等效连续体方法或是采用基于偶应力理论的等效连续体方法，将岩石体视为横观各向同性体。偶应力理论即 Cosserat 连续体理论，由于引入了独立的转动自由度以及由此引出的材料点处的偶应力及微曲率，使其具有了模拟结构弯曲效应的能力。本节采用 Cosserat 等效连续体模型来分析具有节理特征的结构体的一些力学行为，该等效连续体的弹性本构模型已由 Riahi 等[156]推导，这里直接加以引用，并基于通用有限元软件 ABAQUS 进行相关的二次开发应用。

一般在研究具有分层性质的结构体（如层状岩体）时，可将岩层视为平板结构，而整个岩体可以视为由一系列相互接触的岩板按照一定的方式排列而成，在相邻的岩板之间需满足相容的力学、变形条件。在推导层状岩体的本构方程时，为了简便，一般假定岩体的层厚是一个常量，即岩体是等厚度的分层结构体，图 2.17 和图 2.18 分别给出了局部坐标系下单层平板的力学表示以及层状岩体特征微元体的非零应力及偶应力分布。

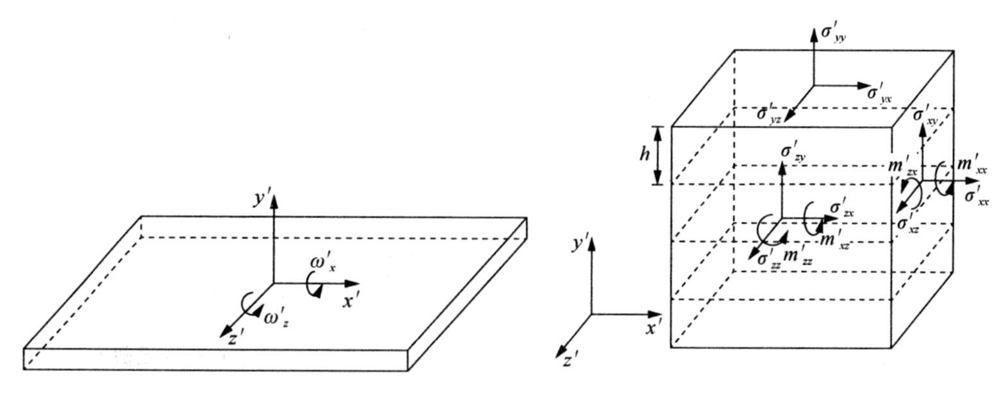

图 2.17　三维单层平板的力学表示

图 2.18　层状岩体特征微元体的非零应力及偶应力分布

对于图 2.17 所示的平板结构，y' 方向是该薄板的法线方向，该平板的力学行为可假设为

$$\omega_x' \neq 0,\ \omega_z' \neq 0,\ \omega_y' = 0 \tag{2.85}$$

因此，与 ω_y' 有关的微曲率分量为

$$\kappa_{yy}' = \kappa_{yx}' = \kappa_{yz}' = 0 \tag{2.86}$$

对于图 2.18 所示的层状结构的 Cosserat 等效连续体微元，切应力分量 σ_{yx}' 和 σ_{yz}' 为层间接触面上的两个切应力分量，可通过等效的剪切模量 G_{11} 以及与它们能量共轭的切应变分量将 σ_{yx}' 和 σ_{yz}' 表示为

$$\sigma_{yx}' = G_{11}\left(\varepsilon_{xy}' + \varepsilon_{yx}'\right),\quad \sigma_{yz}' = G_{11}\left(\varepsilon_{yz}' + \varepsilon_{zy}'\right) \tag{2.87}$$

式中，G_{11} 为层间接触面上的等效剪切模量，可表示为

$$G_{11} = \left(\frac{1}{G} + \frac{1}{hk_s}\right)^{-1} = \frac{Ghk_s}{G + hk_s} \tag{2.88}$$

式中，h 为层厚；k_s 为接触面上的切向刚度；G 为结构体的剪切模量。

对与 σ_{yx}'，σ_{yz}' 共轭的切应力分量 σ_{xy}'，σ_{zy}'，由于二者横穿结构的层面，因此结构层的弯曲对于二者也有贡献，可分别由下两式计算

$$\sigma_{xy}' = G_{11}\left(\varepsilon_{xy}' + \varepsilon_{yx}'\right) + G\varepsilon_{xy}',\ \sigma_{zy}' = G_{11}\left(\varepsilon_{yz}' + \varepsilon_{zy}'\right) + G\varepsilon_{zy}' \tag{2.89}$$

其他两个非零切应力分量 σ_{xz}' 和 σ_{zx}'，由于并未发生在分层面上以及作用线未穿过结构层面，因此与它们对应的应变分量之间满足简单的本构关系，即

$$\sigma_{xz}' = \sigma_{zx}' = G\left(\varepsilon_{xz}' + \varepsilon_{zx}'\right) \tag{2.90}$$

对于图 2.18 所示的非零偶应力分量，由薄板力学性质可以推导出非零偶应力大小与对应的微曲率分量之间的关系。其中弯曲偶应力 m_{zx}'，m_{xz}' 分别满足

$$m_{zx}' = B(\kappa_{zx}' + \upsilon\kappa_{xz}'),\quad m_{xz}' = B\left(\kappa_{xz}' + \upsilon\kappa_{zx}'\right) \tag{2.91}$$

式中

$$B = \frac{Eh^2}{12(1-\upsilon^2)}\left(\frac{G - G_{11}}{G + G_{11}}\right) \tag{2.92}$$

式中，E，υ 分别为材料的弹性模量和泊松比。扭转偶应力分量 m_{xx}'，m_{zz}' 分别满足

$$m_{xx}' = \left(1-\upsilon\right)B\kappa_{xx}',\qquad m_{zz}' = \left(1-\upsilon\right)B\kappa_{zz}' \tag{2.93}$$

结合上面的分析可知，具有分层特性的层状结构体的弹性本构关系可表达为

$$\boldsymbol{\sigma}' = \boldsymbol{D}'\boldsymbol{\varepsilon}' \tag{2.94}$$

$$\boldsymbol{D}' = \begin{pmatrix} \boldsymbol{D}'_u & \boldsymbol{0} \\ \boldsymbol{0} & \boldsymbol{D}'_\omega \end{pmatrix} \tag{2.95}$$

式中

$$\boldsymbol{D}'_u = \begin{pmatrix} A_{11} & A_{12} & A_{13} & 0 & 0 & 0 & 0 & 0 & 0 \\ A_{21} & A_{22} & A_{23} & 0 & 0 & 0 & 0 & 0 & 0 \\ A_{31} & A_{32} & A_{33} & 0 & 0 & 0 & 0 & 0 & 0 \\ 0 & 0 & 0 & G_{22} & G_{11} & 0 & 0 & 0 & 0 \\ 0 & 0 & 0 & G_{11} & G_{11} & 0 & 0 & 0 & 0 \\ 0 & 0 & 0 & 0 & 0 & G_{11} & G_{11} & 0 & 0 \\ 0 & 0 & 0 & 0 & 0 & G_{11} & G_{22} & 0 & 0 \\ 0 & 0 & 0 & 0 & 0 & 0 & 0 & G & G \\ 0 & 0 & 0 & 0 & 0 & 0 & 0 & G & G \end{pmatrix} \tag{2.96}$$

$$\boldsymbol{D}'_\omega = \begin{pmatrix} (1-\upsilon)B & 0 & 0 & 0 & 0 & 0 & 0 & 0 & 0 \\ 0 & 0 & 0 & 0 & 0 & 0 & 0 & 0 & 0 \\ 0 & 0 & (1-\upsilon)B & 0 & 0 & 0 & 0 & 0 & 0 \\ 0 & 0 & 0 & 0 & 0 & 0 & 0 & 0 & 0 \\ 0 & 0 & 0 & 0 & B & 0 & 0 & \upsilon B & 0 \\ 0 & 0 & 0 & 0 & 0 & 0 & 0 & 0 & 0 \\ 0 & 0 & 0 & 0 & 0 & 0 & 0 & 0 & 0 \\ 0 & 0 & 0 & 0 & \upsilon B & 0 & 0 & B & 0 \\ 0 & 0 & 0 & 0 & 0 & 0 & 0 & 0 & 0 \end{pmatrix} \tag{2.97}$$

式中

$$\left.\begin{aligned} & A_{11} = A_{33} = \frac{E}{1-\upsilon^2 - \dfrac{\upsilon^2(1+\upsilon)^2}{1-\upsilon^2+\dfrac{E}{hk_n}}}, \quad A_{22} = \frac{(1-\upsilon)E}{(1+\upsilon)(1-2\upsilon)-(1-\upsilon)hk_n} \\ & A_{13} = A_{31} = \frac{\upsilon E}{(1+\upsilon)(1-2\upsilon)+\dfrac{(1-\upsilon)E}{hk_n}} \\ & A_{12} = A_{21} = A_{23} = A_{32} = \frac{E\upsilon[E+hk_n(1-\upsilon)]}{(1-\upsilon)[2hk_n\upsilon^2-(1+\upsilon)(E+hk_n)]} \\ & G_{11} = \frac{Ghk_s}{G+hk_s}, \quad G_{22} = G_{11}+G, B = \frac{Eh^2}{12\left(1-\upsilon^2\right)}\left(\frac{G-G_{11}}{G+G_{11}}\right) \end{aligned}\right\} \tag{2.98}$$

而应力矢量和应变矢量分别为

$$\begin{aligned}\boldsymbol{\sigma}' = \{&\sigma'_{xx} \quad \sigma'_{yy} \quad \sigma'_{zz} \quad \sigma'_{xy} \quad \sigma'_{yx} \quad \sigma'_{yz} \quad \sigma'_{zy} \quad \sigma'_{zx} \quad \sigma'_{xz} \\ &m'_{xx} \quad m'_{yy} \quad m'_{zz} \quad m'_{xy} \quad m'_{xz} \quad m'_{yx} \quad m'_{yz} \quad m'_{zx} \quad m'_{zy}\}^{\mathrm{T}}\end{aligned} \tag{2.99}$$

$$\begin{aligned}\boldsymbol{\varepsilon}' = \{&\varepsilon'_{xx} \quad \varepsilon'_{yy} \quad \varepsilon'_{zz} \quad \varepsilon'_{xy} \quad \varepsilon'_{yx} \quad \varepsilon'_{yz} \quad \varepsilon'_{zy} \quad \varepsilon'_{zx} \quad \varepsilon'_{xz} \\ &\kappa'_{xx} \quad \kappa'_{yy} \quad \kappa'_{zz} \quad \kappa'_{xy} \quad \kappa'_{xz} \quad \kappa'_{yx} \quad \kappa'_{yz} \quad \kappa'_{zx} \quad \kappa'_{zy}\}^{\mathrm{T}}\end{aligned} \tag{2.100}$$

刘俊等[98]推导了层状岩体弹性矩阵在局部坐标系与整体坐标系下的转换关系

$$\boldsymbol{D} = \boldsymbol{L}^{\mathrm{T}}\boldsymbol{D}\boldsymbol{L} \tag{2.101}$$

式中，转换矩阵

$$\boldsymbol{L} = \begin{pmatrix} \boldsymbol{L}_1 & \boldsymbol{0} \\ \boldsymbol{0} & \boldsymbol{L}_2 \end{pmatrix}_{18\times18} \tag{2.102}$$

式中，$\boldsymbol{L}_1$，$\boldsymbol{L}_2$ 分别为对应于应变和偶应变（微曲率与内部长度参数的乘积）分量的转换矩阵，并可表达为

$$\boldsymbol{L}_1 = \boldsymbol{L}_2 = \begin{pmatrix} l_{11}^2 & l_{21}^2 & l_{31}^2 & l_{21}l_{11} & l_{21}l_{11} & l_{31}l_{21} & l_{31}l_{21} & l_{31}l_{11} & l_{31}l_{11} \\ l_{12}^2 & l_{22}^2 & l_{32}^2 & l_{22}l_{12} & l_{22}l_{12} & l_{32}l_{22} & l_{32}l_{22} & l_{32}l_{12} & l_{32}l_{12} \\ l_{13}^2 & l_{23}^2 & l_{33}^2 & l_{23}l_{13} & l_{23}l_{13} & l_{33}l_{23} & l_{33}l_{23} & l_{33}l_{13} & l_{33}l_{13} \\ l_{12}l_{11} & l_{22}l_{21} & l_{32}l_{31} & l_{22}l_{11} & l_{12}l_{21} & l_{32}l_{21} & l_{22}l_{31} & l_{12}l_{31} & l_{32}l_{11} \\ l_{11}l_{12} & l_{21}l_{22} & l_{31}l_{32} & l_{21}l_{12} & l_{11}l_{22} & l_{31}l_{22} & l_{21}l_{32} & l_{11}l_{32} & l_{31}l_{12} \\ l_{13}l_{12} & l_{23}l_{22} & l_{33}l_{32} & l_{23}l_{12} & l_{13}l_{22} & l_{33}l_{22} & l_{23}l_{32} & l_{13}l_{32} & l_{33}l_{12} \\ l_{12}l_{13} & l_{22}l_{23} & l_{32}l_{33} & l_{22}l_{13} & l_{12}l_{33} & l_{32}l_{23} & l_{22}l_{33} & l_{12}l_{33} & l_{32}l_{13} \\ l_{11}l_{13} & l_{21}l_{23} & l_{31}l_{33} & l_{21}l_{13} & l_{11}l_{23} & l_{31}l_{23} & l_{21}l_{33} & l_{11}l_{33} & l_{31}l_{13} \\ l_{13}l_{11} & l_{23}l_{21} & l_{33}l_{31} & l_{23}l_{11} & l_{13}l_{21} & l_{33}l_{21} & l_{23}l_{31} & l_{13}l_{31} & l_{33}l_{11} \end{pmatrix} \tag{2.103}$$

其中，$l_{ij}(i,j=1,2,3)$ 是坐标转换阵 $\boldsymbol{L}$ 的分量

$$\boldsymbol{L} = \begin{pmatrix} l_{11} & l_{12} & l_{13} \\ l_{21} & l_{22} & l_{23} \\ l_{31} & l_{32} & l_{33} \end{pmatrix} = \begin{pmatrix} \cos\beta & \sin\beta\cos\alpha & \sin\beta\sin\alpha \\ -\sin\beta & \cos\alpha\cos\beta & \cos\beta\sin\alpha \\ 0 & -\sin\alpha & \cos\alpha \end{pmatrix} \tag{2.104}$$

式中，α 为岩体的倾向；β 为岩体的走向。

利用上述的表达关系就可以将局部坐标系下的层状岩体本构关系转化到整体坐标系中进行求解，从而方便编程应用。

（2）数值算例

为了验证上述模型的正确性以及体现该模型的计算特征，在小变形条件下，考虑一自由端承受切向均布荷载作用的多层悬臂结构，计算其在不同层厚以及不同的层间接触条件下自由端的挠度值。该悬臂梁模型的尺寸及边界条件与图 2.17

所示的悬臂梁一致，其弹性模量 $E = 20\text{GPa}$ ，泊松比 $\upsilon = 0.3$ 。

首先分析不同的层间接触条件对计算的影响。在梁的自由端施加 $\tau_s = 1\text{MPa}$ 的竖向均布力，假设悬臂梁在其高度方向上平分为 4 层，即单层的厚度 $h = 0.0625\text{m}$ ，考察层间的切向刚度 k_s 取不同值时该悬臂梁自由端的挠度计算结果。为了比较，这里仍将 Timoshenko 及 Goodier[152]所提出的均质材料的悬臂梁挠度计算公式（2.73）作为解析方法进行对比。分析可知，当 $k_s \to 0$ 时，悬臂梁挠度的计算结果与 $h = 0.0625\text{m}$ 时的解析结果十分接近，说明若 k_s 比较小，悬臂梁各层之间相互的约束十分有限，在竖向外载作用下，悬臂梁的挠度等于一个单层的计算结果；当 k_s 比较大（如分析知 $k_s > 1\text{GPa}$ ）时，悬臂梁挠度的计算结果则趋近于 $h = 0.25\text{m}$ 时悬臂梁挠度的理论值，这是由于增大层间切向刚度，上下层得以互相约束，各层耦合在一起共同承担外载作用，悬臂梁整体上近似于一个高 0.25m 的均匀各向同性梁，其整体刚度被提高了。图 2.19 用曲线图的形式给出了层状悬臂梁挠度值随层间切向刚度的对数值的变化趋势，以及 $h = 0.0625\text{m}$ ，0.25m 时，悬臂梁挠度的解析计算结果。

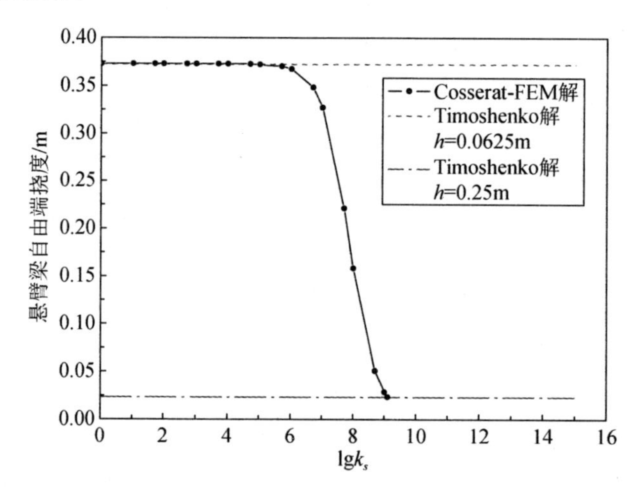

图 2.19 层间接触行为对层状悬臂梁自由端挠度计算的影响

接下来，考察当层间切向刚度 k_s 分别为 0,50MPa ，1.25GPa 时，该层状悬臂梁在不同层数时的挠度计算结果。通过控制 h 取不同的值将悬臂梁沿厚度方向分为不同的层数，计算结果见表 2.6。图 2.20 则用图示的方法直观地显示了不同层厚 Cosserat 等效连续体模型、经典 FEM 模型以及 Timoshenko 梁理论计算结果之间的差别。

表 2.6　不同层厚及切向刚度时 Cosserat 等效连续体理论、单层梁的经典连续体 FEM 以及 Timoshenko 梁理论得到的悬臂梁自由端挠度的计算结果

层厚/m	Cosserat 数值解/mm			Timoshenko 解析解/mm	单层悬臂梁 FEM 数值解 /mm	Cosserat 解的标准化结果（对比解析解）		
	k_s=0	k_s=50MPa	k_s=1.25GPa			k_s=0	k_s=50MPa	k_s=1.25GPa
0.01	145.4	27.932 4	1.484 68	145.6	145.4	0.998 7	0.191 8	0.010 2
0.02	36.37	11.632 7	0.771 26	36.40	36.35	0.999 2	0.319 6	0.021 2
0.04	9.097	4.390 18	0.377 63	9.100	9.087	0.999 7	0.482 4	0.041 5
0.06	4.047	2.361 29	0.249 05	4.044	4.039	1.000 7	0.583 9	0.061 6
0.08	2.278	1.481 51	0.199 53	2.275	2.272	1.001 3	0.651 2	0.087 7
0.10	1.459	1.020 01	0.144 11	1.456	1.455	1.002 1	0.700 6	0.099 0
0.12	1.014	0.746 43	0.120 21	1.011	1.011	1.003 0	0.738 3	0.118 9
0.14	0.746	0.575 09	0.122 51	0.743	0.743	1.004 0	0.774 0	0.164 9
0.25	0.236	0.201 90	0.055 32	0.233	0.235	1.012 9	0.866 7	0.237 5

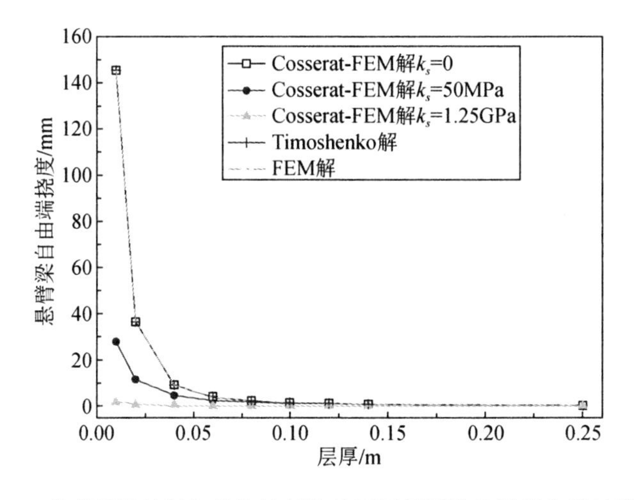

图 2.20　考虑层间接触与非接触行为的不同层厚的悬臂梁挠度计算结果

由计算结果可以看出，$k_s=0$时的 Cosserat 理论计算结果与单层梁的经典连续体理论 FEM 计算结果以及 Timoshenko 梁理论的解析结果基本一致。这是因为$k_s=0$时，尽管由于分层厚度不同悬臂梁被分成不同层数的组合结构体，但是层间并无相互剪切约束作用，每一层梁独自变形，其变形结果符合 Timoshenko 梁理论的计算模式，也必定与仅考虑相同层厚的单层悬臂梁的 FEM 计算结果一致，同时，随着层厚的增加，悬臂梁自由端的挠度值逐渐减小；当考虑层间剪切作用时，由于悬臂梁在变形过程中要克服接触层之间的相互约束作用，悬臂梁自由端挠度值的计算结果要小于同样厚度的单层悬臂梁的挠度值，并且随着层数的减小以及层间切向刚度的降低，层间的相互约束作用减弱，自由端挠度值也就逐渐增加了，这与之前的分析是一致的。

2.5 结　　语

在 Cosserat 连续体中，除了在经典连续体中所定义的位移自由度之外，额外引入了独立的旋转自由度和相应产生的微曲率，引入了与微曲率能量共轭的对偶应力，以及在本构方程中具有“特征长度”意义的内尺度参数。本章分析了 Cosserat 连续体基本理论，建立了二维、三维的弹性 Cosserat 连续体基本方程并进行了有限元数值实现，结果表明：

1）本章所建立的弹性 Cosserat 连续体模型与数值方法能有效地模拟尺寸相关效应问题、横观各向同性及层状材料结构的力学性质与变形行为。

2）当微结构尺寸与材料内部参数比较接近时，尺寸效应明显，并且尺寸效应使得微结构的强度提高。

3）横观各向同性及层状结构对材料力学性质和变形行为有重要的影响。

第 3 章　弹塑性 Cosserat 连续体模型

3.1　二维压力相关弹塑性 Cosserat 连续体模型

当在经典连续体计算模型中引入应变软化本构行为时，模型的初边值问题在数学上将成为不适定，并导致病态的有限元网格依赖解。为正确地数值模拟由应变软化引起的、以在局部狭窄区域急剧发生和发展的、以非弹性应变为特征的应变局部化现象，必须在经典连续体中引入某种类型的正则化机制以保持应变局部化问题的适定性。

采用引入了高阶连续结构的 Cosserat 连续体理论是引入正则化机制的主要途径之一。在 Cosserat 连续体中引入了旋转自由度和相应产生的微曲率，引入了与微曲率能量共轭的对偶应力，以及作为正则化机制在本构方程中具有“特征长度”意义的内尺度参数。利用 Cosserat 连续体模型作为正则化途径分析应变局部化问题已有一些重要工作成果发表。其中，de Borst[92]推导了 von Mises 屈服准则下的弹塑性 Cosserat 连续体公式，并把它推广到压力相关 J_2 流动准则情况[93]，而 Steinmann[101, 157]发展了 Cosserat 理论的大应变模型。本书所涉及研究工作着眼于压力相关弹塑性 Cosserat 连续体模型在应变局部化问题中宏观本构行为数值模拟上的作用和性能。与国内外已有工作相比，本书的主要贡献在于发展了包含推导出压力相关弹塑性 Cosserat 连续体切线本构模量矩阵的闭合型显式表示的一致性算法，避免了计算切线本构模量矩阵时的矩阵求逆，而这对于保证应变局部化初边值问题数值求解过程的收敛性与计算效率具有关键作用。

3.1.1　压力相关弹塑性 Cosserat 连续体模型

为描写压力相关弹塑性本构行为，具体考虑表示为以下形式的 Drucker-Prager 屈服准则

$$F = q + A_\varphi \sigma_{\rm h} + B = 0 \tag{3.1}$$

式（3.1）中表征第一和第二应力不变量的静水应力 $\sigma_{\rm h}$ 和有效偏应力 q 为

$$\sigma_{\rm h} = \frac{1}{\sqrt{3}}\left(\sigma_{xx} + \sigma_{yy} + \sigma_{zz}\right),\quad q = \left(\frac{1}{2}\boldsymbol{\sigma}^{\rm T}\boldsymbol{P}\boldsymbol{\sigma}\right)^{\frac{1}{2}} \tag{3.2}$$

式（3.1）中材料参数和式（3.2）中应力势矩阵为

$$A_{\varphi}=\frac{2\sin\varphi}{\sqrt{3}\left(3-\sin\varphi\right)},\qquad B=\frac{-6c\cos\varphi}{\sqrt{3}\left(3-\sin\varphi\right)} \tag{3.3}$$

$$\boldsymbol{P}=\begin{bmatrix} 2 & -1 & -1 & 0 & 0 & 0 & 0 \\ -1 & 2 & -1 & 0 & 0 & 0 & 0 \\ -1 & -1 & 2 & 0 & 0 & 0 & 0 \\ 0 & 0 & 0 & 3/2 & 3/2 & 0 & 0 \\ 0 & 0 & 0 & 3/2 & 3/2 & 0 & 0 \\ 0 & 0 & 0 & 0 & 0 & 3 & 0 \\ 0 & 0 & 0 & 0 & 0 & 0 & 3 \end{bmatrix} \tag{3.4}$$

式中，c,φ 分别为材料的黏聚力和内摩擦角。假定 c 服从线性应变软化（硬化）规则

$$c=c\left(\bar{\varepsilon}_{\mathrm{p}}\right)=c_0+h_{\mathrm{p}}\bar{\varepsilon}_{\mathrm{p}} \tag{3.5}$$

式中，c_0 是初始黏聚力；h_{p} 是黏性硬化-软化参数；$\bar{\varepsilon}_{\mathrm{p}}$ 是等效塑性应变。李锡夔和 Duxbury 等的研究表明，经典意义上定义的等效塑性应变不能同时准确地描述拉伸和压缩两种不同的后屈服路径[158, 159]。一个能够同时捕捉住拉伸和压缩两种不同的后屈服曲线的新的等效塑性应变增量 $\Delta\bar{\varepsilon}_{\mathrm{p}}$ 定义为[159]

$$\Delta\bar{\varepsilon}_{\mathrm{p}}=\Delta\lambda\left(1+\frac{\sigma_{\mathrm{h}}}{\left|\sigma_{\mathrm{h}}\right|}\frac{A_{\psi}}{\sqrt{3}}\right) \tag{3.6}$$

式中，$\Delta\lambda$ 为定义在非关联流动法则中的塑性乘子

$$\Delta\varepsilon_{\mathrm{p}}=\Delta\lambda\frac{\partial G}{\partial\boldsymbol{\sigma}} \tag{3.7}$$

假定塑性势函数取如下形式

$$G=q+A_{\psi}\sigma_{\mathrm{h}}+B \tag{3.8}$$

式中

$$A_{\psi}=\frac{2\sin\psi}{\sqrt{3}\left(3-\sin\psi\right)} \tag{3.9}$$

当 $\psi=\phi$ 时，材料为关联塑性。

3.1.2 率本构方程积分的返回映射算法

对于使材料局部进一步发展塑性变形的一个荷载增量步，当前应力可表示为

$$\boldsymbol{\sigma}=\boldsymbol{\sigma}^{\mathrm{E}}-\Delta\lambda\boldsymbol{D}_{\mathrm{e}}\frac{\partial G}{\partial\boldsymbol{\sigma}} \tag{3.10}$$

定义由弹性应变确定的荷载增量步终点应力的弹性预测值

$$\boldsymbol{\sigma}^{\mathrm{E}}=\boldsymbol{D}_{\mathrm{e}}\boldsymbol{\varepsilon} \tag{3.11}$$

塑性流动向量

$$\frac{\partial G}{\partial \boldsymbol{\sigma}}=\frac{1}{2q}\boldsymbol{P\sigma}+\frac{A_\psi}{\sqrt{3}}\boldsymbol{m}, \quad \boldsymbol{m}^{\mathrm{T}}=[1\quad 1\quad 1\quad 0\quad 0\quad 0\quad 0] \tag{3.12}$$

把应力向量分解为偏量与球量部分

$$\boldsymbol{\sigma}=\boldsymbol{s}+\boldsymbol{\sigma}_{\mathrm{m}} \tag{3.13}$$

式中

$$\boldsymbol{\sigma}_{\mathrm{m}}=[\sigma_{\mathrm{m}}\quad \sigma_{\mathrm{m}}\quad \sigma_{\mathrm{m}}\quad 0\quad 0\quad 0\quad 0]^{\mathrm{T}}, \quad \sigma_{\mathrm{m}}=\sigma_{\mathrm{h}}/\sqrt{3} \tag{3.14}$$

注意到

$$\boldsymbol{P}=\boldsymbol{PP}/3, \quad \boldsymbol{P\sigma}=3\boldsymbol{Ms}, \quad \boldsymbol{M}=\boldsymbol{MM} \tag{3.15}$$

$$\boldsymbol{M}=\begin{bmatrix}1&0&0&0&0&0&0\\0&1&0&0&0&0&0\\0&0&1&0&0&0&0\\0&0&0&1/2&1/2&0&0\\0&0&0&1/2&1/2&0&0\\0&0&0&0&0&1&0\\0&0&0&0&0&0&1\end{bmatrix} \tag{3.16}$$

由式（3.2）确定的 q 及它的弹性预测值 q^{E} 可表示为

$$q=\left(\frac{1}{2}\boldsymbol{s}^{\mathrm{T}}\boldsymbol{Ms}\right)^{\frac{1}{2}}, \quad q^{\mathrm{E}}=\left(\frac{1}{2}\boldsymbol{s}^{\mathrm{E}^{\mathrm{T}}}\boldsymbol{Ms}^{\mathrm{E}}\right)^{\frac{1}{2}} \tag{3.17}$$

式（3.10）两边前乘矩阵 $\boldsymbol{P}$ 并利用式（3.17），根据

$$\boldsymbol{PD}_{\mathrm{e}}=\boldsymbol{D}_{\mathrm{e}}\boldsymbol{P}=2G\boldsymbol{P}, \quad \boldsymbol{D}_{\mathrm{e}}\boldsymbol{m}=3K\boldsymbol{m}, \quad K=\frac{E}{3(1-2\upsilon)}, \quad \boldsymbol{Pm}=\boldsymbol{0} \tag{3.18}$$

可得到

$$q^{\mathrm{E}}=q+3G\Delta\lambda, \quad \alpha=q/q^{\mathrm{E}} \tag{3.19}$$

$$\boldsymbol{Ms}=\alpha\boldsymbol{Ms}^{\mathrm{E}} \tag{3.20}$$

式（3.10）两边前乘向量 $\boldsymbol{m}^{\mathrm{T}}$ 可得

$$\sigma_{\mathrm{h}}=\sigma_{\mathrm{h}}^{\mathrm{E}}-3KA_\psi\Delta\lambda \tag{3.21}$$

式中，$\sigma_{\mathrm{h}}^{\mathrm{E}}$ 为 σ_{h} 的弹性预测值。

把式（3.19）和式（3.21）代入式（3.1）得到

$$F=F(\Delta\lambda,\Delta\varepsilon_{\mathrm{p}})=q^{\mathrm{E}}-3\lambda(G+KA_\varphi A_\psi)+A_\varphi\sigma_{\mathrm{h}}^{\mathrm{E}}+B=0 \tag{3.22}$$

式（3.6）可改写为

$$F_{\mathrm{c}}=F_{\mathrm{c}}\left(\Delta\lambda,\Delta\bar{\varepsilon}_{\mathrm{p}}\right)=\Delta\bar{\varepsilon}_{\mathrm{p}}-\Delta\lambda\left(1+\mathrm{sign}(\sigma_{\mathrm{h}})\frac{A_\psi}{\sqrt{3}}\right)=0 \tag{3.23}$$

利用式（3.22）和式（3.23），可构造局部积分点处非线性本构方程的 Newton-Raphson 迭代过程

$$F_k=F_{k-1}+\Delta F=0 \tag{3.24}$$

以更新内状态变量

$$\delta(\Delta\lambda_k) = -F_{k-1} \bigg/ \left.\frac{\mathrm{d}F}{\mathrm{d}\Delta\lambda}\right|_{k-1}, \qquad \Delta\lambda = \Delta\lambda_{k-1} + \delta(\Delta\lambda_k) \tag{3.25}$$

式中

$$\frac{\mathrm{d}F}{\mathrm{d}\Delta\lambda} = \frac{\partial F}{\partial\Delta\lambda} - \frac{\partial F}{\partial\bar{\varepsilon}_\mathrm{p}}\frac{\partial F_\mathrm{c}}{\partial\Delta\lambda} \bigg/ \frac{\partial F_\mathrm{c}}{\partial\bar{\varepsilon}_\mathrm{p}} \tag{3.26}$$

式中

$$\left.\begin{aligned} &\frac{\partial F}{\partial\Delta\lambda} = -3\left(KA_\varphi A_\psi + G\right), \quad \frac{\partial F}{\partial\bar{\varepsilon}_\mathrm{p}} = \left(\sigma_\mathrm{h}^\mathrm{E} - 3KA_\psi\Delta\lambda\right)\frac{\partial A_\varphi}{\partial\bar{\varepsilon}_\mathrm{p}} - 3kA_\varphi\Delta\lambda\frac{\partial A_\psi}{\partial\bar{\varepsilon}_\mathrm{p}} + \frac{\partial B}{\partial\bar{\varepsilon}_\mathrm{p}} \\ &\frac{\partial F_\mathrm{c}}{\partial\Delta\lambda} = -\left(1 + \mathrm{sign}(\sigma_\mathrm{h})\frac{A_\psi}{\sqrt{3}}\right), \quad \frac{\partial F_\mathrm{c}}{\partial\bar{\varepsilon}_\mathrm{p}} = 1 - \frac{\Delta\lambda}{\sqrt{3}}\mathrm{sign}(\sigma_\mathrm{h})\frac{\partial A_\psi}{\partial\bar{\varepsilon}_\mathrm{p}} \end{aligned}\right\} \tag{3.27}$$

进一步定义

$$\boldsymbol{P}' = \begin{bmatrix} 2 & -1 & -1 & 0 & 0 & 0 & 0 \\ -1 & 2 & -1 & 0 & 0 & 0 & 0 \\ -1 & -1 & 2 & 0 & 0 & 0 & 0 \\ 0 & 0 & 0 & 3 & 0 & 0 & 0 \\ 0 & 0 & 0 & 0 & 3 & 0 & 0 \\ 0 & 0 & 0 & 0 & 0 & 3 & 0 \\ 0 & 0 & 0 & 0 & 0 & 0 & 3 \end{bmatrix} \tag{3.28}$$

对式（3.10）两边前乘矩阵 $\boldsymbol{P}'$ 并利用式（3.18），有

$$\boldsymbol{P} = \boldsymbol{P}'\boldsymbol{P}/3, \qquad \boldsymbol{P}'\boldsymbol{m} = 0 \tag{3.29}$$

可得到

$$\boldsymbol{s} = \boldsymbol{C}_\alpha \boldsymbol{s}^\mathrm{E} \tag{3.30}$$

$$\boldsymbol{C}_\alpha = \left(\boldsymbol{I} + \frac{3G\Delta\lambda}{q}\boldsymbol{M}\right)^{-1} = \begin{bmatrix} \alpha & 0 & 0 & 0 & 0 & 0 & 0 \\ 0 & \alpha & 0 & 0 & 0 & 0 & 0 \\ 0 & 0 & \alpha & 0 & 0 & 0 & 0 \\ 0 & 0 & 0 & (\alpha+1)/2 & (\alpha-1)/2 & 0 & 0 \\ 0 & 0 & 0 & (\alpha-1)/2 & (\alpha+1)/2 & 0 & 0 \\ 0 & 0 & 0 & 0 & 0 & \alpha & 0 \\ 0 & 0 & 0 & 0 & 0 & 0 & \alpha \end{bmatrix} \tag{3.31}$$

当迭代过程的 $\Delta\lambda$ 值确定时，由式（3.19）和式（3.21）可立刻得到 $q, \sigma_\mathrm{h}, \alpha$ 的值，而由式（3.30）和式（3.31）即可确定 $\boldsymbol{s}$，并进而由式（3.13）和式（3.14）得到 $\boldsymbol{\sigma}$。

3.1.3　一致性弹塑性切线模量矩阵的闭合型

由式（3.13）可知应力向量的弹性预测值可分解为它的偏量与球量部分之和

$$\boldsymbol{\sigma}^{\mathrm{E}} = \boldsymbol{s}^{\mathrm{E}} + \sigma_{\mathrm{m}}^{\mathrm{E}}\boldsymbol{m} \tag{3.32}$$

应变向量的偏量与球量部分分解表示为

$$\boldsymbol{\varepsilon} = \boldsymbol{e} + \boldsymbol{\varepsilon}_{\mathrm{m}}, \qquad \boldsymbol{\varepsilon}_{\mathrm{m}} = \varepsilon_{\mathrm{m}}\boldsymbol{m} \tag{3.33}$$

并有

$$\boldsymbol{e} = \boldsymbol{P}^{*}\boldsymbol{\varepsilon}, \qquad \boldsymbol{\varepsilon}_{\mathrm{m}} = \frac{1}{3}\boldsymbol{m}\boldsymbol{m}^{\mathrm{T}}\boldsymbol{\varepsilon} \tag{3.34}$$

$$\boldsymbol{P}^{*} = \begin{bmatrix} 2/3 & -1/3 & -1/3 & 0 & 0 & 0 & 0 \\ -1/3 & 2/3 & -1/3 & 0 & 0 & 0 & 0 \\ -1/3 & -1/3 & 2/3 & 0 & 0 & 0 & 0 \\ 0 & 0 & 0 & 1 & 0 & 0 & 0 \\ 0 & 0 & 0 & 0 & 1 & 0 & 0 \\ 0 & 0 & 0 & 0 & 0 & 1 & 0 \\ 0 & 0 & 0 & 0 & 0 & 0 & 1 \end{bmatrix} \tag{3.35}$$

应力向量偏量与球量的弹性预测值变化率分别与应变向量的偏量与球量部分相关联

$$\dot{\boldsymbol{s}}^{\mathrm{E}} = \boldsymbol{D}_{\mathrm{e}}^{\mathrm{d}}\dot{\boldsymbol{e}}, \qquad \dot{\sigma}_{\mathrm{m}}^{\mathrm{E}} = 3K\dot{\varepsilon}_{\mathrm{m}} \tag{3.36}$$

由式（3.17）得到 q^{E} 的变化率

$$\dot{q}^{\mathrm{E}} = \frac{1}{2q^{\mathrm{E}}}(\boldsymbol{P}\boldsymbol{\sigma}^{\mathrm{E}})^{\mathrm{T}}\dot{\boldsymbol{\sigma}}^{\mathrm{E}} = \frac{1}{2q}(\boldsymbol{P}\boldsymbol{\sigma})^{\mathrm{T}}\boldsymbol{D}_{\mathrm{e}}^{\mathrm{d}}\dot{\boldsymbol{e}} = \frac{3}{2q}(\boldsymbol{M}\boldsymbol{s})^{\mathrm{T}}\boldsymbol{D}_{\mathrm{e}}^{\mathrm{d}}\dot{\boldsymbol{e}} \tag{3.37}$$

上式中

$$\boldsymbol{D}_{\mathrm{e}}^{\mathrm{d}} = \begin{bmatrix} 2G & 0 & 0 & 0 & 0 & 0 & 0 \\ 0 & 2G & 0 & 0 & 0 & 0 & 0 \\ 0 & 0 & 2G & 0 & 0 & 0 & 0 \\ 0 & 0 & 0 & G+G_{\mathrm{c}} & G-G_{\mathrm{c}} & 0 & 0 \\ 0 & 0 & 0 & G-G_{\mathrm{c}} & G+G_{\mathrm{c}} & 0 & 0 \\ 0 & 0 & 0 & 0 & 0 & 2G & 0 \\ 0 & 0 & 0 & 0 & 0 & 0 & 2G \end{bmatrix} \tag{3.38}$$

由 $\dot{F}=0,\ \dot{F}_{\mathrm{c}}=0$ 以及式（3.19）取微分得到

$$\dot{\bar{\varepsilon}}_{\mathrm{p}} = c_{\varepsilon}\left(\dot{q}^{\mathrm{E}} + A_{\varphi}\dot{\sigma}_{\mathrm{h}}^{\mathrm{E}}\right), \qquad \dot{\lambda} = -\frac{1}{3G}c_{\lambda}\left(\dot{q}^{\mathrm{E}} + A_{\varphi}\dot{\sigma}_{\mathrm{h}}^{\mathrm{E}}\right) \tag{3.39}$$

$$\dot{q} = \dot{q}^{\mathrm{E}} + c_{\lambda}(\dot{q}^{\mathrm{E}} + A_{\varphi}\dot{\sigma}_{\mathrm{h}}^{\mathrm{E}}), \qquad \dot{\alpha} = \frac{\alpha}{q}[\dot{q}^{\mathrm{E}} + c_{\lambda}(\dot{q}^{\mathrm{E}} + A_{\varphi}\dot{\sigma}_{\mathrm{h}}^{\mathrm{E}}) - \alpha\dot{q}^{\mathrm{E}}] \tag{3.40}$$

式中

$$c_{\varepsilon} = (b_{\mathrm{qe}} - a_{\mathrm{qe}})^{-1}, \qquad c_{\lambda} = a_{\mathrm{qe}}c_{\varepsilon} \tag{3.41}$$

$$b_{\mathrm{qe}} = -3KA_{\varphi}A_{\psi}\frac{\partial F_{\mathrm{c}}/\partial\bar{\varepsilon}_{\mathrm{p}}}{\partial F_{\mathrm{c}}/\partial\Delta\lambda} - \frac{\partial B}{\partial\bar{\varepsilon}_{\mathrm{p}}}, \qquad a_{\mathrm{qe}} = 3G\frac{\partial F_{\mathrm{c}}/\partial\bar{\varepsilon}_{\mathrm{p}}}{\partial F_{\mathrm{c}}/\partial\Delta\lambda} \tag{3.42}$$

对式（3.30）两边取微分得到

$$\dot{\boldsymbol{s}} = \boldsymbol{C}_{\alpha}\dot{\boldsymbol{s}}^{\mathrm{E}} + \dot{\alpha}\boldsymbol{M}\boldsymbol{s}^{\mathrm{E}} \tag{3.43}$$

把式（3.36）和式（3.37）代入式（3.39）、式（3.40）和式（3.43）中得到

$$\delta\boldsymbol{\varepsilon}^{\mathrm{T}}\dot{\boldsymbol{\sigma}} = \delta\boldsymbol{\varepsilon}^{\mathrm{T}}\boldsymbol{D}_{\mathrm{ep}}\dot{\boldsymbol{\varepsilon}} \tag{3.44}$$

式中一致性弹塑性切线模量矩阵

$$\begin{aligned}\boldsymbol{D}_{\mathrm{ep}} = \boldsymbol{P}^{*}\left[(1-\alpha+c_{\lambda})\frac{1}{6q^{2}}\boldsymbol{P}\boldsymbol{\sigma}(\boldsymbol{P}\boldsymbol{\sigma})^{\mathrm{T}} + \boldsymbol{C}_{\alpha}\right]\boldsymbol{D}_{\mathrm{e}}^{\mathrm{d}}\boldsymbol{P}^{*} + K\left[1+\frac{K}{G}A_{\varphi}A_{\psi}c_{\lambda}\right]\boldsymbol{m}\boldsymbol{m}^{\mathrm{T}} \\ + \frac{1}{\sqrt{3}q}c_{\lambda}K[A_{\varphi}\boldsymbol{P}^{*}(\boldsymbol{P}\boldsymbol{\sigma})\boldsymbol{m}^{\mathrm{T}} + A_{\psi}\boldsymbol{m}(\boldsymbol{P}\boldsymbol{\sigma})^{\mathrm{T}}\boldsymbol{P}^{*}]\end{aligned} \tag{3.45}$$

由上式可以看出，当采用关联塑性时，切线模量矩阵 $\boldsymbol{D}_{\mathrm{ep}}$ 保持对称。

3.2　基于 Cosserat 连续体的 CAP 弹塑性模型

研究表明，基于传统塑性力学的单屈服面模型不能较好地反映塑性体应变与塑性剪应变。如对于剪切型开口锥形屈服面模型，不能良好地反映塑性体应变，会出现过大的剪胀；而对于体变型的剑桥模型只能反映体缩，不能充分反映塑性剪应变[160]。如果将二者结合，既可考虑受压塑性体积应变（或压缩），同时对锥形屈服面加载时，又可限制塑性剪胀的大小，这种模型即为具有多重屈服面的CAP模型，它是当今岩土材料中常用的本构模型之一。在这个本构模型中，包含了三个屈服面：状态边界面（SBS）、临界状态线（CSL）和极限拉应力屈服面（TM）[161]。对这类模型进行本构数值积分的主要困难在于如何处理不同屈服面相交处出现的角点以及如何建立相应的流动法则，Simo 等于 1988 年提出了非光滑多重屈服面模型本构积分的数值方法[162]，李锡夔等对类似的适用于非饱和土的具有非光滑多重屈服面的 Alonso 本构模型及 CAP 模型发展了非线性本构速率方程积分的一致性算法[163]。

对于岩土塑性材料的研究中，广泛采用了非关联的塑性流动法则或应变软化型的本构关系。研究表明，在应变软化或在某些条件下，即使材料仍处于应变硬化阶段但采用非关联流动法则的情况下，基于经典连续体理论的数值模型的初边值问题在数学上将成为不适定，并导致病态的有限元网格依赖解[164]。因而，有必要在经典连续体中引入某种类型的正则化机制以保持问题的适定性。

文献[109,110]基于 Cosserat 连续体理论，发展了压力相关的弹塑性 Cosserat 连续体模型。为了阐明 Cosserat 连续体理论应用于各种岩土体材料模型的可能性，本节将 Cosserat 连续体理论推广应用于具有非光滑多重屈服面的 CAP 模型，考虑 Cosserat 连续体理论的特点，发展非线性本构速率方程积分的一致性算法，在

Cosserat 连续体中引入了旋转自由度和相应产生的微曲率，引入了与微曲率能量共轭的对偶应力及作为正则化机制在本构方程中具有“特征长度”意义的内尺度参数。与在经典连续体框架下的模型及本构积分的一致性算法不同，基于 Cosserat 连续体理论的 CAP 模型中各分屈服面模型需重新表述，需考虑其特殊性来重新推导本构方程积分的返回映射算法和一致性弹塑性切线模量矩阵。

3.2.1　基于 Cosserat 连续体的非光滑多重屈服面弹塑性模型

如图 3.1 所示，CAP 模型包含三个屈服面，即 CamClay 类的临界状态线（CSL）、状态边界面（SBS）和极限拉应力屈服面（TM）。各分屈服面以表征第一应力不变量的静水应力 σ_{h} 和表征第二应力不变量的有效偏应力 q 来表示。这两个应力量分别为

$$\sigma_{\mathrm{h}}=\frac{1}{\sqrt{3}}\left(\sigma_{xx}+\sigma_{yy}+\sigma_{zz}\right),\quad q=\left(\frac{1}{2}\boldsymbol{\sigma}^{\mathrm{T}}\boldsymbol{P}\boldsymbol{\sigma}\right)^{\frac{1}{2}} \tag{3.46}$$

对 Cosserat 连续体，有

$$\boldsymbol{\sigma}=[\sigma_{xx}\ \sigma_{yy}\ \sigma_{zz}\ \sigma_{xy}\ \sigma_{yx}\ m_{zx}/l_{\mathrm{c}}\ m_{zy}/l_{\mathrm{c}}]^{\mathrm{T}} \tag{3.47}$$

$\boldsymbol{P}$ 为应力势矩阵，且

$$\boldsymbol{P}=\begin{bmatrix} 2 & -1 & -1 & 0 & 0 & 0 & 0 \\ -1 & 2 & -1 & 0 & 0 & 0 & 0 \\ -1 & -1 & 2 & 0 & 0 & 0 & 0 \\ 0 & 0 & 0 & 3/2 & 3/2 & 0 & 0 \\ 0 & 0 & 0 & 3/2 & 3/2 & 0 & 0 \\ 0 & 0 & 0 & 0 & 0 & 3 & 0 \\ 0 & 0 & 0 & 0 & 0 & 0 & 3 \end{bmatrix} \tag{3.48}$$

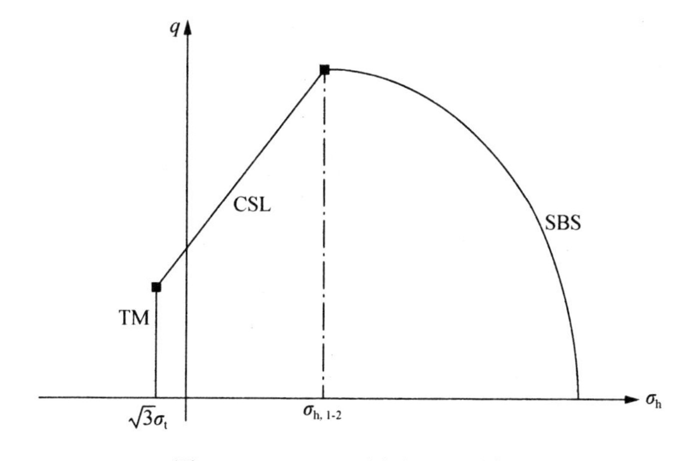

图 3.1　(σ_{h},q)平面内的 CAP 模型

各分屈服面在主应力空间的数学表达式如下。

（1）临界状态线

$$F_1 = q + A_\varphi \sigma_h + B = 0 \tag{3.49}$$

$$A_\varphi = \frac{2\sin\varphi}{\sqrt{3}(3-\sin\varphi)}, \quad B = \frac{-6c\cos\varphi}{\sqrt{3}(3-\sin\varphi)} \tag{3.50}$$

式中，c，φ 分别为材料的黏聚力和内摩擦角。

假定黏聚力 c 服从线性应变软化（硬化）规则，则有

$$c = c\left(\bar{\varepsilon}_p\right) = c_0 + h_p \bar{\varepsilon}_p \tag{3.51}$$

式中，c_0 为初始黏聚力；h_p 为黏性硬化-软化参数；$\bar{\varepsilon}_p$ 为等效塑性应变。

如果选用不同于内摩擦角的塑性势角，可以得到非关联的流动势函数。塑性势函数假定取如下形式

$$G_1 = q + A_\psi \sigma_h + B \tag{3.52}$$

式中

$$A_\psi = \frac{2\sin\psi}{\sqrt{3}(3-\sin\psi)} \tag{3.53}$$

当 $\psi = \varphi$ 时，材料为关联塑性。

（2）状态边界面

$$F_2 = q^2 + A_\varphi^2 \left(\sigma_h - \frac{\sqrt{3}c}{\tan\varphi}\right)\left(\sigma_h + \sqrt{3}p_0\right) = 0 \tag{3.54}$$

在这个屈服面中，状态边界面的硬化准则体现在前期固结压力 p_0 依赖于作为内状态变量的塑性体积应变 ε_{pv}，即

$$\mathrm{d}p_0 = \frac{1+e}{\lambda(0)-\kappa} p_0 \mathrm{d}\varepsilon_{pv} \tag{3.55}$$

式中，e 为孔隙比；$\lambda(0)$ 为塑性体积刚度系数；κ 为弹性刚度系数。

一般假定塑性势函数取为与屈服函数相同的形式，并服从关联的流动法则，有

$$G_2 = q^2 + A_\varphi^2 \left(\sigma_h - \frac{\sqrt{3}c}{\tan\varphi}\right)\left(\sigma_h + \sqrt{3}p_0\right) \tag{3.56}$$

当然，如果选用的塑性势角不同于内摩擦角，可以得到非关联的流动势函数。

（3）极限拉应力屈服面

实验结果显示出临界状态线会过高估计土体承受拉应力的能力，为了改善模型，作为一个分屈服面引入了极限拉应力屈服面。通常材料能承受的极限拉应力与剪应力无关，其屈服面方程可写成

$$F_3 = \sigma_h - \sqrt{3}\sigma_t = 0 \tag{3.57}$$

式中，σ_t 是作为材料参数指定的极限拉应力。

塑性势函数假定取如下形式

$$G_3 = \sigma_h - \sqrt{3}\sigma_t \tag{3.58}$$

多重屈服面下塑性应变向量演化为

$$\dot{\varepsilon}_p = \sum_{i=1}^{m} \dot{\varepsilon}_{pi} = \sum_{i=1}^{m} \dot{\lambda}_i \frac{\partial G_i}{\partial \boldsymbol{\sigma}} \tag{3.59}$$

在目前的模型中，$m=3$，$\dot{\lambda}_i$ 是塑性乘子率，它们分别满足 $i=1,2,3$ 下的 Kuhn-Tucker 条件

$$\left.\begin{array}{ll} \dot{\lambda}_i \geqslant 0; & F_i \leqslant 0 \\ \dot{\lambda}_i F_i = 0 & \\ \dot{\lambda}_i \dot{F}_i = 0 & \end{array}\right\} \tag{3.60}$$

与单屈服面塑性不同，在多重屈服面模型中试弹性应力不满足一个屈服条件并不能确定该屈服面进入塑性。作为经典返回映射算法的扩展，本节发展了一个基于 Kuhn-Tucker 条件以确定进入塑性的屈服条件的向后 Euler 积分过程。为了计算塑性应变向量，分别考虑 CSL、SBS、TM 分屈服面，可得相应的流动向量及塑性应变增量如下。

（1）临界状态线分屈服面

流动向量为

$$\frac{\partial G_1}{\partial \boldsymbol{\sigma}} = \frac{1}{2q}\boldsymbol{P\sigma} + \frac{A_\psi}{\sqrt{3}}\boldsymbol{m} \qquad \boldsymbol{m}^{\mathrm{T}} = [1\ 1\ 1\ 0\ 0\ 0\ 0] \tag{3.61}$$

塑性应变增量为

$$\Delta\boldsymbol{\varepsilon}_{p1} = \Delta\lambda_1\left(\frac{1}{2q}\boldsymbol{P\sigma} + \frac{A_\psi}{\sqrt{3}}\boldsymbol{m}\right) \tag{3.62}$$

（2）状态边界面分屈服面

流动向量为

$$\frac{\partial G_2}{\partial \boldsymbol{\sigma}} = 2q\cdot\frac{1}{2q}\boldsymbol{P\sigma} + A_\varphi^2\left[\frac{1}{\sqrt{3}}\left(2\sigma_h + \sqrt{3}p_0 - \sqrt{3}c/\tan\varphi\right)\right]\boldsymbol{m} = \boldsymbol{P\sigma} + \frac{A_{b\psi}}{\sqrt{3}}\boldsymbol{m} \tag{3.63}$$

式中

$$A_{b\psi} = A_\varphi^2\left(2\sigma_h + \sqrt{3}p_0 - \frac{\sqrt{3}c}{\tan\varphi}\right) \tag{3.64}$$

塑性应变增量为

$$\Delta\boldsymbol{\varepsilon}_{p2} = \Delta\lambda_2\left(\boldsymbol{P\sigma} + \frac{A_{b\psi}}{\sqrt{3}}\boldsymbol{m}\right) \tag{3.65}$$

（3）极限拉应力屈服面分屈服面

流动向量为

$$\frac{\partial G_3}{\partial \boldsymbol{\sigma}} = \frac{1}{\sqrt{3}} \boldsymbol{m} \tag{3.66}$$

塑性应变增量为

$$\Delta \boldsymbol{\varepsilon}_{p3} = \Delta \lambda_3 \frac{1}{\sqrt{3}} \boldsymbol{m} \tag{3.67}$$

李锡夔和 Duxbury 等的研究表明，经典意义上定义的等效塑性应变不能同时准确地描述拉伸和压缩两种不同的后屈服路径。一个能够同时捕捉住拉伸和压缩两种不同的后屈服曲线的新的等效塑性应变增量 $\Delta \bar{\varepsilon}_p$ 定义为

$$\Delta \bar{\varepsilon}_p = \Delta \lambda \left(1 + \frac{\sigma_h}{|\sigma_h|} \frac{A_\psi}{\sqrt{3}} \right) \tag{3.68}$$

式中，$\Delta \lambda$ 为定义在非关联流动法则中的塑性乘子，且有

$$\Delta \boldsymbol{\varepsilon}_p = \Delta \lambda \frac{\partial G}{\partial \boldsymbol{\sigma}} \tag{3.69}$$

不考虑极限拉应力屈服面产生的塑性应变，有

$$\Delta \bar{\varepsilon}_p = \Delta \lambda_1 + 2q \Delta \lambda_2 + \frac{\sigma_h}{|\sigma_h|} \left(\frac{\Delta \lambda_1 A_\psi + \Delta \lambda_2 A_{b\psi}}{\sqrt{3}} \right) \tag{3.70}$$

假定临界状态线和状态边界面同时被激活，推导本构积分的一致性算法，则两个屈服面下塑性应变向量演化为

$$\dot{\varepsilon}_p = \dot{\varepsilon}_{p1} + \dot{\varepsilon}_{p2} = \sum_{i=1}^{2} \dot{\lambda}_i \frac{\partial G_i}{\partial \boldsymbol{\sigma}} \tag{3.71}$$

3.2.2　率本构方程积分的返回映射算法

对于使材料局部进一步发展塑性变形的荷载增量步，当前应力可表示为

$$\boldsymbol{\sigma} = \boldsymbol{\sigma}^E - \Delta \lambda_1 \boldsymbol{D}_e \frac{\partial G_1}{\partial \boldsymbol{\sigma}} - \Delta \lambda_2 \boldsymbol{D}_e \frac{\partial G_2}{\partial \boldsymbol{\sigma}} \tag{3.72}$$

定义由弹性应变确定的荷载增量步终点应力的弹性预测值为

$$\boldsymbol{\sigma}^E = \boldsymbol{D}_e \boldsymbol{\varepsilon} \tag{3.73}$$

塑性流动向量

$$\frac{\partial G_1}{\partial \boldsymbol{\sigma}} = \frac{1}{2q} \boldsymbol{P\sigma} + \frac{A_\psi}{\sqrt{3}} \boldsymbol{m}, \quad \frac{\partial G_2}{\partial \boldsymbol{\sigma}} = \boldsymbol{P\sigma} + \frac{A_{b\psi}}{\sqrt{3}} \boldsymbol{m} \tag{3.74}$$

式中

$$A_{b\psi} = A_\varphi^2 \left(2\sigma_h + \sqrt{3} p_0 - \frac{\sqrt{3}c}{\tan \varphi} \right)$$

$$\boldsymbol{m}^T = [1\ 1\ 1\ 0\ 0\ 0] \tag{3.75}$$

把应力向量分解为偏量与球量部分，有

$$\boldsymbol{\sigma} = \boldsymbol{s} + \boldsymbol{\sigma}_{\mathrm{m}} \tag{3.76}$$

式中

$$\boldsymbol{\sigma}_{\mathrm{m}} = [\sigma_{\mathrm{m}} \ \ \sigma_{\mathrm{m}} \ \ \sigma_{\mathrm{m}} \ \ 0 \ 0 \ 0 \ 0]^{\mathrm{T}}, \qquad \sigma_{\mathrm{m}} = \sigma_{\mathrm{h}} / \sqrt{3} \tag{3.77}$$

注意到

$$\boldsymbol{P} = \boldsymbol{PP}/3, \qquad \boldsymbol{P\sigma} = 3\boldsymbol{Ms}, \qquad \boldsymbol{M} = \boldsymbol{MM} \tag{3.78}$$

$$\boldsymbol{M} = \begin{bmatrix} 1 & 0 & 0 & 0 & 0 & 0 & 0 \\ 0 & 1 & 0 & 0 & 0 & 0 & 0 \\ 0 & 0 & 1 & 0 & 0 & 0 & 0 \\ 0 & 0 & 0 & 1/2 & 1/2 & 0 & 0 \\ 0 & 0 & 0 & 1/2 & 1/2 & 0 & 0 \\ 0 & 0 & 0 & 0 & 0 & 1 & 0 \\ 0 & 0 & 0 & 0 & 0 & 0 & 1 \end{bmatrix} \tag{3.79}$$

由式（3.46）确定的 q 及它的弹性预测值 q^{E} 可表示为

$$q = \left(\frac{1}{2}\boldsymbol{s}^{\mathrm{T}}\boldsymbol{Ms}\right)^{\frac{1}{2}}, \qquad q^{\mathrm{E}} = \left(\frac{1}{2}\boldsymbol{s}^{\mathrm{E^T}}\boldsymbol{Ms}^{\mathrm{E}}\right)^{\frac{1}{2}} \tag{3.80}$$

对式（3.72）两边前乘矩阵 $\boldsymbol{P}$ 并利用式（3.80），有

$$\left.\begin{aligned} &\boldsymbol{PD}_{\mathrm{e}} = \boldsymbol{D}_{\mathrm{e}}\boldsymbol{P} = 2G\boldsymbol{P}, \quad \boldsymbol{D}_{\mathrm{e}}\boldsymbol{m} = 3K\boldsymbol{m}, \\ &K = \frac{E}{3(1-2\upsilon)}, \quad \boldsymbol{Pm} = \boldsymbol{0} \end{aligned}\right\} \tag{3.81}$$

可得

$$q^{\mathrm{E}} = q + 3G\Delta\lambda, \qquad \alpha = q/q^{\mathrm{E}} \tag{3.82}$$

$$\boldsymbol{Ms} = \alpha\boldsymbol{Ms}^{\mathrm{E}} \tag{3.83}$$

对式（3.72）两边前乘向量 $\boldsymbol{m}^{\mathrm{T}}$ 可得

$$\sigma_{\mathrm{h}} = \sigma_{\mathrm{h}}^{\mathrm{E}} - 3K\Delta\lambda_1 A_{\psi} - 3K\Delta\lambda_2 A_{\mathrm{b}\psi} \tag{3.84}$$

式中，$\sigma_{\mathrm{h}}^{\mathrm{E}}$ 为 σ_{h} 的弹性预测值，并由此得

$$\sigma_{\mathrm{h}} = \frac{1}{1+6k\lambda_2 A_{\varphi}^2}\sigma_{\mathrm{h}}^{\mathrm{E}} - \frac{3k}{1+6k\lambda_2 A_{\varphi}^2}\left(\lambda_1 A_{\psi} + \sqrt{3}\lambda_2 A_{\varphi}^2\left(p_0 - \frac{c}{\tan\varphi}\right)\right) \tag{3.85}$$

则有

$$F_1 = F_1(\lambda_1, \lambda_2, \bar{\varepsilon}_{\mathrm{p}}, \varepsilon_{\mathrm{pv}}) = \frac{q^{\mathrm{E}} - 3G\lambda_1}{1+6G\lambda_2} + A_{\varphi}\sigma_{\mathrm{h}}\left(\sigma_{\mathrm{h}}^{\mathrm{E}}, \lambda_1, \lambda_2, \bar{\varepsilon}_{\mathrm{p}}, \varepsilon_{\mathrm{pv}}\right) + B\left(\bar{\varepsilon}_{\mathrm{p}}\right) = 0 \tag{3.86}$$

$$\begin{aligned} F_2 = F_2(\lambda_1, \lambda_2, \bar{\varepsilon}_{\mathrm{p}}, \varepsilon_{\mathrm{pv}}) &= \left(\frac{q^{\mathrm{E}} - 3G\lambda_1}{1+6G\lambda_2}\right)^2 \\ &+ A_{\varphi}^2\left(\sigma_{\mathrm{h}}\left(\sigma_{\mathrm{h}}^{\mathrm{E}}, \lambda_1, \lambda_2, \bar{\varepsilon}_{\mathrm{p}}, \varepsilon_{\mathrm{pv}}\right) - \frac{\sqrt{3}c}{\tan\varphi}\right)\left(\sigma_{\mathrm{h}}\left(\sigma_{\mathrm{h}}^{\mathrm{E}}, \lambda_1, \lambda_2, \bar{\varepsilon}_{\mathrm{p}}, \varepsilon_{\mathrm{pv}}\right) + \sqrt{3}p_0\right) = 0 \end{aligned} \tag{3.87}$$

此时，两个屈服函数中含有等效塑性应变 $\bar{\varepsilon}_{\mathrm{p}}$ 和体积塑性应变 $\varepsilon_{\mathrm{pv}}$ 两个内状态变量，它们控制着应力向量 $\boldsymbol{\sigma}$ 的演化，等效塑性应变增量为

$$\Delta\bar{\varepsilon}_{\mathrm{p}} = \Delta\bar{\varepsilon}_{\mathrm{p1}} + \Delta\bar{\varepsilon}_{\mathrm{p2}} = \lambda_1 + \mathrm{sign}(\sigma_{\mathrm{h}})\frac{\lambda_1 A_{\psi}}{\sqrt{3}} + 2q\lambda_2 + \mathrm{sign}(\sigma_{\mathrm{h}})\frac{\lambda_2 A_{\mathrm{b}\psi}}{\sqrt{3}} \tag{3.88}$$

可改写为

$$F_3 = \Delta\bar{\varepsilon}_{\mathrm{p}} - \left(\lambda_1 + 2q\lambda_2 + \mathrm{sign}(\sigma_{\mathrm{h}})\left(\frac{\lambda_1 A_{\psi}}{\sqrt{3}} + \frac{\lambda_2 A_{\mathrm{b}\psi}}{\sqrt{3}}\right)\right) = 0 \tag{3.89}$$

式中

$$\mathrm{sign}(\sigma_{\mathrm{h}}) = \begin{cases} +1 & \sigma_{\mathrm{h}} \geqslant 0 \\ -1 & \sigma_{\mathrm{h}} \leqslant 0 \end{cases} \tag{3.90}$$

体积塑性应变增量为

$$\Delta\varepsilon_{\mathrm{pv}} = \Delta\varepsilon_{\mathrm{p1v}} + \Delta\varepsilon_{\mathrm{p2v}} = \sqrt{3}\lambda_1 A_{\psi} + \sqrt{3}\lambda_2 A_{\mathrm{b}\psi} \tag{3.91}$$

可改写为

$$F_4 = \Delta\varepsilon_{\mathrm{pv}} - \sqrt{3}\left(\lambda_1 A_{\psi} + \lambda_2 A_{\mathrm{b}\psi}\right) = 0 \tag{3.92}$$

四个屈服函数的微分表达式为

$$\left.\begin{aligned}
\dot{F}_1 &= \frac{\partial F_1}{\partial \lambda_1}\dot{\lambda}_1 + \frac{\partial F_1}{\partial \lambda_2}\dot{\lambda}_2 + \frac{\partial F_1}{\partial \bar{\varepsilon}_{\mathrm{p}}}\dot{\bar{\varepsilon}}_{\mathrm{p}} + \frac{\partial F_1}{\partial \varepsilon_{\mathrm{pv}}}\dot{\varepsilon}_{\mathrm{pv}} \\
\dot{F}_2 &= \frac{\partial F_2}{\partial \lambda_1}\dot{\lambda}_1 + \frac{\partial F_2}{\partial \lambda_2}\dot{\lambda}_2 + \frac{\partial F_2}{\partial \bar{\varepsilon}_{\mathrm{p}}}\dot{\bar{\varepsilon}}_{\mathrm{p}} + \frac{\partial F_2}{\partial \varepsilon_{\mathrm{pv}}}\dot{\varepsilon}_{\mathrm{pv}} \\
\dot{F}_3 &= \frac{\partial F_3}{\partial \lambda_1}\dot{\lambda}_1 + \frac{\partial F_3}{\partial \lambda_2}\dot{\lambda}_2 + \frac{\partial F_3}{\partial \bar{\varepsilon}_{\mathrm{p}}}\dot{\bar{\varepsilon}}_{\mathrm{p}} + \frac{\partial F_3}{\partial \varepsilon_{\mathrm{pv}}}\dot{\varepsilon}_{\mathrm{pv}} \\
\dot{F}_4 &= \frac{\partial F_4}{\partial \lambda_1}\dot{\lambda}_1 + \frac{\partial F_4}{\partial \lambda_2}\dot{\lambda}_2 + \frac{\partial F_4}{\partial \bar{\varepsilon}_{\mathrm{p}}}\dot{\bar{\varepsilon}}_{\mathrm{p}} + \frac{\partial F_4}{\partial \varepsilon_{\mathrm{pv}}}\dot{\varepsilon}_{\mathrm{pv}}
\end{aligned}\right\} \tag{3.93}$$

式中

$$\left.\begin{aligned}
&\frac{\partial F_1}{\partial \lambda_1} = \frac{\partial q}{\partial \lambda_1} + A_{\varphi}\frac{\partial \sigma_{\mathrm{h}}}{\partial \lambda_1}, \qquad \frac{\partial F_1}{\partial \lambda_2} = \frac{\partial q}{\partial \lambda_2} + A_{\varphi}\frac{\partial \sigma_{\mathrm{h}}}{\partial \lambda_2} \\
&\frac{\partial F_1}{\partial \bar{\varepsilon}_{\mathrm{p}}} = A_{\varphi}\frac{\partial \sigma_{\mathrm{h}}}{\partial \bar{\varepsilon}_{\mathrm{p}}} + \frac{\partial B}{\partial \bar{\varepsilon}_{\mathrm{p}}}, \qquad \frac{\partial F_1}{\partial \varepsilon_{\mathrm{pv}}} = A_{\varphi}\frac{\partial \sigma_{\mathrm{h}}}{\partial p_0}\frac{\partial p_0}{\partial \varepsilon_{\mathrm{pv}}}
\end{aligned}\right\} \tag{3.94}$$

$$\left.\begin{aligned}
&\frac{\partial F_2}{\partial \lambda_1} = 2q\frac{\partial q}{\partial \lambda_1} + A_{\mathrm{b}\psi}\frac{\partial \sigma_{\mathrm{h}}}{\partial \lambda_1}, \qquad \frac{\partial F_2}{\partial \lambda_2} = 2q\cdot\frac{\partial q}{\partial \lambda_2} + A_{\mathrm{b}\psi}\frac{\partial \sigma_{\mathrm{h}}}{\partial \lambda_2} \\
&\frac{\partial F_2}{\partial \bar{\varepsilon}_{\mathrm{p}}} = A_{\mathrm{b}\psi}\frac{\partial \sigma_{\mathrm{h}}}{\partial \bar{\varepsilon}_{\mathrm{p}}} + \frac{\partial F_2}{\partial c}\frac{\partial c}{\partial \bar{\varepsilon}_{\mathrm{p}}}, \qquad \frac{\partial F_2}{\partial \varepsilon_{\mathrm{pv}}} = A_{\mathrm{b}\psi}\frac{\partial \sigma_{\mathrm{h}}}{\partial \varepsilon_{\mathrm{pv}}} + \frac{\partial F_2}{\partial p_0}\frac{\partial p_0}{\partial \varepsilon_{\mathrm{pv}}}
\end{aligned}\right\} \tag{3.95}$$

$$\left.\begin{aligned}
&\frac{\partial F_3}{\partial \lambda_1}=-\left(1+2\lambda_2\frac{\partial q}{\partial \lambda_1}+\operatorname{sign}(\sigma_{\mathrm{h}})\left(\frac{A_\psi}{\sqrt{3}}+\frac{\lambda_2}{\sqrt{3}}\frac{\partial A_{\mathrm{b}\psi}}{\partial \lambda_1}\right)\right)\\
&\frac{\partial F_3}{\partial \lambda_2}=-\left(2q+2\lambda_2\frac{\partial q}{\partial \lambda_2}+\operatorname{sign}\sigma_{\mathrm{h}})\left(\frac{A_{\mathrm{b}\psi}}{\sqrt{3}}+\frac{\lambda_2}{\sqrt{3}}\frac{\partial A_{\mathrm{b}\psi}}{\partial \lambda_2}\right)\right)\\
&\frac{\partial F_3}{\partial \bar{\varepsilon}_{\mathrm{p}}}=1-\operatorname{sign}(\sigma_{\mathrm{h}})\frac{\lambda_2}{\sqrt{3}}\frac{\partial A_{\mathrm{b}\psi}}{\partial \bar{\varepsilon}_{\mathrm{p}}},\quad \frac{\partial F_3}{\partial \varepsilon_{\mathrm{pv}}}=-\operatorname{sign}(\sigma_{\mathrm{h}})\frac{\lambda_2}{\sqrt{3}}\frac{\partial A_{\mathrm{b}\psi}}{\partial \varepsilon_{\mathrm{pv}}}
\end{aligned}\right\}\tag{3.96}$$

$$\left.\begin{aligned}
&\frac{\partial F_4}{\partial \lambda_1}=-\sqrt{3}\left(A_\psi+\lambda_2\frac{\partial A_{\mathrm{b}\psi}}{\partial \lambda_1}\right),\quad \frac{\partial F_4}{\partial \lambda_2}=-\sqrt{3}\left(A_{\mathrm{b}\psi}+\lambda_2\frac{\partial A_{\mathrm{b}\psi}}{\partial \lambda_2}\right)\\
&\frac{\partial F_4}{\partial \bar{\varepsilon}_{\mathrm{p}}}=-\sqrt{3}\lambda_2\frac{\partial A_{\mathrm{b}\psi}}{\partial \bar{\varepsilon}_{\mathrm{p}}},\quad \frac{\partial F_4}{\partial \varepsilon_{\mathrm{pv}}}=1-\sqrt{3}\lambda_2\frac{\partial A_{\mathrm{b}\psi}}{\partial \varepsilon_{\mathrm{pv}}}
\end{aligned}\right\}\tag{3.97}$$

而

$$\left.\begin{aligned}
&\frac{\partial q}{\partial \lambda_1}=-\frac{3G}{1+6G\lambda_2},\quad \frac{\partial q}{\partial \lambda_2}=-\frac{6G\left(q^{\mathrm{E}}-3G\lambda_1\right)}{\left(1+6G\Delta\lambda\right)^2},\quad \frac{\partial \sigma_{\mathrm{h}}}{\partial \lambda_1}=-\frac{3kA_\psi}{1+6k\lambda_2A_\varphi^2}\\
&\frac{\partial \sigma_{\mathrm{h}}}{\partial \lambda_2}=\frac{6kA_\varphi^2\left[3k\lambda_1A_\psi+3\sqrt{3}k\lambda_2A_\varphi^2\left(p_0-\dfrac{c}{\tan\varphi}\right)-\sigma_{\mathrm{h}}^{\mathrm{E}}\right]}{\left(1+6k\lambda_2A_\varphi^2\right)^2}-\frac{3\sqrt{3}kA_\varphi^2\left(p_0-\dfrac{c}{\tan\varphi}\right)}{1+6k\lambda_2A_\varphi^2}\\
&\frac{\partial \sigma_{\mathrm{h}}}{\partial \bar{\varepsilon}_{\mathrm{p}}}=\frac{3\sqrt{3}k\lambda_2A_\varphi^2}{\left(1+6k\lambda_2A_\varphi^2\right)\tan\varphi}\frac{\partial c}{\partial \bar{\varepsilon}_{\mathrm{p}}},\quad \frac{\partial \sigma_{\mathrm{h}}}{\partial \varepsilon_{\mathrm{pv}}}=\frac{\partial \sigma_{\mathrm{h}}}{\partial p_0}\frac{\partial p_0}{\partial \varepsilon_{\mathrm{pv}}},\quad \frac{\partial \sigma_{\mathrm{h}}}{\partial p_0}=-\frac{3\sqrt{3}k\lambda_2A_\varphi^2}{1+6k\lambda_2A_\varphi^2}\\
&\frac{\partial p_0}{\partial \varepsilon_{\mathrm{pv}}}=\frac{1+e}{\lambda(0)-\kappa}p_0,\quad \frac{\partial F_2}{\partial c}=\frac{-\sqrt{3}A_\varphi^2\left(\sigma_{\mathrm{h}}+\sqrt{3}p_0\right)}{\tan\varphi},\quad \frac{\partial F_2}{\partial p_0}=\sqrt{3}A_\varphi^2\left(\sigma_{\mathrm{h}}-\frac{\sqrt{3}c}{\tan\varphi}\right)\\
&\frac{\partial c}{\partial \bar{\varepsilon}_{\mathrm{p}}}=h_{\mathrm{p}},\quad \frac{\partial B}{\partial \bar{\varepsilon}_{\mathrm{p}}}=\frac{-6h_{\mathrm{p}}\cos\varphi}{\sqrt{3}(3-\sin\varphi)}\\
&\frac{\partial A_{\mathrm{b}\psi}}{\partial \lambda_1}=A_\varphi^2\cdot 2\cdot\frac{\partial \sigma_{\mathrm{h}}}{\partial \lambda_1},\quad \frac{\partial A_{\mathrm{b}\psi}}{\partial \lambda_2}=A_\varphi^2\cdot 2\cdot\frac{\partial \sigma_{\mathrm{h}}}{\partial \lambda_2}\\
&\frac{\partial A_{\mathrm{b}\psi}}{\partial \bar{\varepsilon}_{\mathrm{p}}}=A_\varphi^2\left(2\frac{\partial \sigma_{\mathrm{h}}}{\partial \bar{\varepsilon}_{\mathrm{p}}}-\frac{\sqrt{3}}{\tan\varphi}\frac{\partial c}{\partial \bar{\varepsilon}_{\mathrm{p}}}\right),\quad \frac{\partial A_{\mathrm{b}\psi}}{\partial \varepsilon_{\mathrm{pv}}}=A_\varphi^2\left(2\frac{\partial \sigma_{\mathrm{h}}}{\partial \varepsilon_{\mathrm{pv}}}+\sqrt{3}\frac{\partial p_0}{\partial \varepsilon_{\mathrm{pv}}}\right)
\end{aligned}\right\}\tag{3.98}$$

由塑性一致性条件，$\dot{F}_3=0$ 及 $\dot{F}_4=0$ 联立求解，得

$$\begin{cases}\dot{\bar{\varepsilon}}_{\mathrm{p}}=-\alpha_{\mathrm{p}1}\dot{\lambda}_1-\alpha_{\mathrm{p}2}\dot{\lambda}_2\\ \dot{\varepsilon}_{\mathrm{pv}}=-\alpha_{\mathrm{v}1}\dot{\lambda}_1-\alpha_{\mathrm{v}2}\dot{\lambda}_2\end{cases}\tag{3.99}$$

式中

$$\left.\begin{array}{ll}\alpha_{\mathrm{p}1}=\dfrac{\dfrac{\partial F_4}{\partial\varepsilon_{\mathrm{pv}}}\dfrac{\partial F_3}{\partial\lambda_1}-\dfrac{\partial F_3}{\partial\varepsilon_{\mathrm{pv}}}\dfrac{\partial F_4}{\partial\lambda_1}}{\dfrac{\partial F_4}{\partial\varepsilon_{\mathrm{pv}}}\dfrac{\partial F_3}{\partial\bar{\varepsilon}_{\mathrm{p}}}-\dfrac{\partial F_3}{\partial\varepsilon_{\mathrm{pv}}}\dfrac{\partial F_4}{\partial\bar{\varepsilon}_{\mathrm{p}}}} & \alpha_{\mathrm{p}2}=\dfrac{\dfrac{\partial F_4}{\partial\varepsilon_{\mathrm{pv}}}\dfrac{\partial F_3}{\partial\lambda_2}-\dfrac{\partial F_3}{\partial\varepsilon_{\mathrm{pv}}}\dfrac{\partial F_4}{\partial\lambda_2}}{\dfrac{\partial F_4}{\partial\varepsilon_{\mathrm{pv}}}\dfrac{\partial F_3}{\partial\bar{\varepsilon}_{\mathrm{p}}}-\dfrac{\partial F_3}{\partial\varepsilon_{\mathrm{pv}}}\dfrac{\partial F_4}{\partial\bar{\varepsilon}_{\mathrm{p}}}}\\ \alpha_{\mathrm{v}1}=\dfrac{\dfrac{\partial F_4}{\partial\bar{\varepsilon}_{\mathrm{p}}}\dfrac{\partial F_3}{\partial\lambda_1}-\dfrac{\partial F_3}{\partial\bar{\varepsilon}_{\mathrm{p}}}\dfrac{\partial F_4}{\partial\lambda_1}}{\dfrac{\partial F_4}{\partial\bar{\varepsilon}_{\mathrm{p}}}\dfrac{\partial F_3}{\partial\varepsilon_{\mathrm{pv}}}-\dfrac{\partial F_3}{\partial\bar{\varepsilon}_{\mathrm{p}}}\dfrac{\partial F_4}{\partial\varepsilon_{\mathrm{pv}}}} & \alpha_{\mathrm{v}2}=\dfrac{\dfrac{\partial F_4}{\partial\bar{\varepsilon}_{\mathrm{p}}}\dfrac{\partial F_3}{\partial\lambda_2}-\dfrac{\partial F_3}{\partial\bar{\varepsilon}_{\mathrm{p}}}\dfrac{\partial F_4}{\partial\lambda_2}}{\dfrac{\partial F_4}{\partial\bar{\varepsilon}_{\mathrm{p}}}\dfrac{\partial F_3}{\partial\varepsilon_{\mathrm{pv}}}-\dfrac{\partial F_3}{\partial\bar{\varepsilon}_{\mathrm{p}}}\dfrac{\partial F_4}{\partial\varepsilon_{\mathrm{pv}}}}\end{array}\right\}\tag{3.100}$$

代入 $\dot{F}_1$ 及 $\dot{F}_2$，可构造局部积分点处同时满足塑性一致性条件和屈服准则的非线性本构方程的 Newton-Raphson 迭代过程

$$\left.\begin{array}{l}F_1^k=F_1^{k-1}+\Delta F_1=F_1^{k-1}+\left.\dfrac{\mathrm{d}F_1}{\mathrm{d}\lambda_1}\right|^{k-1}\Delta\lambda_1^{k-1}+\left.\dfrac{\mathrm{d}F_1}{\mathrm{d}\lambda_2}\right|^{k-1}\Delta\lambda_2^{k-1}=0\\ F_2^k=F_2^{k-1}+\Delta F_2=F_2^{k-1}+\left.\dfrac{\mathrm{d}F_2}{\mathrm{d}\lambda_1}\right|^{k-1}\Delta\lambda_1^{k-1}+\left.\dfrac{\mathrm{d}F_2}{\mathrm{d}\lambda_2}\right|^{k-1}\Delta\lambda_2^{k-1}=0\end{array}\right\}\tag{3.101}$$

式中

$$\left.\begin{array}{ll}\dfrac{\mathrm{d}F_1}{\mathrm{d}\lambda_1}=\dfrac{\partial F_1}{\partial\lambda_1}-\dfrac{\partial F_1}{\partial\bar{\varepsilon}_{\mathrm{p}}}\alpha_{\mathrm{p}1}-\dfrac{\partial F_1}{\partial\varepsilon_{\mathrm{pv}}}\alpha_{\mathrm{v}1} & \dfrac{\mathrm{d}F_1}{\mathrm{d}\lambda_2}=\dfrac{\partial F_1}{\partial\lambda_2}-\dfrac{\partial F_1}{\partial\bar{\varepsilon}_{\mathrm{p}}}\alpha_{\mathrm{p}2}-\dfrac{\partial F_1}{\partial\varepsilon_{\mathrm{pv}}}\alpha_{\mathrm{v}2}\\ \dfrac{\mathrm{d}F_2}{\mathrm{d}\lambda_1}=\dfrac{\partial F_2}{\partial\lambda_1}-\dfrac{\partial F_2}{\partial\bar{\varepsilon}_{\mathrm{p}}}\alpha_{\mathrm{p}1}-\dfrac{\partial F_2}{\partial\varepsilon_{\mathrm{pv}}}\alpha_{\mathrm{v}1} & \dfrac{\mathrm{d}F_2}{\mathrm{d}\lambda_2}=\dfrac{\partial F_2}{\partial\lambda_2}-\dfrac{\partial F_2}{\partial\bar{\varepsilon}_{\mathrm{p}}}\alpha_{\mathrm{p}2}-\dfrac{\partial F_2}{\partial\varepsilon_{\mathrm{pv}}}\alpha_{\mathrm{v}2}\end{array}\right\}\tag{3.102}$$

由此，有

$$\begin{bmatrix}\dfrac{\mathrm{d}F_1}{\mathrm{d}\lambda_1} & \dfrac{\mathrm{d}F_1}{\mathrm{d}\lambda_2}\\ \dfrac{\mathrm{d}F_2}{\mathrm{d}\lambda_1} & \dfrac{\mathrm{d}F_2}{\mathrm{d}\lambda_2}\end{bmatrix}^{k-1}\begin{Bmatrix}\Delta\lambda_1^{k-1}\\ \Delta\lambda_2^{k-1}\end{Bmatrix}=-\begin{Bmatrix}F_1^{k-1}\\ F_2^{k-1}\end{Bmatrix}\tag{3.103}$$

每个迭代步 k 时 $\Delta\lambda_1^k$，$\Delta\lambda_2^k$ 由上式确定，各塑性乘子更新为

$$\lambda_1^k=\lambda_1^{k-1}+\Delta\lambda_1^{k-1},\qquad \lambda_2^k=\lambda_2^{k-1}+\Delta\lambda_2^{k-1}\tag{3.104}$$

进一步定义

$$\boldsymbol{P}'=\begin{bmatrix}2 & -1 & -1 & 0 & 0 & 0 & 0\\ -1 & 2 & -1 & 0 & 0 & 0 & 0\\ -1 & -1 & 2 & 0 & 0 & 0 & 0\\ 0 & 0 & 0 & 3 & 0 & 0 & 0\\ 0 & 0 & 0 & 0 & 3 & 0 & 0\\ 0 & 0 & 0 & 0 & 0 & 3 & 0\\ 0 & 0 & 0 & 0 & 0 & 0 & 3\end{bmatrix}\tag{3.105}$$

对式（3.72）两边前乘矩阵 $\boldsymbol{P}'$ 并利用式（3.81），有

$$\boldsymbol{P}=\boldsymbol{P}'\boldsymbol{P}/3,\qquad \boldsymbol{P}'\boldsymbol{m}=0 \tag{3.106}$$

可得到

$$\boldsymbol{s}=\boldsymbol{C}_{\alpha}\boldsymbol{s}^{\mathrm{E}} \tag{3.107}$$

$$\boldsymbol{C}_{\alpha}=\left(\boldsymbol{I}+\frac{6G\lambda_2 q^{\mathrm{E}}+3G\lambda_1}{q^{\mathrm{E}}-3G\lambda_1}\boldsymbol{M}\right)^{-1}=\begin{bmatrix}\alpha & 0 & 0 & 0 & 0 & 0 & 0\\ 0 & \alpha & 0 & 0 & 0 & 0 & 0\\ 0 & 0 & \alpha & 0 & 0 & 0 & 0\\ 0 & 0 & 0 & (\alpha+1)/2 & (\alpha-1)/2 & 0 & 0\\ 0 & 0 & 0 & (\alpha-1)/2 & (\alpha+1)/2 & 0 & 0\\ 0 & 0 & 0 & 0 & 0 & \alpha & 0\\ 0 & 0 & 0 & 0 & 0 & 0 & \alpha\end{bmatrix} \tag{3.108}$$

若迭代过程的 λ_1，λ_2 值确定，则由式（3.82）和式（3.84）可立刻得到 $q,\sigma_{\mathrm{h}},\alpha$ 的值；而由式（3.107）和式（3.108）即可确定 $\boldsymbol{s}$，并进而由式（3.76）和式（3.77）得到 $\boldsymbol{\sigma}$。

3.2.3　一致性弹塑性切线模量矩阵的闭合型

将式（3.76）应力向量的弹性预测值分解为偏量与球量部分之和

$$\boldsymbol{\sigma}^{\mathrm{E}}=\boldsymbol{s}^{\mathrm{E}}+\sigma_{\mathrm{m}}^{\mathrm{E}}\boldsymbol{m} \tag{3.109}$$

应变向量的偏量与球量部分分解表示为

$$\boldsymbol{\varepsilon}=\boldsymbol{e}+\boldsymbol{\varepsilon}_{\mathrm{m}},\qquad \boldsymbol{\varepsilon}_{\mathrm{m}}=\varepsilon_{\mathrm{m}}\boldsymbol{m} \tag{3.110}$$

并有

$$\boldsymbol{e}=\boldsymbol{P}^{*}\boldsymbol{\varepsilon},\qquad \boldsymbol{\varepsilon}_{\mathrm{m}}=\frac{1}{3}\boldsymbol{m}\boldsymbol{m}^{\mathrm{T}}\boldsymbol{\varepsilon} \tag{3.111}$$

$$\boldsymbol{P}^{*}=\begin{bmatrix}2/3 & -1/3 & -1/3 & 0 & 0 & 0 & 0\\ -1/3 & 2/3 & -1/3 & 0 & 0 & 0 & 0\\ -1/3 & -1/3 & 2/3 & 0 & 0 & 0 & 0\\ 0 & 0 & 0 & 1 & 0 & 0 & 0\\ 0 & 0 & 0 & 0 & 1 & 0 & 0\\ 0 & 0 & 0 & 0 & 0 & 1 & 0\\ 0 & 0 & 0 & 0 & 0 & 0 & 1\end{bmatrix} \tag{3.112}$$

应力向量偏量与球量的弹性预测值变化率分别与应变向量的偏量与球量部分相关联

$$\dot{\boldsymbol{s}}^{\mathrm{E}}=\boldsymbol{D}_{\mathrm{e}}^{\mathrm{d}}\dot{\boldsymbol{e}},\qquad \dot{\sigma}_{\mathrm{m}}^{\mathrm{E}}=3K\dot{\varepsilon}_{\mathrm{m}} \tag{3.113}$$

由式（3.80）得到 q^{E} 的变化率

$$\dot{q}^{\mathrm{E}}=\frac{1}{2q^{\mathrm{E}}}(\boldsymbol{P}\boldsymbol{\sigma}^{\mathrm{E}})^{\mathrm{T}}\dot{\boldsymbol{\sigma}}^{\mathrm{E}}=\frac{1}{2q}(\boldsymbol{P}\boldsymbol{\sigma})^{\mathrm{T}}\boldsymbol{D}_{\mathrm{e}}^{\mathrm{d}}\dot{\boldsymbol{e}}=\frac{3}{2q}(\boldsymbol{M}\boldsymbol{s})^{\mathrm{T}}\boldsymbol{D}_{\mathrm{e}}^{\mathrm{d}}\dot{\boldsymbol{e}} \tag{3.114}$$

式中

$$\boldsymbol{D}_{\mathrm{e}}^{\mathrm{d}}=\begin{bmatrix} 2G & 0 & 0 & 0 & 0 & 0 & 0 \\ 0 & 2G & 0 & 0 & 0 & 0 & 0 \\ 0 & 0 & 2G & 0 & 0 & 0 & 0 \\ 0 & 0 & 0 & G+G_{\mathrm{c}} & G-G_{\mathrm{c}} & 0 & 0 \\ 0 & 0 & 0 & G-G_{\mathrm{c}} & G+G_{\mathrm{c}} & 0 & 0 \\ 0 & 0 & 0 & 0 & 0 & 2G & 0 \\ 0 & 0 & 0 & 0 & 0 & 0 & 2G \end{bmatrix} \tag{3.115}$$

另有

$$\dot{\sigma}_{\mathrm{h}}^{\mathrm{E}}=\sqrt{3}\dot{\sigma}_{\mathrm{m}}^{\mathrm{E}}=3\sqrt{3}K\dot{\varepsilon}_{\mathrm{m}} \tag{3.116}$$

由一致性条件 $\dot{F}_1=0$ 有

$$\dot{F}_1=\frac{\partial F_1}{\partial q}\dot{q}+\frac{\partial F_1}{\partial \sigma_{\mathrm{h}}}\dot{\sigma}_{\mathrm{h}}+\frac{\partial F_1}{\partial c}\dot{c}=0 \tag{3.117}$$

式中

$$\frac{\partial F_1}{\partial q}=1,\quad \frac{\partial F_1}{\partial \sigma_{\mathrm{h}}}=A_{\varphi},\quad \frac{\partial F_1}{\partial c}=-\frac{6\cos\varphi}{\sqrt{3}(3-\sin\varphi)} \tag{3.118}$$

由 $\dot{F}_2=0$ 有

$$\dot{F}_2=\frac{\partial F_2}{\partial q}\dot{q}+\frac{\partial F_2}{\partial \sigma_{\mathrm{h}}}\dot{\sigma}_{\mathrm{h}}+\frac{\partial F_2}{\partial p_0}\dot{p}_0+\frac{\partial F_2}{\partial c}\dot{c}=0 \tag{3.119}$$

式中

$$\left.\begin{aligned} &\frac{\partial F_2}{\partial q}=2q,\quad \frac{\partial F_2}{\partial \sigma_{\mathrm{h}}}=A_{\mathrm{b}\psi},\quad \frac{\partial F_2}{\partial p_0}=\sqrt{3}A_{\varphi}^2\left(\sigma_{\mathrm{h}}-\frac{\sqrt{3}c}{\tan\varphi}\right) \\ &\frac{\partial F_2}{\partial c}=\frac{-\sqrt{3}A_{\varphi}^2\left(\sigma_{\mathrm{h}}+\sqrt{3}p_0\right)}{\tan\varphi} \end{aligned}\right\} \tag{3.120}$$

而

$$\left.\begin{aligned} &\dot{\sigma}_{\mathrm{h}}=\frac{\partial \sigma_{\mathrm{h}}}{\partial \sigma_{\mathrm{h}}^{\mathrm{E}}}\dot{\sigma}_{\mathrm{h}}^{\mathrm{E}}+\frac{\partial \sigma_{\mathrm{h}}}{\partial \lambda_1}\dot{\lambda}_1+\frac{\partial \sigma_{\mathrm{h}}}{\partial \lambda_2}\dot{\lambda}_2+\frac{\partial \sigma_{\mathrm{h}}}{\partial p_0}\dot{p}_0+\frac{\partial \sigma_{\mathrm{h}}}{\partial c}\dot{c} \\ &\frac{\partial \sigma_{\mathrm{h}}}{\partial \sigma_{\mathrm{h}}^{\mathrm{E}}}=\frac{1}{1+6k\lambda A_{\varphi}^2},\quad \frac{\partial \sigma_{\mathrm{h}}}{\partial c}=\frac{3\sqrt{3}k\lambda_2 A_{\varphi}^2}{\left(1+6k\lambda_2 A_{\varphi}^2\right)\tan\varphi} \\ &\dot{p}_0=\frac{\partial p_0}{\partial \varepsilon_{\mathrm{pv}}}\dot{\varepsilon}_{\mathrm{pv}}=\frac{1+e}{\lambda(0)-\kappa}p_0\dot{\varepsilon}_{\mathrm{pv}},\quad \dot{c}=\frac{\partial c}{\partial \bar{\varepsilon}_{\mathrm{p}}}\dot{\bar{\varepsilon}}_{\mathrm{p}}=h_{\mathrm{p}}^{\mathrm{c}}\dot{\bar{\varepsilon}}_{\mathrm{p}} \end{aligned}\right\} \tag{3.121}$$

即

$$\dot{q}+A_{\varphi}\frac{\partial\sigma_{\mathrm{h}}}{\partial\sigma_{\mathrm{h}}^{\mathrm{E}}}\dot{\sigma}_{\mathrm{h}}^{\mathrm{E}}+A_{\varphi}\frac{\partial\sigma_{\mathrm{h}}}{\partial\lambda_{1}}\dot{\lambda}_{1}+A_{\varphi}\frac{\partial\sigma_{\mathrm{h}}}{\partial\lambda_{2}}\dot{\lambda}_{2}+A_{\varphi}\frac{\partial\sigma_{\mathrm{h}}}{\partial p_{0}}\frac{\partial p_{0}}{\partial\varepsilon_{\mathrm{pv}}}\dot{\varepsilon}_{\mathrm{pv}}+\left(A_{\varphi}\frac{\partial\sigma_{\mathrm{h}}}{\partial c}\frac{\partial c}{\partial\bar{\varepsilon}_{\mathrm{p}}}+\frac{\partial F_{1}}{\partial c}\frac{\partial c}{\partial\bar{\varepsilon}_{\mathrm{p}}}\right)\dot{\bar{\varepsilon}}_{\mathrm{p}}=0 \tag{3.122}$$

$$2q\dot{q}+A_{\mathrm{b}\psi}\frac{\partial\sigma_{\mathrm{h}}}{\partial\sigma_{\mathrm{h}}^{\mathrm{E}}}\dot{\sigma}_{\mathrm{h}}^{\mathrm{E}}+A_{\mathrm{b}\psi}\frac{\partial\sigma_{\mathrm{h}}}{\partial\lambda_{1}}\dot{\lambda}_{1}+A_{\mathrm{b}\psi}\frac{\partial\sigma_{\mathrm{h}}}{\partial\lambda_{2}}\dot{\lambda}_{2}+\left(A_{\mathrm{b}\psi}\frac{\partial\sigma_{\mathrm{h}}}{\partial p_{0}}\frac{\partial p_{0}}{\partial\varepsilon_{\mathrm{pv}}}+\frac{\partial F_{2}}{\partial p_{0}}\frac{\partial p_{0}}{\partial\varepsilon_{\mathrm{pv}}}\right)\dot{\varepsilon}_{\mathrm{pv}}+\left(A_{\mathrm{b}\psi}\frac{\partial\sigma_{\mathrm{h}}}{\partial c}\frac{\partial c}{\partial\bar{\varepsilon}_{\mathrm{p}}}+\frac{\partial F_{2}}{\partial c}\frac{\partial c}{\partial\bar{\varepsilon}_{\mathrm{p}}}\right)\dot{\bar{\varepsilon}}_{\mathrm{p}}=0 \tag{3.123}$$

由 $q=\dfrac{q^{\mathrm{E}}-3G\lambda_{1}}{1+6G\lambda_{2}}$ 得

$$\begin{aligned}\dot{q}&=\frac{\partial q}{\partial\lambda_{1}}\dot{\lambda}_{1}+\frac{\partial q}{\partial\lambda_{2}}\dot{\lambda}_{2}+\frac{\partial q}{\partial q^{\mathrm{E}}}\dot{q}^{\mathrm{E}}\\&=-\frac{3G}{1+6G\lambda_{2}}\dot{\lambda}_{1}-\frac{6G\left(q^{\mathrm{E}}-3G\lambda_{1}\right)}{\left(1+6G\lambda_{2}\right)^{2}}\dot{\lambda}_{2}+\frac{1}{1+6G\lambda_{2}}\dot{q}^{\mathrm{E}}\end{aligned} \tag{3.124}$$

由 $\dot{F}_{3}=0$ 及 $\dot{F}_{4}=0$ 联立求解，可得

$$\begin{cases}\dot{\lambda}_{1}=-\lambda_{1\varepsilon\mathrm{p}}\dot{\bar{\varepsilon}}_{\mathrm{p}}-\lambda_{1\varepsilon\mathrm{v}}\dot{\varepsilon}_{\mathrm{pv}}\\\dot{\lambda}_{2}=-\lambda_{2\varepsilon\mathrm{p}}\dot{\bar{\varepsilon}}_{\mathrm{p}}-\lambda_{2\varepsilon\mathrm{v}}\dot{\varepsilon}_{\mathrm{pv}}\end{cases} \tag{3.125}$$

式中

$$\left.\begin{aligned}&\lambda_{1\varepsilon\mathrm{p}}=\frac{\dfrac{\partial F_{4}}{\partial\lambda_{2}}\dfrac{\partial F_{3}}{\partial\bar{\varepsilon}_{\mathrm{p}}}-\dfrac{\partial F_{3}}{\partial\lambda_{2}}\dfrac{\partial F_{4}}{\partial\bar{\varepsilon}_{\mathrm{p}}}}{\dfrac{\partial F_{4}}{\partial\lambda_{2}}\dfrac{\partial F_{3}}{\partial\lambda_{1}}-\dfrac{\partial F_{3}}{\partial\lambda_{2}}\dfrac{\partial F_{4}}{\partial\lambda_{1}}},\quad\lambda_{1\varepsilon\mathrm{v}}=\frac{\dfrac{\partial F_{4}}{\partial\lambda_{2}}\dfrac{\partial F_{3}}{\partial\varepsilon_{\mathrm{pv}}}-\dfrac{\partial F_{3}}{\partial\lambda_{2}}\dfrac{\partial F_{4}}{\partial\varepsilon_{\mathrm{pv}}}}{\dfrac{\partial F_{4}}{\partial\lambda_{2}}\dfrac{\partial F_{3}}{\partial\lambda_{1}}-\dfrac{\partial F_{3}}{\partial\lambda_{2}}\dfrac{\partial F_{4}}{\partial\lambda_{1}}}\\&\lambda_{2\varepsilon\mathrm{p}}=\frac{\dfrac{\partial F_{4}}{\partial\lambda_{1}}\dfrac{\partial F_{3}}{\partial\bar{\varepsilon}_{\mathrm{p}}}-\dfrac{\partial F_{3}}{\partial\lambda_{1}}\dfrac{\partial F_{4}}{\partial\bar{\varepsilon}_{\mathrm{p}}}}{\dfrac{\partial F_{4}}{\partial\lambda_{1}}\dfrac{\partial F_{3}}{\partial\lambda_{2}}-\dfrac{\partial F_{3}}{\partial\lambda_{1}}\dfrac{\partial F_{4}}{\partial\lambda_{2}}},\quad\lambda_{2\varepsilon\mathrm{v}}=\frac{\dfrac{\partial F_{4}}{\partial\lambda_{1}}\dfrac{\partial F_{3}}{\partial\varepsilon_{\mathrm{pv}}}-\dfrac{\partial F_{3}}{\partial\lambda_{1}}\dfrac{\partial F_{4}}{\partial\varepsilon_{\mathrm{pv}}}}{\dfrac{\partial F_{4}}{\partial\lambda_{1}}\dfrac{\partial F_{3}}{\partial\lambda_{2}}-\dfrac{\partial F_{3}}{\partial\lambda_{1}}\dfrac{\partial F_{4}}{\partial\lambda_{2}}}\end{aligned}\right\} \tag{3.126}$$

将式（3.125）代入式（3.122）～式（3.124），可得

$$\dot{q}=q_{1\varepsilon\mathrm{p}}\dot{\bar{\varepsilon}}_{\mathrm{p}}+q_{1\varepsilon\mathrm{v}}\dot{\varepsilon}_{\mathrm{pv}}-q_{1\mathrm{hE}}\dot{\sigma}_{\mathrm{h}}^{\mathrm{E}} \tag{3.127}$$

$$\dot{q}=q_{2\varepsilon\mathrm{p}}\dot{\bar{\varepsilon}}_{\mathrm{p}}+q_{2\varepsilon\mathrm{v}}\dot{\varepsilon}_{\mathrm{pv}}-q_{2\mathrm{hE}}\dot{\sigma}_{\mathrm{h}}^{\mathrm{E}} \tag{3.128}$$

$$\dot{q}=q_{3\varepsilon\mathrm{p}}\dot{\bar{\varepsilon}}_{\mathrm{p}}+q_{3\varepsilon\mathrm{v}}\dot{\varepsilon}_{\mathrm{pv}}+q_{3\mathrm{hE}}\dot{q}^{\mathrm{E}} \tag{3.129}$$

式中

$$\left.\begin{aligned}
q_{1\varepsilon\mathrm{p}} &= A_{\varphi}\left(\frac{\partial\sigma_{\mathrm{h}}}{\partial\lambda_1}\lambda_{1\varepsilon\mathrm{p}}+\frac{\partial\sigma_{\mathrm{h}}}{\partial\lambda_2}\lambda_{2\varepsilon\mathrm{p}}-\frac{\partial\sigma_{\mathrm{h}}}{\partial c}h_{\mathrm{p}}\right)-\frac{\partial F_1}{\partial c}h_{\mathrm{p}}\\
q_{1\varepsilon\mathrm{v}} &= A_{\varphi}\left(\frac{\partial\sigma_{\mathrm{h}}}{\partial\lambda_1}\lambda_{1\varepsilon\mathrm{v}}+\frac{\partial\sigma_{\mathrm{h}}}{\partial\lambda_2}\lambda_{2\varepsilon\mathrm{v}}-\frac{\partial\sigma_{\mathrm{h}}}{\partial p_0}\frac{\partial p_0}{\partial\varepsilon_{\mathrm{pv}}}\right)\\
q_{1\mathrm{hE}} &= A_{\varphi}\frac{\partial\sigma_{\mathrm{h}}}{\partial\sigma_{\mathrm{h}}^{\mathrm{E}}}\\
q_{2\varepsilon\mathrm{p}} &= \frac{1}{2q}\left(A_{\mathrm{b}\psi}\left(\frac{\partial\sigma_{\mathrm{h}}}{\partial\lambda_1}\lambda_{1\varepsilon\mathrm{p}}+\frac{\partial\sigma_{\mathrm{h}}}{\partial\lambda_2}\lambda_{2\varepsilon\mathrm{p}}-\frac{\partial\sigma_{\mathrm{h}}}{\partial c}h_{\mathrm{p}}^{\mathrm{c}}\right)-\frac{\partial F_2}{\partial c}h_{\mathrm{p}}\right)\\
q_{2\varepsilon\mathrm{v}} &= A_{\mathrm{b}\psi}\left(\frac{\partial\sigma_{\mathrm{h}}}{\partial\lambda_1}\lambda_{1\varepsilon\mathrm{v}}+\frac{\partial\sigma_{\mathrm{h}}}{\partial\lambda_2}\lambda_{2\varepsilon\mathrm{v}}-\frac{\partial\sigma_{\mathrm{h}}}{\partial p_0}\frac{\partial p_0}{\partial\varepsilon_{\mathrm{pv}}}\right)-\frac{1}{2q}\frac{\partial F_2}{\partial p_0}\frac{\partial p_0}{\partial\varepsilon_{\mathrm{pv}}}\\
q_{2\mathrm{hE}} &= \frac{A_{\mathrm{b}\psi}}{2q}\frac{\partial\sigma_{\mathrm{h}}}{\partial\sigma_{\mathrm{h}}^{\mathrm{E}}}\\
q_{3\varepsilon\mathrm{p}} &= \lambda_{1\varepsilon\mathrm{p}}\frac{3G}{1+6G\lambda_2}+\lambda_{2\varepsilon\mathrm{p}}\frac{6G\left(q^{\mathrm{E}}-3G\lambda_1\right)}{\left(1+6G\lambda_2\right)^2}\\
q_{3\varepsilon\mathrm{v}} &= \lambda_{1\varepsilon\mathrm{v}}\frac{3G}{1+6G\lambda_2}+\lambda_{2\varepsilon\mathrm{v}}\frac{6G\left(q^{\mathrm{E}}-3G\lambda_1\right)}{\left(1+6G\lambda_2\right)^2}\\
q_{3\mathrm{hE}} &= \frac{1}{1+6G\lambda_2}
\end{aligned}\right\}\tag{3.130}$$

由式（3.127）～式（3.129）联立求解，可得 $\dot q,\dot{\bar\varepsilon}_{\mathrm{p}},\dot\varepsilon_{\mathrm{pv}}$，从而可得 $\dot\lambda_1,\dot\lambda_2$。

由 $\alpha=q/q^{\mathrm{E}}$ 得

$$\dot\alpha=\frac{\partial\alpha}{\partial q}\dot q+\frac{\partial\alpha}{\partial q^{\mathrm{E}}}\dot q^{\mathrm{E}}=\frac{\alpha}{q}\left(\dot q-\alpha\dot q^{\mathrm{E}}\right)\tag{3.131}$$

对式（3.127）两边取微分得到

$$\dot{\boldsymbol s}=\boldsymbol C_{\alpha}\dot{\boldsymbol s}^{\mathrm{E}}+\dot\alpha\boldsymbol M\boldsymbol s^{\mathrm{E}}\tag{3.132}$$

把式（3.113）和式（3.114）代入式（3.131）和式（3.132）中得到

$$\begin{aligned}
\dot{\boldsymbol\sigma}&=\dot{\boldsymbol s}+\dot\sigma_{\mathrm{m}}\boldsymbol m=\dot{\boldsymbol s}+\frac{1}{\sqrt3}\dot\sigma_{\mathrm{h}}\boldsymbol m\\
&=\boldsymbol C_{\alpha}\dot{\boldsymbol s}^{\mathrm{E}}+\dot\alpha\boldsymbol M\boldsymbol s^{\mathrm{E}}+\frac{1}{\sqrt3}\left(\frac{\partial\sigma_{\mathrm{h}}}{\partial\sigma_{\mathrm{h}}^{\mathrm{E}}}\dot\sigma_{\mathrm{h}}^{\mathrm{E}}+\frac{\partial\sigma_{\mathrm{h}}}{\partial\lambda_1}\dot\lambda_1+\frac{\partial\sigma_{\mathrm{h}}}{\partial\lambda_2}\dot\lambda_2+\frac{\partial\sigma_{\mathrm{h}}}{\partial p_0}\frac{\partial p_0}{\partial\varepsilon_{\mathrm{pv}}}\dot\varepsilon_{\mathrm{pv}}+\frac{\partial\sigma_{\mathrm{h}}}{\partial c}h_{\mathrm{p}}^{\mathrm{c}}\dot{\bar\varepsilon}_{\mathrm{p}}\right)\boldsymbol m
\end{aligned}\tag{3.133}$$

一致性弹塑性切线模量矩阵可按照式（3.43）和式（3.44）的类似方法得到，则有

$$\delta\boldsymbol\varepsilon^{\mathrm{T}}\dot{\boldsymbol\sigma}=\delta\boldsymbol\varepsilon^{\mathrm{T}}\boldsymbol D_{\mathrm{ep}}\dot{\boldsymbol\varepsilon}\tag{3.134}$$

式中，$\boldsymbol{D}_{\mathrm{ep}}$ 为一致性弹塑性切线模量矩阵。

值得注意的是，以上的推导过程依然表明，率本构方程积分的返回映射算法和一致性弹塑性切线模量矩阵均为显式表示，避免了计算切线本构模量矩阵时的矩阵求逆，这对保证数值求解过程的收敛性与计算效率具有关键作用。

3.3　二维弹塑性 Cosserat 连续体模型分析验证

本章工作主要在于发展压力相关弹塑性 Cosserat 连续体模型，并通过数值例题结果验证所发展模型在模拟应变局部化过程时的有效性，因而简单地采用了位移基二阶等参有限元，即在平面问题中的四边形 8 节点等参元。

本节通过数值例题结果表明发展模型在保持应变局部化边值适定性、再现应变局部化特征上的有效性：非弹性应变在局部急剧发生和发展以及随非弹性变形发展的整体承载能力下降等方面的性能。

3.3.1　验证压力相关弹塑性 Cosserat 连续体模型

【案例 1】 剪切层问题

考虑一个在平面应变条件下沿 Z 向无限长的剪切层，采用 $n\times 1$ 单元网格离散，n 为沿剪切层 Y 向的单元数，如图 3.2（a）所示。剪切层所有节点的 Y 向位移固定，具其下端完全固定仅在顶部承受一个 X 方向的单调增长指定位移。强制同一水平网线上的各节点具有相同的水平位移。材料参数为 $E=1.0\times 10^{10}\,\mathrm{N/m^2}$，$\upsilon=0.25$，$G_{\mathrm{c}}=2.0\times 10^{9}\,\mathrm{N/m^2}$，$l_{\mathrm{c}}=6\mathrm{mm}$，$c_0=1.0\times 10^{8}\,\mathrm{N/m^2}$，$h_{\mathrm{p}}=-5.0\times 10^{8}\,\mathrm{N/m^2}$。

首先，考察经典连续体理论对此问题的解答。假定中间两个单元的初始屈服强度低于其他单元，图 3.2（a）和图 3.2（b）分别给出了采用不同网格密度 10×1，20×1，40×1，80×1 时的剪切变形图和荷载-位移曲线。可以看到，随着单元网格的加密，剪切带宽度越来越窄，荷载-位移曲线的软化段越来越陡，不能收敛到唯一的解。这说明基于经典连续体理论的有限元数值结果严重地依赖于单元网格的划分，在分析破坏或后破坏过程中存在严重的数值困难。

同样的问题用本章所发展的压力相关弹塑性 Cosserat 连续体模型来求解。通过固定轴向两端旋转自由度为零（或者假定中间两个单元的初始屈服强度低于其他单元）以引发由中部单元开始发生和发展的应变局部化剪切带。图 3.3 给出了 $l_{\mathrm{c}}=6\mathrm{mm}$ 和采用不同网格密度 10×1，20×1，40×1，80×1 时的剪切层变形图。图 3.4 给出了等效塑性应变沿剪切层 Y 向的分布，可见对不同网格密度其分布宽度基本相同，显示了应变局部化解答对网格的独立性。图 3.5 显示了随着塑性变形的发展，由应变软化导致的剪切层整体承载能力逐渐下降，但在不同网格密度下的荷载-位移曲线仍基本一致，即能得到不依赖于网格密度的解答。图 3.6 给出了顶部指定位移逐渐增大情况下剪切层内等效塑性应变 $\bar{\varepsilon}_{\mathrm{p}}$ 分布的发展变化，显示了塑性应变在局部发生和急剧发展的过程。

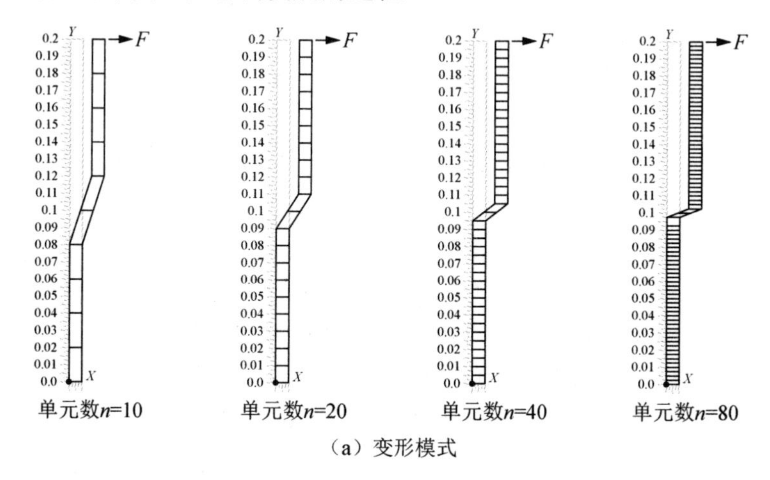

（a）变形模式

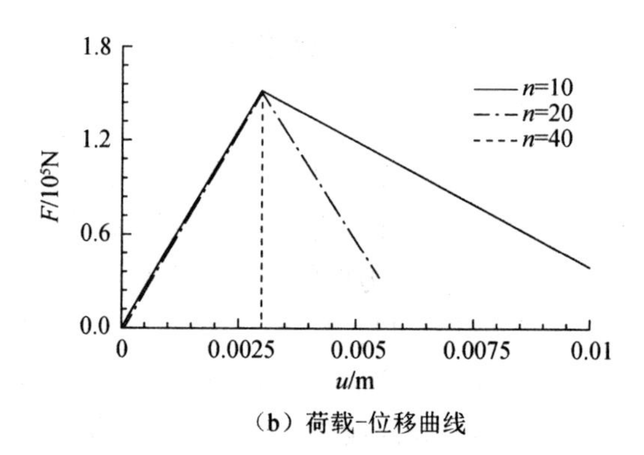

（b）荷载-位移曲线

图 3.2　经典连续体理论计算得到的变形模式与荷载-位移曲线

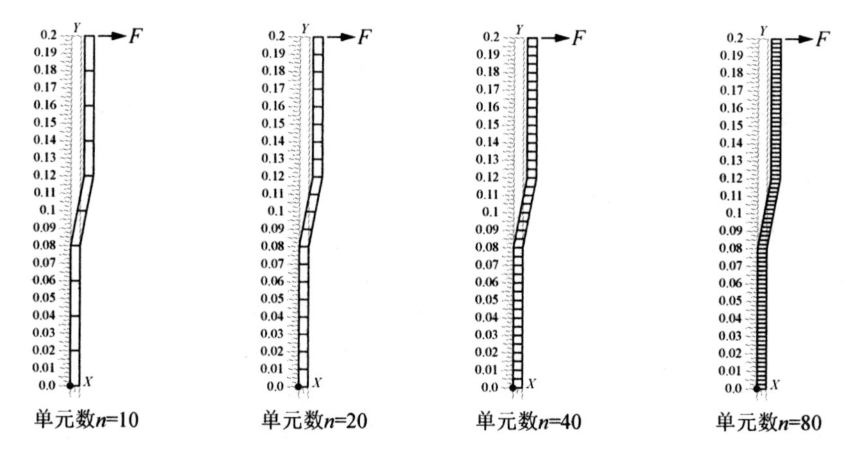

图 3.3　在顶部横向指定位移 $u = 7.5\mathrm{mm}$ 作用下剪切层剪切变形模式

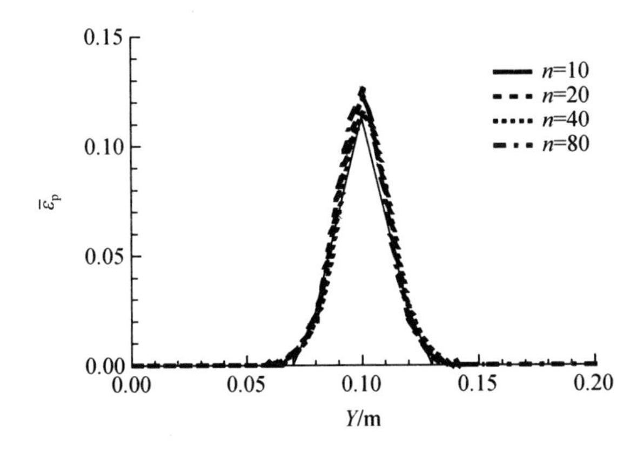

图 3.4　在顶部横向指定位移 $u=7.5\text{mm}$ 作用下沿剪切层 Y 轴的等效塑性应变分布

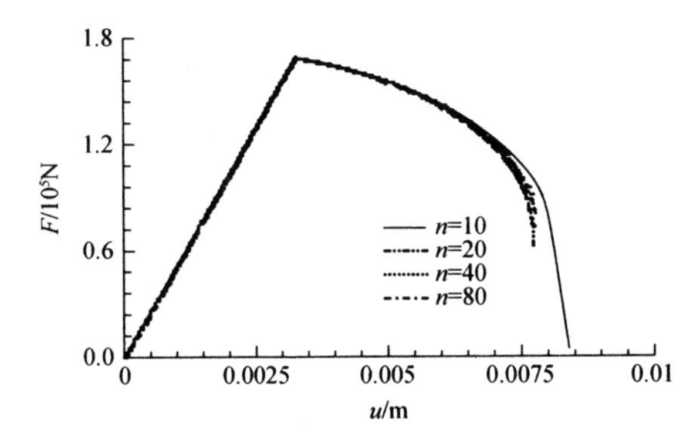

图 3.5　作用于剪切层顶面随横向指定位移增长的横向荷载曲线

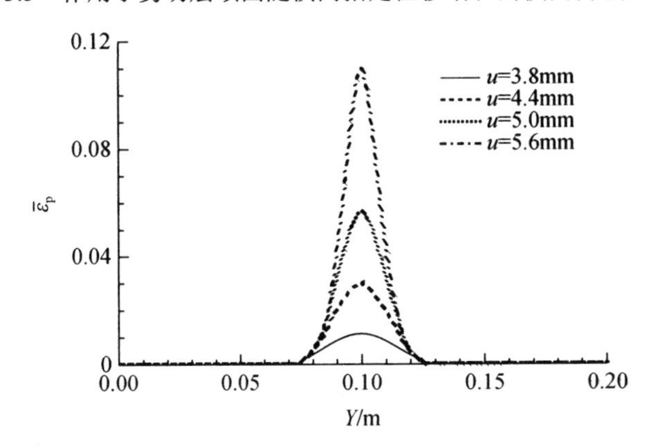

图 3.6　随顶部横向指定位移逐渐增长的等效塑性应变分布发展

【案例 2】 平板压缩问题

考虑平面应变条件下的均匀正方形 20m×20m 样板，样板夹在两刚性板之间，承受由位移控制的垂直压力作用，如图 3.7 所示。两刚性板与样板之间的接触模拟为理想粘接，即样板平面计算域的顶部和底部边界上所有有限元节点的水平位移固定为零，而其垂直位移在位移控制下具有相同的指定值。根据对称性原理，仅取其 1/4 面积（10m×10m）作为计算区域，且计算区域的底部边界上所有有限元节点的水平位移自由，而垂直位移固定为零；计算区域的左边界上节点水平位移固定为零，而垂直位移自由。材料参数为 $E=5.0\times10^7\text{N/m}^2$ ， $\upsilon=0.3$ ， $G_\text{c}=1.0\times10^7\text{N/m}^2$, $l_\text{c}=0.1\text{m}$, $c_0=1.5\times10^5\text{N/m}^2$, $h_\text{p}=-1.5\times10^5\text{N/m}^2$, $\varphi=35°$, $\psi=0$ 。

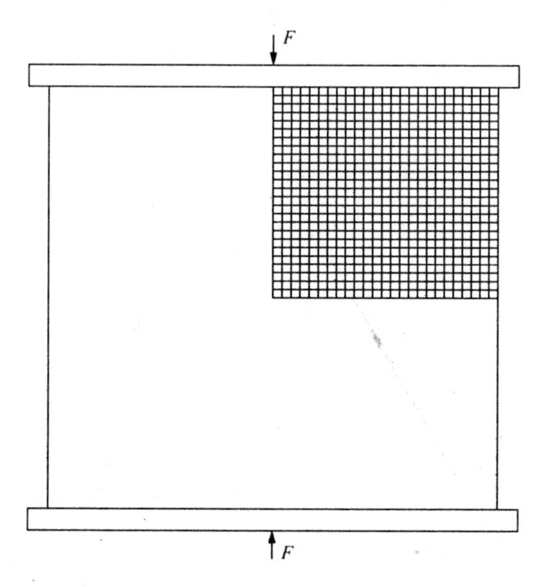

图 3.7　平面应变条件下的方板压缩问题

图 3.8 给出了采用不同有限元网格密度 16×16，24×24，36×36 时样板的变形图。图 3.9 给出了与图 3.8 相对应的等效塑性应变分布。可以观察到，应变局部化解答对网格不存在病态的依赖性（不包括由于有限元网格密度变化的离散性引起的非病态解答差别）。图 3.10 显示了随着塑性变形的发展，样板整体承载能力逐渐下降，且在不同网格密度下得到的荷载-位移曲线基本一致，仍显示了不依赖于网格密度的特点。

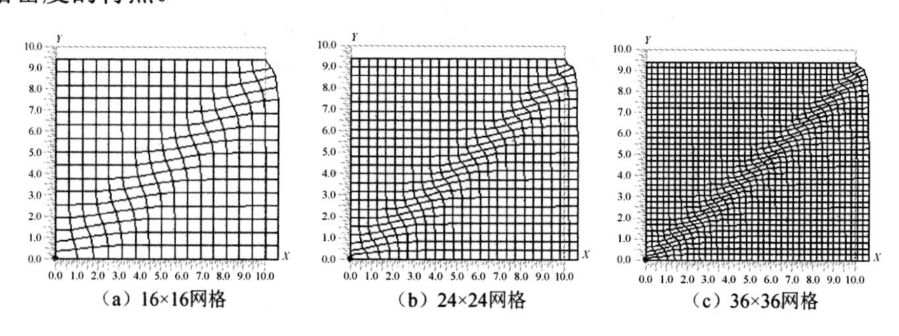

（a）16×16网格　（b）24×24网格　（c）36×36网格

图 3.8　在顶部受垂直指定位移 $v=0.7\text{m}$ 的方板变形图

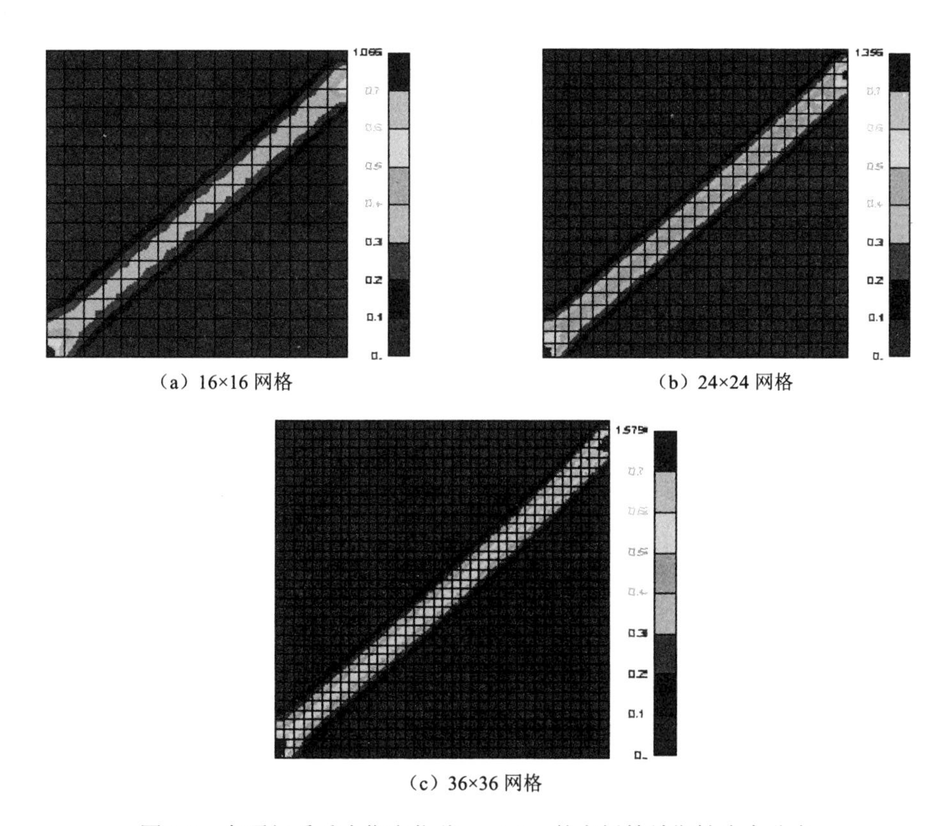

(a) 16×16 网格　　　　　　(b) 24×24 网格

(c) 36×36 网格

图 3.9　在顶部受垂直指定位移 $v = 0.6\text{m}$ 的方板等效塑性应变分布

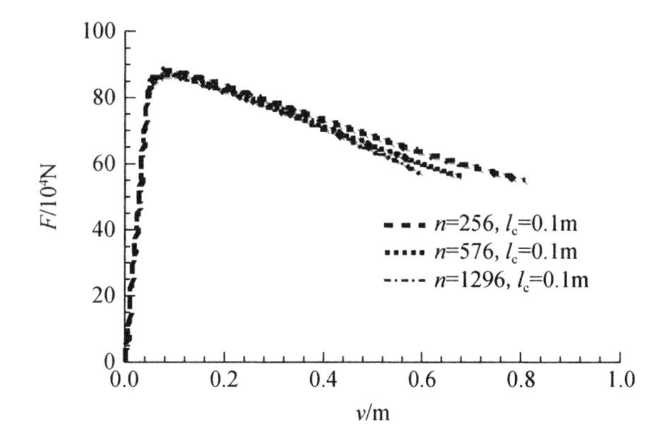

图 3.10　作用于方板顶面随垂直指定位移增长的垂直荷载曲线

3.3.2　验证 CAP 弹塑性模型

下面通过两个问题的数值模拟，检验本章所发展的基于 Cosserat 连续体的 CAP 弹塑性模型及其对应的临界状态线和状态边界面两个材料非线性本构积分的一致性算法。

【案例 1】 边坡稳定问题的模拟

考虑如图 3.11 所示的平面应变条件下的边坡稳定问题。边坡通过置于其顶部的基础底座而受到荷载作用，边坡和基础底座之间的接触面假定为理想粘接，增长的荷载通过位于基础底座的有限元网格节点随时间增长的指定垂直位移作用于边坡。由于作用点偏离基础底座的中心，此荷载为偏心荷载，因此，基础底座也允许转动。材料参数为 $E=5.0\times10^4\,\text{kPa}$，$\upsilon=0.3$，$G_c=1.0\times10^4\,\text{kPa}$，$l_c=0.06\text{m}$，$c_0=50\text{kPa}$，$h_p=-30\text{kPa}$，$\varphi=25^\circ$，$\psi=5^\circ$。

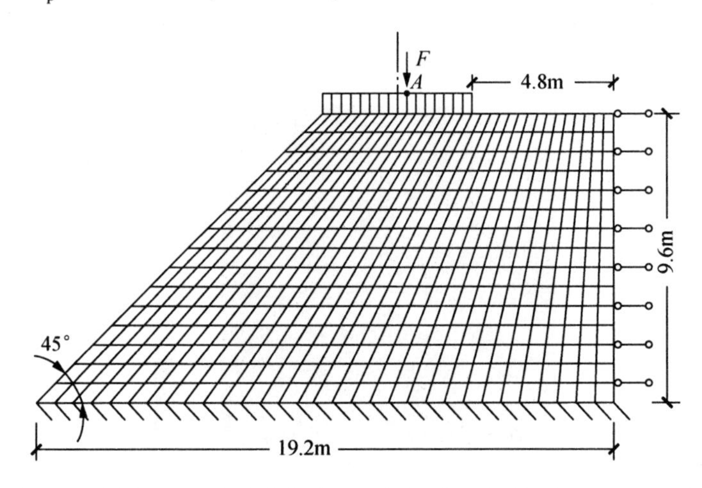

图 3.11　边坡稳定问题计算模型：几何构型、边界条件与有限元网格

由应变软化引起的塑性变形的局部化是边坡渐进破坏现象的最常见的破坏机理。对于本例的这种情况，在外荷载的作用下，临界状态线被激活。首先，采用基于经典连续体的模型进行计算，然后采用本章所发展的基于 Cosserat 连续体的模型和算法进行计算。图 3.12（a）所示的荷载-位移曲线表明，采用后者计算得出的变形比前者大很多。这是由于后者应用本章所发展的模型保持了问题的适定性，计算得出的荷载-位移曲线显示了临界状态线模型模拟的由应变软化引起的承载能力逐渐下降的现象。图 3.12（b）为采用后者在加载历时结束时边坡体内的等效塑性应变分布，反映了临界状态线被激活情况下的局部化变形与破坏情况。

【案例 2】 隧道开挖问题的模拟

在平面应变条件下，考虑一个直径 5m，开挖于地下 50m 深处的隧道。对以隧道圆心为中心的 200m×100m 的区域进行数值模拟。基于问题的对称性，只将一半区域（100m×100m）离散成 600 个单元进行计算即可，如图 3.13 所示。在顶部和左侧边界上施加均匀分布的常荷载 $\bar{t}_n=-4.5\times10^3\,\text{kPa}$，以平衡域内均匀分布的初始净应力 $\sigma_x^0=\sigma_y^0=-4.6\times10^3\,\text{kPa}$，底部边界的竖向位移固定。由于对称性，右侧边界的横向位移固定，竖向位移自由。

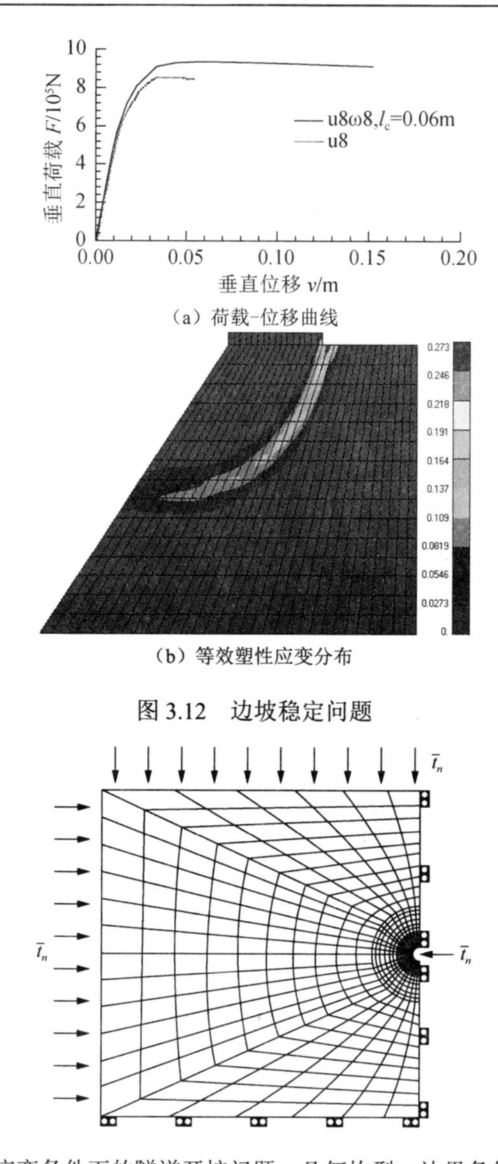

（a）荷载-位移曲线

（b）等效塑性应变分布

图 3.12　边坡稳定问题

图 3.13　平面应变条件下的隧道开挖问题：几何构型、边界条件与有限元网格

材料参数为 $E=4.0\times10^5\text{kPa}$，$\upsilon=0.3$，$G_c=8.0\times10^4\text{kPa}$，$l_c=0.06\text{m}$，$p_0=3.1\times10^3\text{kPa}$，$\lambda(0)=0.11$，$\kappa=0.0085$，$\varphi=30°$，其他参数与边坡稳定问题相同。隧道表面的法向分布力 $\bar{t}_n$ 逐渐降为零，以模拟隧道开挖过程。隧道在开挖时产生的力学荷载的作用下，状态边界面将被激活。图 3.14 给出了开挖完成时隧道周围的体积塑性应变分布，显示出在状态边界面被激活情况下隧道周围局部区域的体积变化。图 3.15 给出了开挖完成时隧道周围的等效塑性应变分布，显示出在状态边界面被激活情况下隧道周围局部区域的破坏情况。为了清晰地显示隧道周围的结果，这里只给出隧道周围部分的分布图。

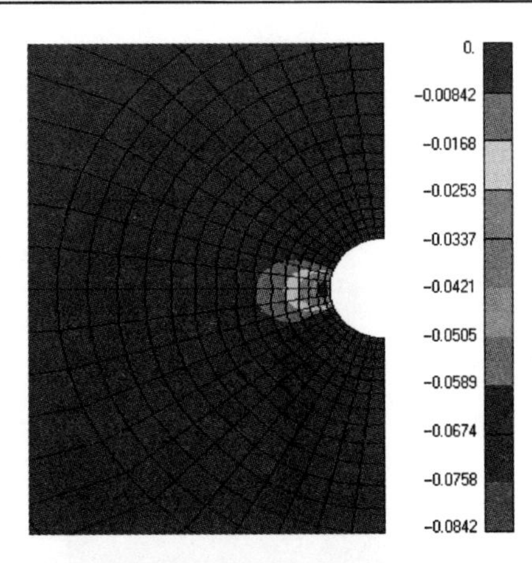

图 3.14　开挖完成时隧道周围的体积塑性应变分布

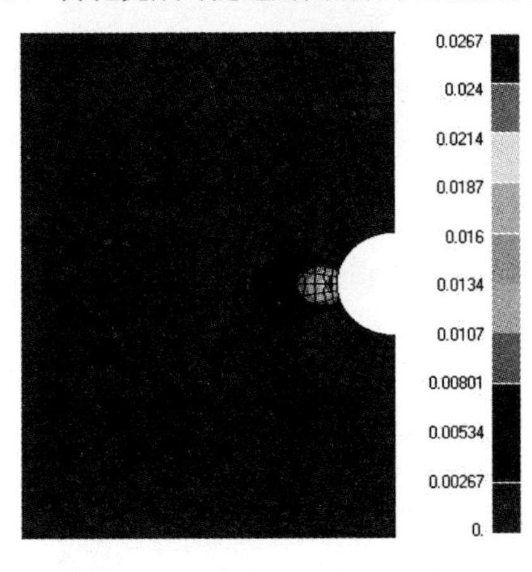

图 3.15　开挖完成时隧道周围的等效塑性应变分布

3.4　三维弹塑性 Cosserat 连续体模型

3.4.1　屈服函数、流动法则及硬化规律

由于岩土类材料是一种摩擦型材料，内摩擦力对于岩土类材料的屈服和破坏起着重要的作用，因而屈服函数必须考虑平均应力的影响，使其不仅与应力偏张量有关，而且与应力球张量有关。满足岩土体材料要求的屈服函数一般选取 Mohr-Coulomb（MC）准则和 Drucker-Prager（DP）准则，这里具体考虑以下形式的 DP 屈服准则。

$$F = q + A_{\varphi}\sigma_{\mathrm{h}} + B = 0 \tag{3.135}$$

式中，q，σ_{h} 分别为表征第一、二应力不变量的有效偏应力和静水应力；A，B 为材料参数。它们的表达式分别为

$$\left.\begin{aligned}q&=\left(\frac{1}{2}\boldsymbol{\sigma}^{\mathrm{T}}\boldsymbol{P}\boldsymbol{\sigma}\right)^{\frac{1}{2}},\quad \sigma_{\mathrm{h}}=\frac{1}{\sqrt{3}}\left(\sigma_{xx}+\sigma_{yy}+\sigma_{zz}\right)\\ A_{\varphi}&=\frac{2\sin\varphi}{\sqrt{3}(3-\sin\varphi)},\quad B=\frac{-6c\cos\varphi}{\sqrt{3}(3-\sin\varphi)}\end{aligned}\right\}\tag{3.136}$$

式中，c，φ分别为材料的黏聚力和内摩擦角；$\boldsymbol{P}$为应力势矩阵，且

$$\boldsymbol{P}=\begin{pmatrix}\boldsymbol{P}_1 & 0 & 0\\ 0 & \boldsymbol{P}_2 & 0\\ 0 & 0 & \boldsymbol{P}_3\end{pmatrix}\tag{3.137}$$

其中，$\boldsymbol{P}_1$，$\boldsymbol{P}_2$，$\boldsymbol{P}_3$可表示为

$$\boldsymbol{P}_1=\begin{pmatrix}2 & -1 & -1\\ -1 & 2 & 1\\ -1 & -1 & 2\end{pmatrix},\quad \boldsymbol{P}_2=\begin{pmatrix}3/2 & 3/2 & 0 & 0 & 0 & 0\\ 3/2 & 3/2 & 0 & 0 & 0 & 0\\ 0 & 0 & 3/2 & 3/2 & 0 & 0\\ 0 & 0 & 3/2 & 3/2 & 0 & 0\\ 0 & 0 & 0 & 0 & 3/2 & 3/2\\ 0 & 0 & 0 & 0 & 3/2 & 3/2\end{pmatrix},\quad \boldsymbol{P}_3=3\boldsymbol{I}_9\tag{3.138}$$

式中，$\boldsymbol{I}_9$为 9 阶单位矩阵。

这里选取 DP 准则（准确说是 DP1 模型，即 MC 模型的外角点外接圆模型）作为屈服函数可在编写程序时避免出现 MC 准则处理角点时出现的数值困难，而且其精度也能满足要求。

经典意义上定义的等效塑性应变不能同时描述拉伸和压缩两种不同的后屈服路径，文献[159]证明了当选用式（3.135）形式的线性屈服函数时，采用如下式定义的等效塑性应变增量$\Delta\bar{\varepsilon}_{\mathrm{p}}$可同时捕捉住拉伸和压缩两种不同的后屈服曲线，其定义式为

$$\Delta\bar{\varepsilon}_{\mathrm{p}}=\Delta\lambda\left(1+\frac{\sigma_{\mathrm{h}}}{|\sigma_{\mathrm{h}}|}\frac{A_{\psi}}{\sqrt{3}}\right)\tag{3.139}$$

式中，$\Delta\lambda$为定义在非关联流动法则中的塑性乘子，且有

$$\Delta\boldsymbol{\varepsilon}_{\mathrm{p}}=\Delta\lambda\frac{\partial G}{\partial\boldsymbol{\sigma}}\tag{3.140}$$

其中，塑性势函数为

$$G=q+A_{\psi}\sigma_{\mathrm{h}}+B\tag{3.141}$$

$$A_{\psi}=\frac{2\sin\psi}{\sqrt{3}(3-\sin\psi)}\tag{3.142}$$

当$\psi=\varphi$时，材料为关联塑性。

本书选取等向线性的加工硬化规律，在π平面上加工硬化-软化过程如图 3.16 所示，后继屈服条件由具体的岩土材料参数（主要是黏聚力）控制。具体过程是，

在达到初始黏聚力控制下的屈服强度(极限状态)后,假定黏聚力采取如式(3.143)所示的线性变化趋势,变化梯度由软化模量控制,后继屈服面随着黏聚力的增加、不变或是减小而扩增、不变或是减缩。

$$c = c(\bar{\varepsilon}_{\mathrm{p}}) = c_0 + h_{\mathrm{p}}^{\mathrm{c}} \bar{\varepsilon}_{\mathrm{p}} \tag{3.143}$$

式中,c_0 为初始黏聚力;h_{p}^{c} 为黏性硬化-软化参数;$\bar{\varepsilon}_{\mathrm{p}}$ 为等效塑性应变。黏聚力随等效塑性应变的增加分别有增长($h_{\mathrm{p}}^{\mathrm{c}} > 0$)、不变($h_{\mathrm{p}}^{\mathrm{c}} = 0$)和减小($h_{\mathrm{p}}^{\mathrm{c}} < 0$)三种模式,且分别对应应变硬化(屈服面扩增)、理想弹塑性(屈服面不变)及应变软化(屈服面减缩)三种土体应力-应变关系。

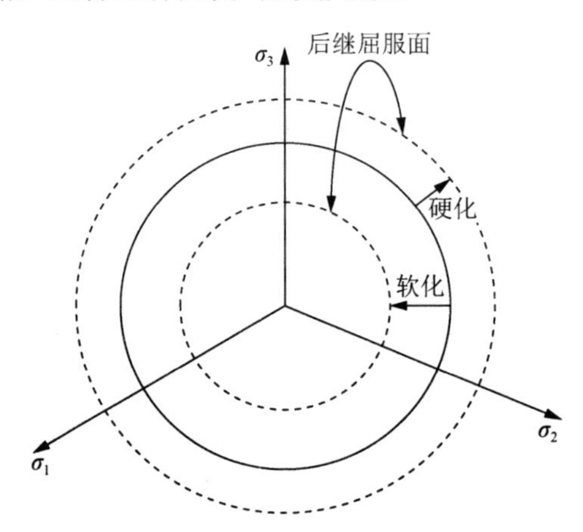

图 3.16　π 平面上等向硬化-软化过程

3.4.2　率本构方程积分的返回映射算法

对于使材料局部处进一步发展塑性变形的荷载增量步,当前应力可表示为

$$\boldsymbol{\sigma} = \boldsymbol{\sigma}^{\mathrm{E}} - \Delta\lambda \boldsymbol{D}_{\mathrm{e}} \frac{\partial G}{\partial \boldsymbol{\sigma}} \tag{3.144}$$

式中,$\boldsymbol{\sigma}^{\mathrm{E}}$ 为荷载增量步终点处由材料弹性模量和应变确定的应力预测值,并由下式计算:

$$\boldsymbol{\sigma}^{\mathrm{E}} = \boldsymbol{D}_{\mathrm{e}} \boldsymbol{\varepsilon} \tag{3.145}$$

式中,$\boldsymbol{\varepsilon}$ 为当前荷载增量步下的总应变值,可由上一荷载增量步结束时的应变 $\boldsymbol{\varepsilon}'$ 与本增量步的增量应变 $\Delta\boldsymbol{\varepsilon}$ 求和而得

$$\boldsymbol{\varepsilon} = \boldsymbol{\varepsilon}' + \Delta\boldsymbol{\varepsilon} \tag{3.146}$$

而增量应变由下式计算:

$$\Delta\boldsymbol{\varepsilon} = \boldsymbol{L} \Delta\boldsymbol{u} \tag{3.147}$$

式中,$\boldsymbol{L}$ 为式(2.46)所表达的应变算子矩阵,$\Delta\boldsymbol{u}$ 为系统传入的增量位移。

由塑性势函数对应力向量求偏导可得塑性流动向量为

$$\frac{\partial G}{\partial \boldsymbol{\sigma}}=\frac{1}{2q}\boldsymbol{P\sigma}+\frac{A_\psi}{\sqrt{3}}\boldsymbol{m} \tag{3.148}$$

$$\boldsymbol{m}=\{1\ 1\ 1\ 0\ 0\ 0\ 0\ 0\ 0\ 0\ 0\ 0\ 0\ 0\ 0\ 0\ 0\ 0\}^{\mathrm{T}} \tag{3.149}$$

可将应力向量分解为球应力向量 $\boldsymbol{\sigma}_{\mathrm{m}}$ 与偏应力向量 $\boldsymbol{s}$ 两部分，并有

$$\boldsymbol{\sigma}=\boldsymbol{\sigma}_{\mathrm{m}}+\boldsymbol{s} \tag{3.150}$$

式中

$$\boldsymbol{\sigma}_{\mathrm{m}}=\sigma_{\mathrm{m}}\boldsymbol{m} \tag{3.151}$$

$$\sigma_{\mathrm{m}}=\frac{\sigma_{\mathrm{h}}}{\sqrt{3}} \tag{3.152}$$

注意以下几个等式关系：

$$\boldsymbol{P}=\boldsymbol{PP}/3，\quad \boldsymbol{P\sigma}=3\boldsymbol{Ms}，\quad \boldsymbol{M}=\boldsymbol{MM} \tag{3.153}$$

$$\boldsymbol{M}=\begin{pmatrix}\boldsymbol{M}_1 & 0 & 0\\ 0 & \boldsymbol{M}_2 & 0\\ 0 & 0 & \boldsymbol{M}_3\end{pmatrix} \tag{3.154}$$

式中

$$\boldsymbol{M}_2=\begin{pmatrix}1/2 & 1/2 & 0 & 0 & 0 & 0\\ 1/2 & 1/2 & 0 & 0 & 0 & 0\\ 0 & 0 & 1/2 & 1/2 & 0 & 0\\ 0 & 0 & 1/2 & 1/2 & 0 & 0\\ 0 & 0 & 0 & 0 & 1/2 & 1/2\\ 0 & 0 & 0 & 0 & 1/2 & 1/2\end{pmatrix} \tag{3.155}$$

而 $\boldsymbol{M}_1=\boldsymbol{I}_3$，为 3 阶单位阵；$\boldsymbol{M}_3=\boldsymbol{I}_9$，为 9 阶单位阵。结合式（3.135）及式（3.153）可确定 q 及它的弹性预测值 q^{E} 为

$$q=\left(\frac{3}{2}\boldsymbol{s}^{\mathrm{T}}\boldsymbol{Ms}\right)^{\frac{1}{2}}，\quad q^{\mathrm{E}}=\left(\frac{3}{2}\boldsymbol{s}^{\mathrm{E}^{\mathrm{T}}}\boldsymbol{Ms}^{\mathrm{E}}\right)^{\frac{1}{2}} \tag{3.156}$$

对式（3.144）两边左乘矩阵 $\boldsymbol{P}$，结合式（3.156）和下面的等式关系

$$\boldsymbol{PD}_{\mathrm{e}}=\boldsymbol{D}_{\mathrm{e}}\boldsymbol{P}=2G\boldsymbol{P}，\quad \boldsymbol{D}_{\mathrm{e}}\boldsymbol{m}=3K\boldsymbol{m}，\quad K=\frac{3}{3(1-2\upsilon)}，\quad \boldsymbol{Pm}=0 \tag{3.157}$$

可得到

$$q^{\mathrm{E}}=q+3G\Delta\lambda，\quad \alpha=q/q^{\mathrm{E}} \tag{3.158}$$

$$\boldsymbol{Ms}=\alpha\boldsymbol{Ms}^{\mathrm{E}} \tag{3.159}$$

式（3.144）两边同时左乘向量 $\boldsymbol{m}^{\mathrm{T}}$ 可得

$$\sigma_{\mathrm{h}}=\sigma_{\mathrm{h}}^{\mathrm{E}}-3KA_\psi\Delta\lambda \tag{3.160}$$

式中，$\sigma_{\mathrm{h}}^{\mathrm{E}}$ 为 σ_{h} 的弹性预测值。

将式（3.158）和式（3.160）代入式（3.135）中得到

$$F = F(\Delta\lambda, \Delta\varepsilon_{\mathrm{p}}) = q^{\mathrm{E}} - 3\Delta\lambda(G + KA_{\psi}A_{\varphi}) \pm A_{\varphi}\sigma_{\mathrm{h}}^{\mathrm{E}} + B = 0 \tag{3.161}$$

式（3.139）可改写为

$$F_{\mathrm{c}} = F_{\mathrm{c}}(\Delta\lambda, \Delta\bar{\varepsilon}_{\mathrm{p}}) = \Delta\bar{\varepsilon}_{\mathrm{p}} - \Delta\lambda\left(1 + \mathrm{sign}(\sigma_{\mathrm{h}})\frac{A_{\psi}}{\sqrt{3}}\right) = 0 \tag{3.162}$$

与文献[109,110]类似，可以利用式（3.161）和式（3.162）构造局部积分点的非线性本构方程的 Newton-Raphson 迭代过程。

当前迭代步的屈服函数值为

$$F_{k} = F_{k-1} + \Delta F = 0 \tag{3.163}$$

更新内状态变量

$$\delta(\Delta\lambda_{k}) = -F_{k-1}\Bigg/\left(\left.\frac{\mathrm{d}F}{\mathrm{d}\Delta\lambda}\right|_{k-1}\right), \qquad \Delta\lambda = \Delta\lambda_{k-1} + \delta(\Delta\lambda_{k}) \tag{3.164}$$

式中

$$\frac{\mathrm{d}F}{\mathrm{d}\Delta\lambda} = \frac{\partial F}{\partial\Delta\lambda} - \frac{\partial F}{\partial\Delta\bar{\varepsilon}_{\mathrm{p}}}\frac{\partial F_{\mathrm{c}}}{\partial\Delta\lambda}\Bigg/\frac{\partial F_{\mathrm{c}}}{\partial\Delta\bar{\varepsilon}_{\mathrm{p}}} \tag{3.165}$$

式中

$$\frac{\partial F}{\partial\Delta\lambda} = -3(KA_{\varphi}A_{\psi} + G) \tag{3.166}$$

$$\frac{\partial F}{\partial\Delta\bar{\varepsilon}_{\mathrm{p}}} = (\sigma_{\mathrm{h}}^{\mathrm{E}} - 3KA_{\psi}\Delta\lambda)\frac{\partial A_{\varphi}}{\partial\Delta\bar{\varepsilon}_{\mathrm{p}}} - 3KA_{\varphi}\Delta\lambda\frac{\partial A_{\psi}}{\partial\Delta\bar{\varepsilon}_{\mathrm{p}}} + \frac{\partial B}{\partial\bar{\varepsilon}_{\mathrm{p}}} \tag{3.167}$$

$$\frac{\partial F_{\mathrm{c}}}{\partial\Delta\lambda} = -\left(1 + \mathrm{sign}(\sigma_{\mathrm{h}})\frac{A_{\psi}}{\sqrt{3}}\right), \qquad \frac{\partial F_{\mathrm{c}}}{\partial\Delta\bar{\varepsilon}_{\mathrm{p}}} = 1 - \frac{\Delta\lambda}{\sqrt{3}}\mathrm{sign}(\sigma_{\mathrm{h}})\frac{\partial A_{\psi}}{\partial\Delta\bar{\varepsilon}_{\mathrm{p}}} \tag{3.168}$$

进一步定义

$$\boldsymbol{P}' = \begin{pmatrix} 2 & -1 & -1 & 0 & & \cdots & \cdots & & 0 \\ -1 & 2 & -1 & 0 & & \cdots & \cdots & & 0 \\ -1 & -1 & 2 & 0 & & \cdots & \cdots & & 0 \\ 0 & 0 & 0 & 3 & & \cdots & \cdots & & 0 \\ & & & & \ddots & \ddots & & & \\ \vdots & \vdots & \vdots & \vdots & \ddots & \ddots & \ddots & & \vdots \\ \vdots & \vdots & \vdots & \vdots & & \ddots & \ddots & & \\ & & & & & & & & 0 \\ 0 & 0 & 0 & 0 & & \cdots & & 0 & 3 \end{pmatrix} \tag{3.169}$$

式中，$\boldsymbol{P}'$ 为 18 阶对称阵。

对式（3.144）两边同时左乘矩阵 $\boldsymbol{P}'$，结合式（3.157）和下面的等式关系

$$\boldsymbol{P} = \boldsymbol{P}'\boldsymbol{P}/3, \quad \boldsymbol{P}'\boldsymbol{m} = 0 \tag{3.170}$$

可得到

$$\boldsymbol{s}=\boldsymbol{C}_{\alpha}\boldsymbol{s}^{\mathrm{E}} \tag{3.171}$$

式中

$$\boldsymbol{C}_{\alpha}=\left(\boldsymbol{I}+\frac{3G\Delta\lambda}{q}\boldsymbol{M}\right)^{-1}=\begin{pmatrix}\boldsymbol{C}_{\alpha}^{1} & 0 & 0\\ 0 & \boldsymbol{C}_{\alpha}^{2} & 0\\ 0 & 0 & \boldsymbol{C}_{\alpha}^{3}\end{pmatrix} \tag{3.172}$$

式中

$$\boldsymbol{C}_{\alpha}^{1}=\alpha\boldsymbol{M}_{1}，\quad \boldsymbol{C}_{\alpha}^{2}=\begin{pmatrix}a & b & 0 & 0 & 0 & 0\\ b & a & 0 & 0 & 0 & 0\\ 0 & 0 & a & b & 0 & 0\\ 0 & 0 & b & a & 0 & 0\\ 0 & 0 & 0 & 0 & a & b\\ 0 & 0 & 0 & 0 & b & a\end{pmatrix}，\quad \boldsymbol{C}_{\alpha}^{3}=\alpha\boldsymbol{M}_{3} \tag{3.173}$$

式中

$$a=(\alpha+1)/2，\quad b=(\alpha-1)/2$$

当确定了迭代过程中 $\Delta\lambda$ 的值，由式（3.156）和式（3.158）即可得到 $q,\sigma_{\mathrm{h}},\alpha$ 的值，而 $\boldsymbol{s}$ 则可由式（3.170）和式（3.171）确定，进而由式（3.150）～式（3.152）便可求取实际的应力值 $\boldsymbol{\sigma}$。

3.4.3　一致性弹塑性切线模量矩阵的闭合型

根据式（3.150）将应力向量的弹性预测值分解为偏量与球量部分之和

$$\boldsymbol{\sigma}^{\mathrm{E}}=\boldsymbol{s}^{\mathrm{E}}+\boldsymbol{\sigma}_{\mathrm{m}}^{\mathrm{E}} \tag{3.174}$$

应变向量的偏量与球量部分分解表示为

$$\boldsymbol{\varepsilon}=\boldsymbol{e}+\boldsymbol{\varepsilon}_{\mathrm{m}}，\quad \boldsymbol{\varepsilon}_{\mathrm{m}}=\varepsilon_{\mathrm{m}}\boldsymbol{m} \tag{3.175}$$

并有

$$\boldsymbol{e}=\boldsymbol{P}^{*}\boldsymbol{\varepsilon}，\quad \boldsymbol{\varepsilon}_{\mathrm{m}}=\frac{1}{3}\boldsymbol{m}\boldsymbol{m}^{\mathrm{T}}\boldsymbol{\varepsilon} \tag{3.176}$$

$$\boldsymbol{P}^{*}=\frac{1}{3}\boldsymbol{P}' \tag{3.177}$$

所以，$\boldsymbol{P}^{*}$ 是 18 阶对称矩阵。应力向量偏量与球量的弹性预测值变化率分别与应变向量的偏量与球量部分相关联

$$\dot{\boldsymbol{s}}^{\mathrm{E}}=\boldsymbol{D}_{\mathrm{e}}^{\mathrm{d}}\dot{\boldsymbol{e}}，\quad \dot{\sigma}_{m}^{\mathrm{E}}=3K\dot{\varepsilon}_{m} \tag{3.178}$$

由式（3.156）得到的 q^{E} 变化率

$$\dot{q}^{\mathrm{E}}=\frac{1}{2q^{\mathrm{E}}}(\boldsymbol{P}\boldsymbol{\sigma}^{\mathrm{E}})^{\mathrm{T}}\dot{\boldsymbol{\sigma}}^{\mathrm{E}}=\frac{1}{2q}(\boldsymbol{P}\boldsymbol{\sigma})^{\mathrm{T}}\boldsymbol{D}_{\mathrm{e}}^{\mathrm{d}}\dot{\boldsymbol{e}}=\frac{3}{2q}(\boldsymbol{M}\boldsymbol{s})^{\mathrm{T}}\boldsymbol{D}_{\mathrm{e}}^{\mathrm{d}}\dot{\boldsymbol{e}} \tag{3.179}$$

式中

$$\boldsymbol{D}_{\mathrm{e}}^{\mathrm{d}}=\begin{pmatrix}\boldsymbol{D}_1 & 0 & 0\\ 0 & \boldsymbol{D}_2 & 0\\ 0 & 0 & \boldsymbol{D}_3\end{pmatrix} \tag{3.180}$$

式中

$$\boldsymbol{D}_1=2G\boldsymbol{M}_1,\quad \boldsymbol{D}_2=\begin{pmatrix}c & d & 0 & 0 & 0 & 0\\ d & c & 0 & 0 & 0 & 0\\ 0 & 0 & c & d & 0 & 0\\ 0 & 0 & d & c & 0 & 0\\ 0 & 0 & 0 & 0 & c & d\\ 0 & 0 & 0 & 0 & d & c\end{pmatrix},\quad \boldsymbol{D}_3=2G\boldsymbol{M}_3 \tag{3.181}$$

式中

$$c=G+G_c,\quad d=G-G_c \tag{3.182}$$

对式（3.158）、式（3.161）、式（3.162）、式（3.170）取微分，经过整理可得

$$\delta\boldsymbol{\varepsilon}^{\mathrm{T}}\dot{\boldsymbol{\sigma}}=\delta\boldsymbol{\varepsilon}^{\mathrm{T}}\boldsymbol{D}_{\mathrm{ep}}\dot{\boldsymbol{\varepsilon}} \tag{3.183}$$

式中，$\boldsymbol{D}_{\mathrm{ep}}$ 为一致性弹塑性切线模量矩阵，且

$$\begin{aligned}\boldsymbol{D}_{\mathrm{ep}}=&\boldsymbol{P}^{*}\left[(1-\alpha+c_{\lambda})\frac{1}{6q^{2}}\boldsymbol{P\sigma}(\boldsymbol{P\sigma})^{\mathrm{T}}+\boldsymbol{C}_{\alpha}\right]\boldsymbol{D}_{\mathrm{e}}^{\mathrm{d}}\boldsymbol{P}^{*}+K\left[1+\frac{K}{G}A_{\varphi}A_{\psi}c_{\lambda}\right]\boldsymbol{m}\boldsymbol{m}^{\mathrm{T}}\\ &+\frac{1}{\sqrt{3}q}c_{\lambda}K[A_{\varphi}\boldsymbol{P}^{*}(\boldsymbol{P\sigma})\boldsymbol{m}^{\mathrm{T}}+A_{\psi}\boldsymbol{m}(\boldsymbol{P\sigma})^{\mathrm{T}}\boldsymbol{P}^{*}]\end{aligned} \tag{3.184}$$

式中

$$c_{\lambda}=a_{\mathrm{qe}}(b_{\mathrm{qe}}-a_{\mathrm{qe}})^{-1} \tag{3.185}$$

而

$$a_{\mathrm{qe}}=3G\frac{\partial F_{\mathrm{c}}/\partial\bar{\varepsilon}_{\mathrm{p}}}{\partial F_{\mathrm{c}}/\partial\Delta\lambda},\quad b_{\mathrm{qe}}=-3KA_{\varphi}A_{\psi}\frac{\partial F_{\mathrm{c}}/\partial\bar{\varepsilon}_{\mathrm{p}}}{\partial F_{\mathrm{c}}/\partial\Delta\lambda}-\frac{\partial B}{\partial\bar{\varepsilon}_{\mathrm{p}}} \tag{3.186}$$

明显地，当采用关联塑性时，切线模量矩阵 $\boldsymbol{D}_{\mathrm{ep}}$ 保持对称。

值得注意的是，以上的推导过程依然表明，率本构方程积分的返回映射算法和一致性弹塑性切线模量矩阵均为显式表示，避免了每个有限单元高斯点上计算切线本构模量矩阵时的矩阵求逆，这对减少数值求解误差及保证数值求解过程的收敛性与计算效率具有重要作用。

3.5　三维弹塑性问题分析

低阶单元（如空间 8 节点块体位移元）的单元过刚和体积自锁缺陷使其不能合理地模拟介质整体承载能力下降的软化特征和应变局部化现象，因此在这部分

数值模拟中简单地采用了高阶的空间 20 节点块体位移元，通过数值模拟结果来验证发展的三维 Cosserat 连续体弹塑性模型在模拟应变局部化过程中的有效性。所采用的空间 20 节点块体位移元如图 3.17 所示。

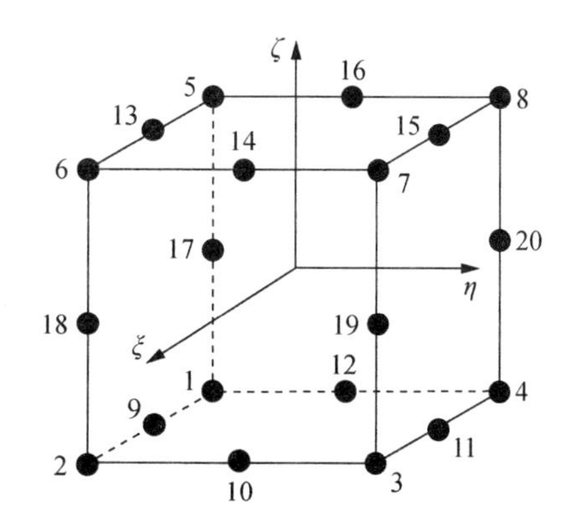

图 3.17　20 节点的三维 Cosserat 连续体有限单元

1. 柱形杆件受剪局部破坏

首先，考察发展的三维 Cosserat 连续体模型在数值模拟应变局部化过程时的网格独立性。如图 3.19 所示，考虑一个细长柱形杆件的三维剪切问题，构件尺寸为：x 和 y 方向长 0.005m，z 方向长 0.2m。在 z 轴方向上将问题模型化为 n 个空间单元，所有节点的 z 轴方向位移固定，下端完全固定；在顶部，各节点承受一个沿 y 轴单调增长的指定位移作用，而节点的 3 个旋转自由度固定。材料参数为：弹性模量 $E=10\text{GPa}$，泊松比 $\upsilon=0.25$，Cosserat 剪切模量 $G_{\text{c}}=2\text{GPa}$，初始黏聚力 $c_0=100\text{MPa}$，软化模量 $h_{\text{p}}=-500\text{MPa}$。

先用经典连续体理论对此问题进行求解。为了诱发局部破坏的产生，假定柱形杆中间两个单元的初始屈服强度低于其他单元（本例中将这两个单元的初始黏聚力预设的稍低于其他单元），图 3.18 给出了采用不同网格密度（10×1×1，20×1×1，40×1×1）时计算得到的模型的变形图、等效塑性应变分布及荷载-位移曲线。可以看到，模型在其中部发生剪切变形，等效塑性区也集中在模型的中间两个单元，后峰值曲线段随位移的增加荷载逐渐降低，即表现出软化性；但随着单元网格的加密，计算得到的等效塑性应变分布区域越来越窄，后峰值曲线段的斜率并不一致，并且随网格的加密曲线变陡，计算过程并未收敛到唯一的解。这说明基于经典连续体理论的有限元数值结果严重地依赖于单元网格的划分，在分析破坏或后破坏过程时存在严重的数值困难。

采用 Cosserat 连续体模型，取内部长度参数 $l_t=l_b=0.006\text{m}$，分析上述不同网格密度的构件在顶部横向荷载作用下的变形结果。此时通过固定轴向两端面上的节点的转动自由度为零，且不假定中间两个单元为软弱单元，同样能够达到引发由中部单元开始发生和发展的应变局部化剪切带。图 3.19 给出了采用不同网格密度（10×1×1，20×1×1，40×1×1，80×1×1）时计算得到的构件的变形图、等效塑性应变分布及荷载-位移曲线。可见，在同样的指定位移下，对于不同网格密度的构件，变形情况几乎一样，等效塑性应变区的分布宽度基本相同，荷载-位移曲线峰后软化段的发展趋势基本一致，显示了基于 Cosserat 连续体理论的应变局部化解答对网格的独立性。

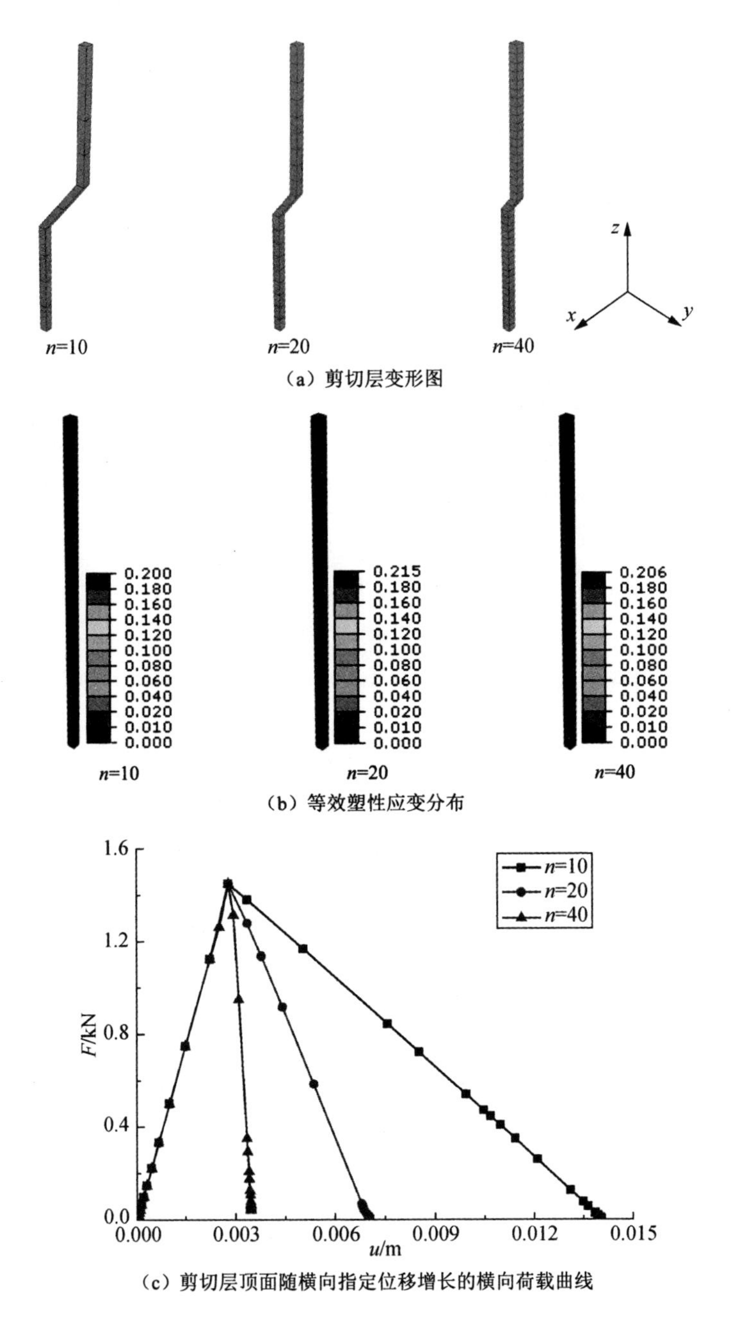

（a）剪切层变形图

（b）等效塑性应变分布

（c）剪切层顶面随横向指定位移增长的横向荷载曲线

图 3.18　基于经典连续体理论的有限元分析结果

进一步地，考查三维 Cosserat 连续体模型在本构方程中作为正则化机制而引入的内部长度参数在数值模拟应变局部化过程时的正则化效果。考虑网格密度为 40×1×1，内部长度参数 $l_t(=l_b)$ 分别取 0.003m，0.006m，0.009m 进行上述类似分析。

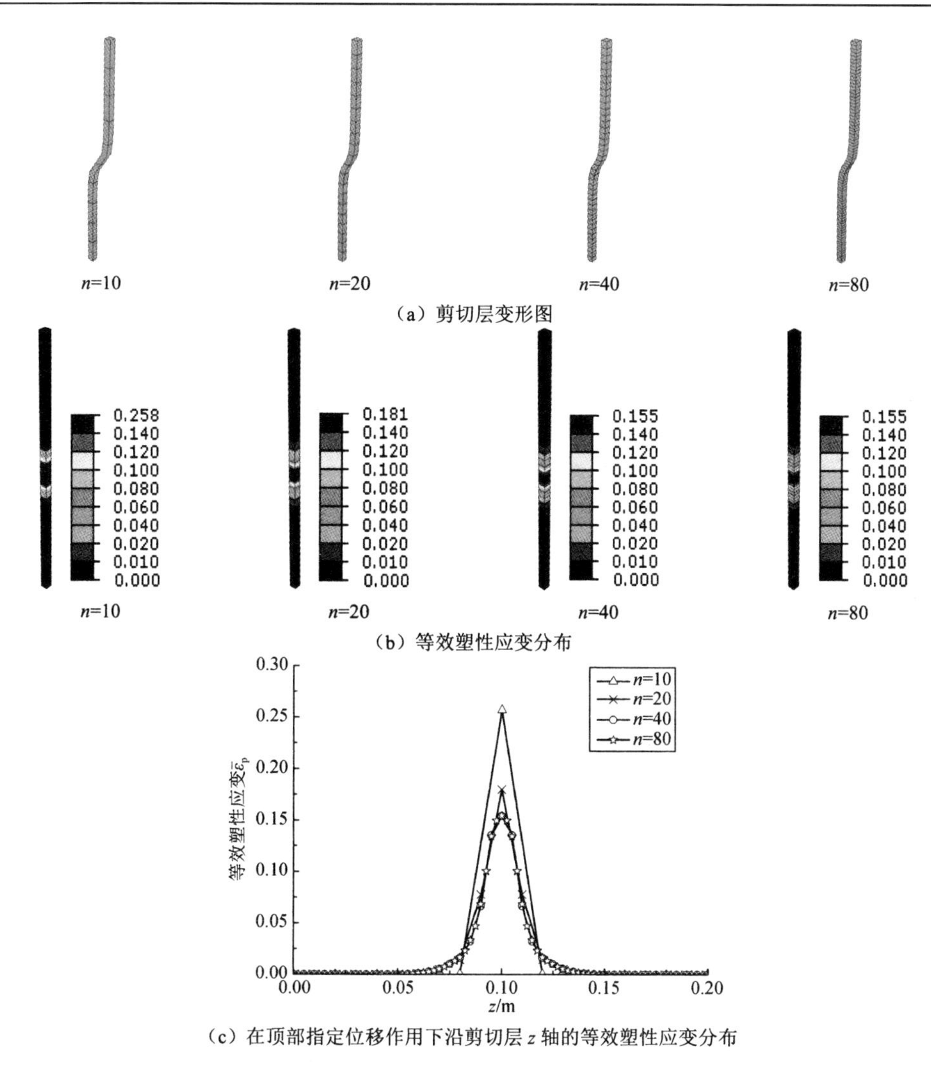

（a）剪切层变形图

（b）等效塑性应变分布

（c）在顶部指定位移作用下沿剪切层 z 轴的等效塑性应变分布

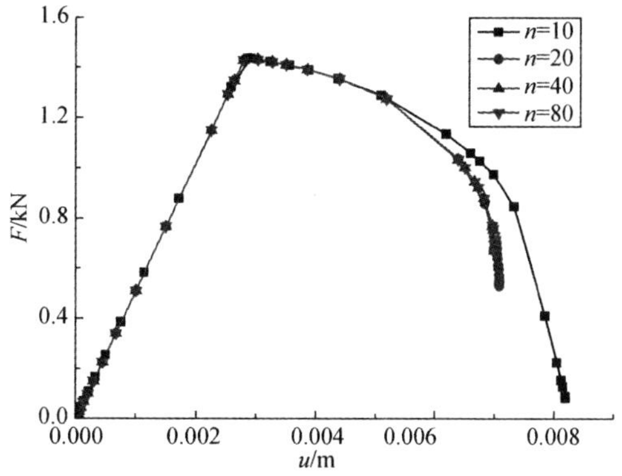

（d）剪切层顶面随横向指定位移增长的横向荷载曲线

图 3.19　基于 Cosserat 连续体模型的有限元分析结果

图 3.20 给出了构件的变形图、等效塑性应变分布以及荷载-位移曲线。可见，随着内部长度参数的增加，构件局部变形区域范围逐渐增大，等效塑性应变分布宽度逐渐增大，显示了应变局部化解答对内部长度参数的依赖性。图 3.20（d）显示了同样的网格密度下不同的内部长度参数导致了不同的后峰值曲线响应，均具有良好的延展性；同时表明，内部长度参数越小，后峰值曲线越陡，当内部长度参数为 0 时，结果类似于经典连续体，后峰曲线出现陡降。

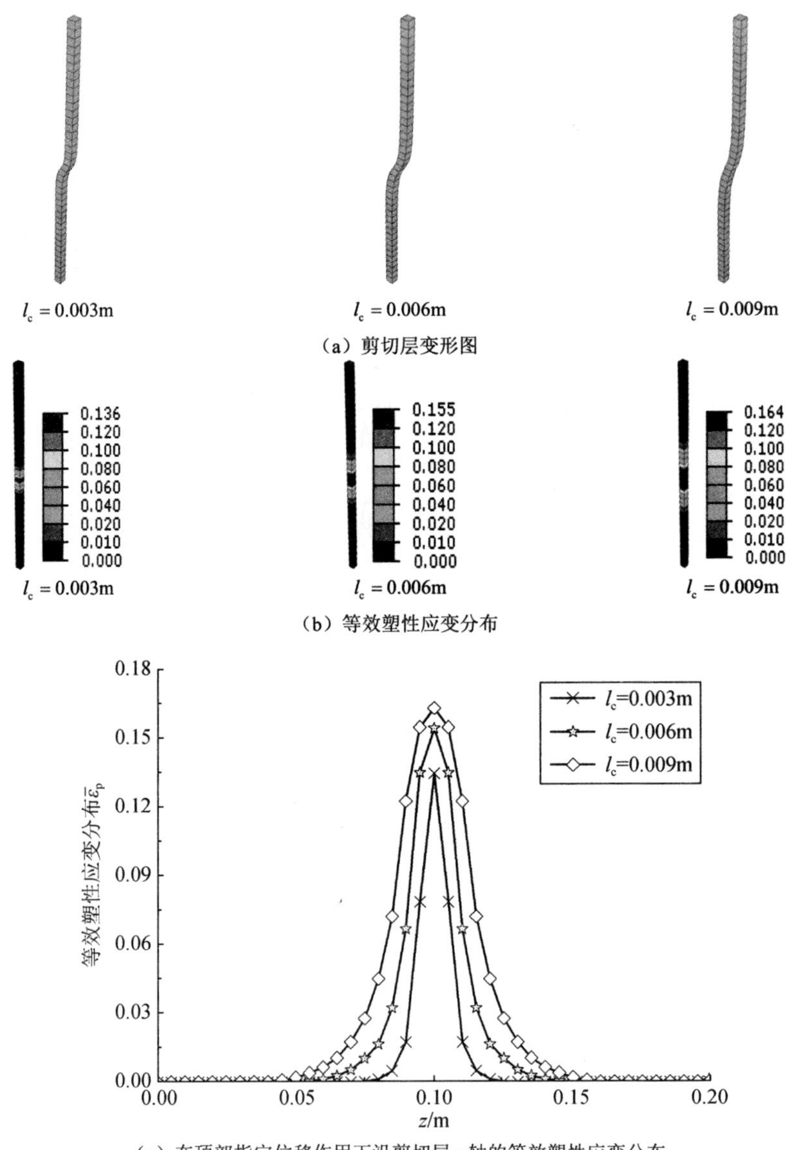

（a）剪切层变形图

（b）等效塑性应变分布

（c）在顶部指定位移作用下沿剪切层 z 轴的等效塑性应变分布

图 3.20　单元数 $n = 40$ 时基于 Cosserat 连续体模型不同内部长度参数值的有限元分析结果

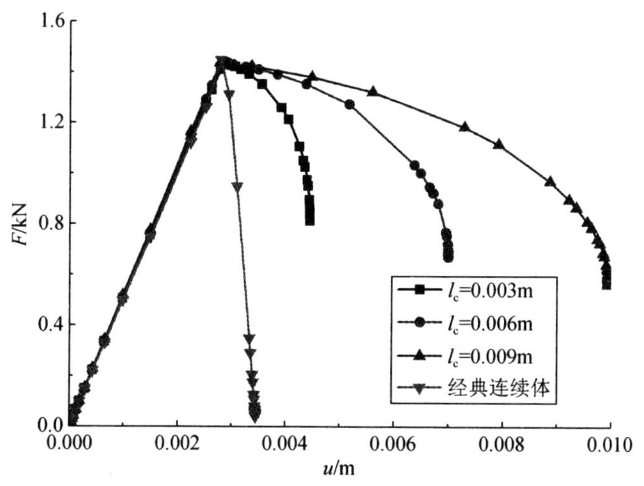

（d）剪切层顶面随横向指定位移增长的横向荷载曲线

图 3.20（续）

2. 厚板受拉局部破坏

压力相关 Cosserat 连续体模型模拟具有应变软化特征的拉伸破坏过程的能力。具体考虑如图 3.21 所示的矩形厚板，其尺寸为长 120mm、宽 60mm、厚 18mm，在其自由端施加 4mm 的位移荷载。模型具体的边界条件为：与 x-y 平面平行的两个侧面，固定其上节点的法向（z 向）位移；与 y-z 平面平行的左侧端面，固定其上节点的 x 向位移，并约束其上端边界线上（图中粗线）节点的 y 向位移；模型所有节点的转动自由度均为自由。模型的材料参数为：弹性模量 $E=2\text{GPa}$，泊松比 $\upsilon=0.49$，初始黏聚力 $c_0=10\text{MPa}$，软化模量 $h_{\text{p}}=-20\text{MPa}$，Cosserat 剪切模量 $G_{\text{c}}=400\text{MPa}$。在图 3.21 所示的模型中，模型的左上端设定一软弱区域以诱发产生局部化破坏，该软弱区域的初始黏聚力为 $c_0=8\text{MPa}$，泊松比为 $\upsilon=0.3$，其他材料参数与前述一致。

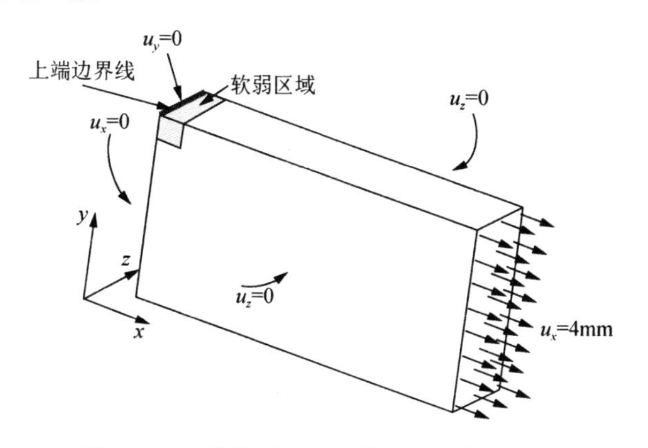

图 3.21　拉伸作用下厚板的几何及边界条件

为了比较经典理论与 Cosserat 理论的数值模拟结果对于有限元网格的依赖性，将模型按长宽厚划分为 15×6×3 及 30×12×3 两种网格密度；同时为了进一步理解作为正则化机制而被引入到 Cosserat 理论中的内部长度参数对计算结果的影响，在利用 Cosserat 理论计算时分别取内部长度参数为 1mm、2mm 和 3mm 进行分析。图 3.22 和图 3.23 分别给出了网格密度为 15×6×3 和 30×12×3 时，经典理论以及 Cosserat 理论计算得到的厚板受拉变形图以及等效塑性应变云图。图 3.24 给出了板约束端反力随自由端位移增长的变化曲线。

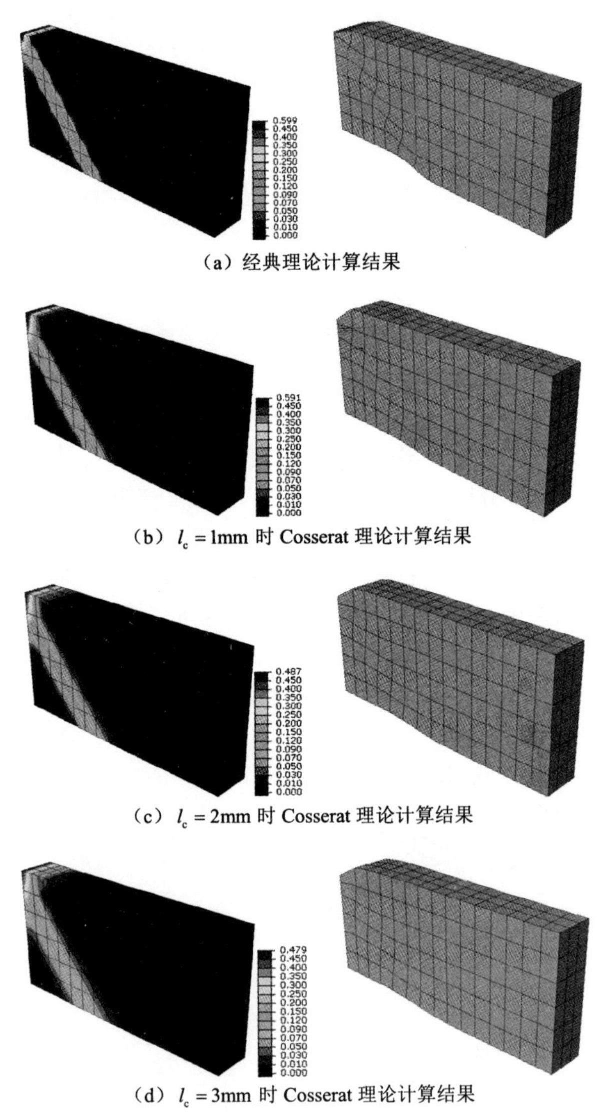

（a）经典理论计算结果

（b）$l_c = 1\text{mm}$ 时 Cosserat 理论计算结果

（c）$l_c = 2\text{mm}$ 时 Cosserat 理论计算结果

（d）$l_c = 3\text{mm}$ 时 Cosserat 理论计算结果

图 3.22 分别由经典理论和 Cosserat 理论计算得到的网格密度为 15×6×3 的模型的等效塑性应变云图及变形图

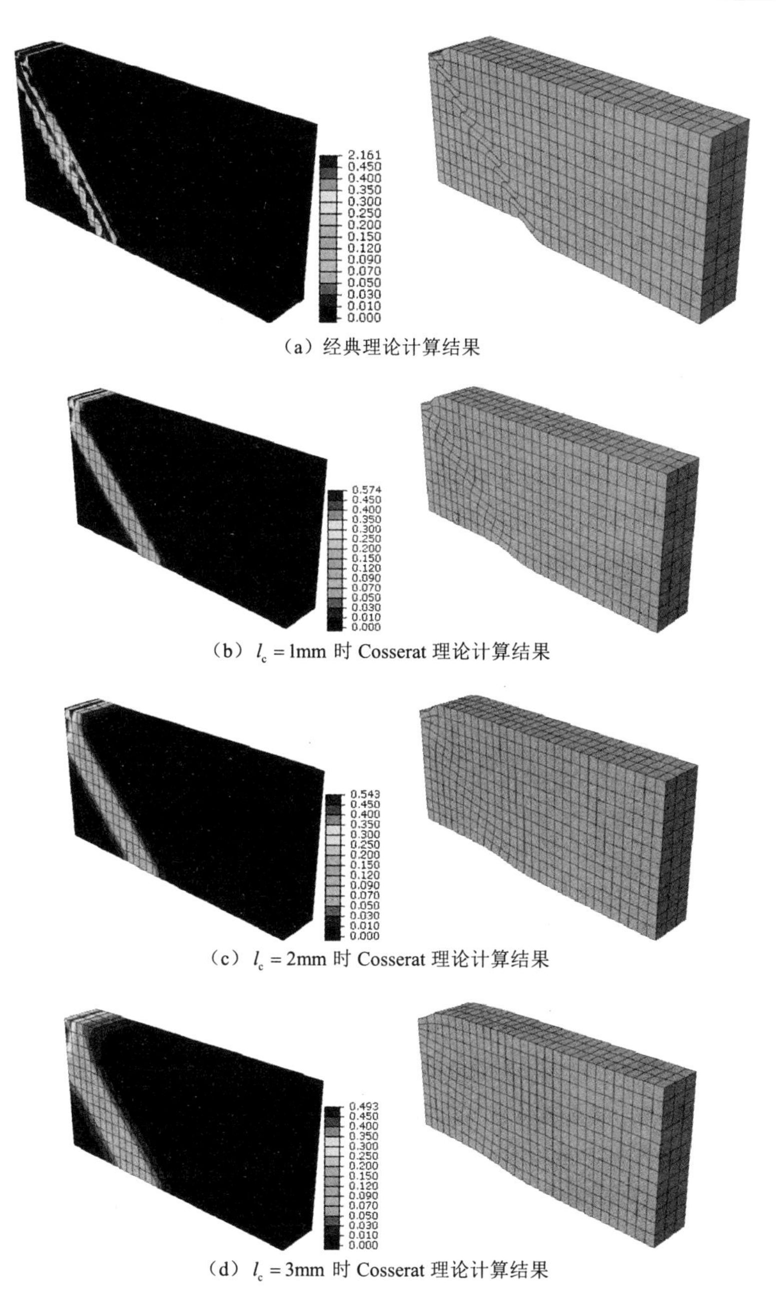

（a）经典理论计算结果

（b）$l_c = 1\text{mm}$ 时 Cosserat 理论计算结果

（c）$l_c = 2\text{mm}$ 时 Cosserat 理论计算结果

（d）$l_c = 3\text{mm}$ 时 Cosserat 理论计算结果

图 3.23　分别由经典理论和 Cosserat 理论计算得到的网格密度为 30×12×3 的模型的等效塑性应变云图及变形图

由于不同的模型计算达到不收敛时的位移值不一致，并且由图 3.24 给出的荷载-位移曲线可以明显看出所有的计算模型在自由端位移大于 0.6mm 时都已进入软化破坏阶段。为了在同样的标准下比较计算结果，选取模型在自由端发生约

2mm 位移情况下的计算结果，比较不同网格密度及理论条件下模型的变形、塑性区发展状况以及荷载-位移曲线趋势。由变形图可以看出，正则化机制作用下的 Cosserat 理论计算得到的模型变形从局部化区域光滑地过渡到其他区域，而经典理论计算得到的模型变形在模型局部化区域边界上存在突然的变化，网格扭曲也更为剧烈。同时，由塑性区的分布情况也可以明显地看出经典理论计算得到的剪切带宽度在粗细两种网格情况下差别较大，且两种网格密度下得到的最大等效塑性应变值相差近 4 倍，显示出计算结果对于网格密度的病态依赖性。而 Cosserat 理论在同样的内部长度参数下得到的剪切带宽度比较一致，且塑性区域形状更为规则光滑，两种网格密度下计算得到的最大等效塑性应变值几乎一致，显示出基于 Cosserat 理论的有限元解的良好适定性；且随着内部长度参数的增加，Cosserat 理论计算得到的剪切带宽度也相应地增加。图 3.24 给出的固定端反力随自由端位移增长的响应曲线，进一步反映出基于经典理论的数值方法在模拟应变局部化破坏问题上与基于 Cosserat 理论的数值方法的差异性，即粗细两种网格下经典理论计算得到的荷载-位移后峰值响应曲线存在巨大的差异，而 Cosserat 理论在同样的内部长度参数下得到了更为一致的荷载-位移后峰值响应曲线。

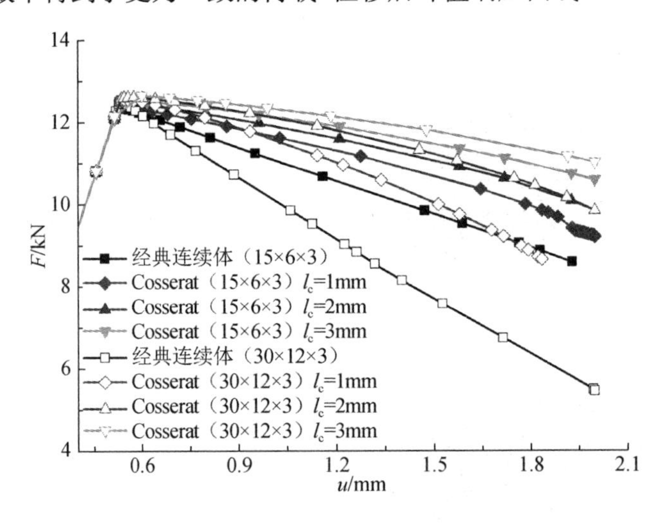

图 3.24　板约束端荷载-位移曲线

3. 三维地基局部受载沉降破坏

考虑三维地基上作用一方形的竖直向下的均布荷载，地基模型的尺寸为 10m×10m×10m，方形均布荷载通过钢板施加在地基表面，钢板的刚度远高于其下的地基且其底部与地基之间为理想粘接，地基模型底面的 3 个平动自由度固定，两个后侧面（即不可见的两个侧面）上的节点分别约束其在该面的法线方向上的平动自由度，模型的边界条件如图 3.25 所示。在该小方板上施加一竖向的指定位移 $u_z = -0.8\text{m}$。模型的材料参数为：弹性模量 $E = 50\text{MPa}$，泊松比 $\upsilon = 0.3$，Cosserat

剪切模量 $G_c = 10\text{MPa}$，初始黏聚力 $c_0 = 150\text{kPa}$，软化模量 $h_p = -150\text{kPa}$，内部长度参数 $l_t (= l_b)$ 分别取 0.0m（对应于经典连续体理论），0.1m，0.3m，摩擦角 $\varphi = 35°$，塑性势角 $\psi = 0$。

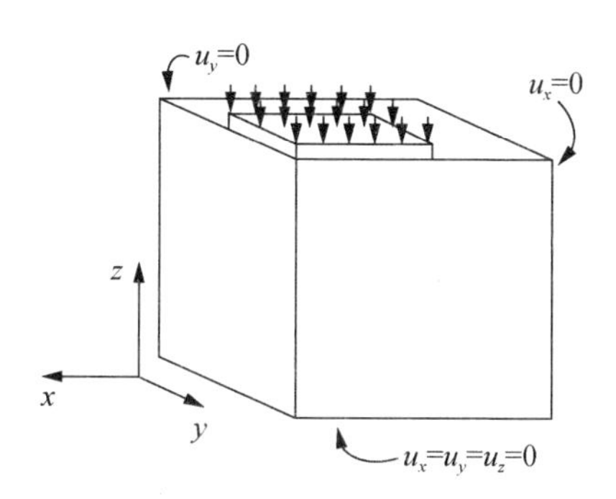

图 3.25　三维地基模型的边界条件

分别将板下模型区域划分为 12×12×12，20×20×20，28×28×28 三种网格密度，由于不同模型计算达到不收敛时的位移值不一致，为了在相同的标准下进行比较，取 9 个模型中不收敛时最小的位移值，分析在此位移下它们的变形以及塑性区计算结果。图 3.26 给出了位移值在 0.28m 时采用不同网格密度计算得到的立方块体的变形图。图 3.27 给出了与图 3.26 相对应的等效塑性应变分布云图。图 3.28 给出了顶部荷载随增长的竖向位移的变化趋势。

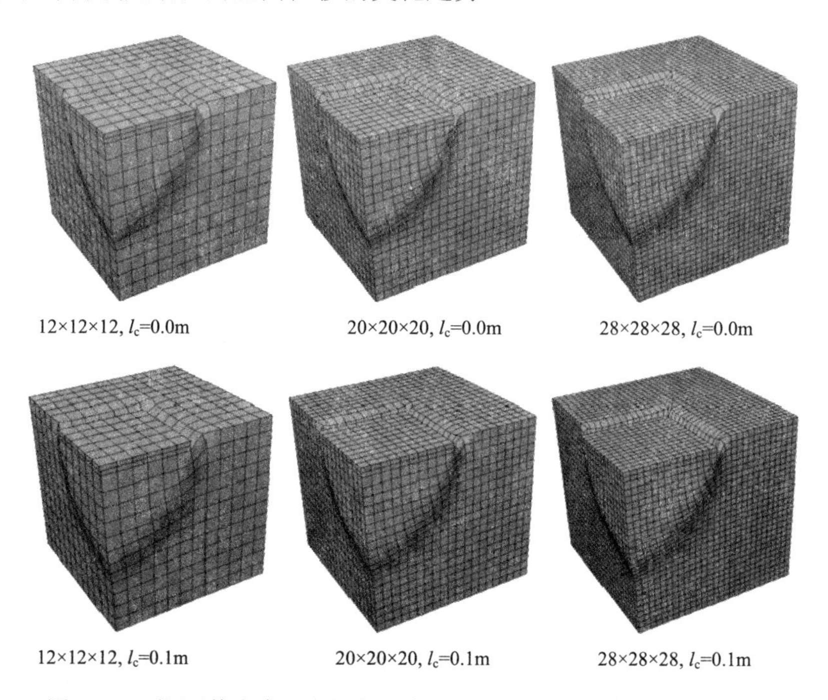

图 3.26　不同网格密度下由经典理论和 Cosserat 理论计算得到的变形图

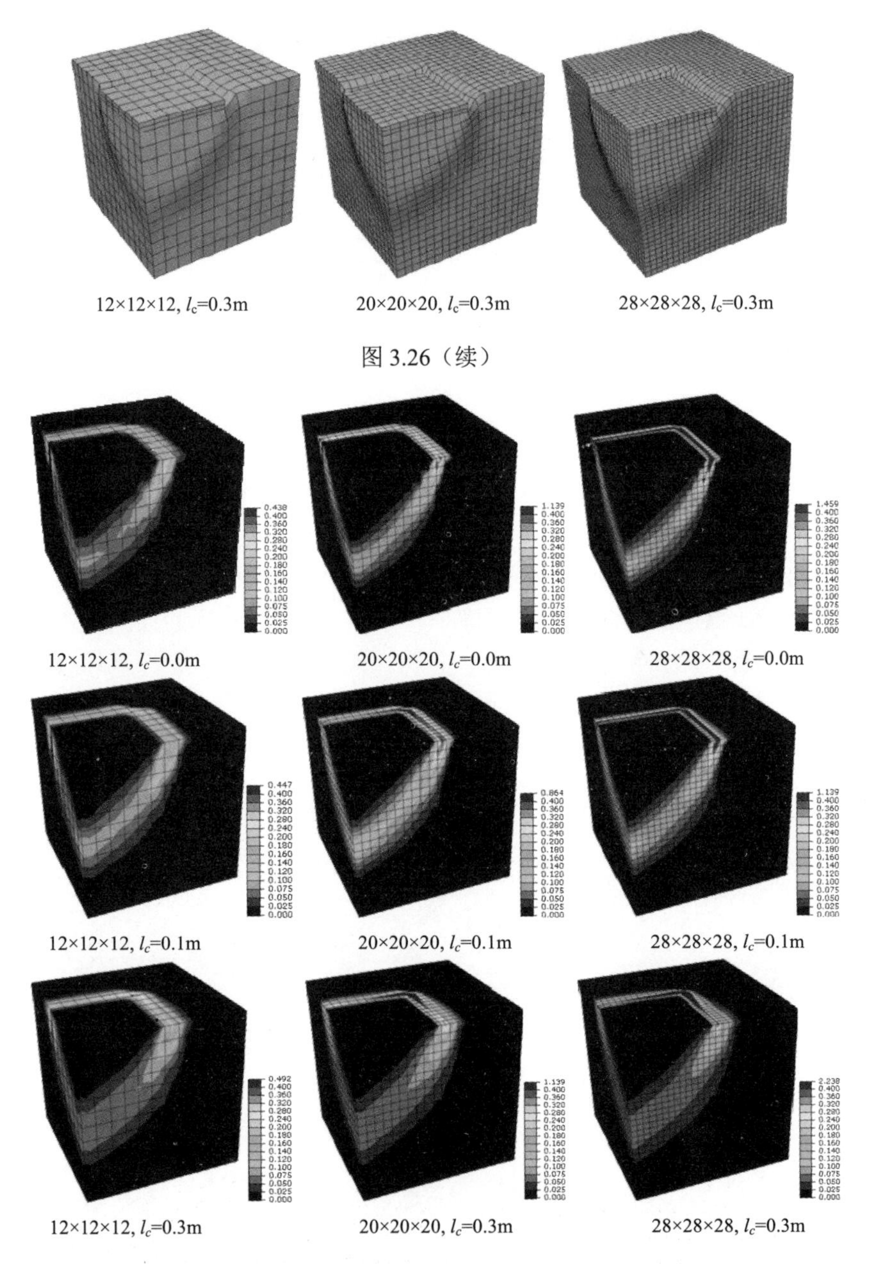

图 3.26（续）

图 3.27　不同网格密度下由经典理论和 Cosserat 理论计算得到的等效塑性应变云图

由图 3.26 所示的变形图可以看出，经典连续体计算得到的剪切带宽度随着网格的加密明显变窄；而选取同样的内部长度参数时，不同网格密度下 Cosserat 连续体理论计算得到的剪切带宽度则基本保持一致。这是因为，经典连续体理论中未涉及控制变形局部化发展的内尺度参数，剪切带局部化区域受限于网格的尺寸，使得数值结果出现了网格依赖性；而 Cosserat 连续体理论中引入了内部长度参数作为正则化机制，计算结果显示了应变局部化解对网格不存在病态的依赖性（不包括由有限元网格密度变化的离散性引起的非病态解产生的差别），同时随着内部长度参数值的增加，变形图和等效塑性应变云图均显示出 Cosserat 连续体理论计算得到的剪切带宽度也随之增加。图 3.28 表明，基于 Cosserat 连续体模型计算得到的荷载-位移曲线显示出随着塑性变形的发展，地基整体承载能力的逐渐下降，并且有内部长度参数越小，荷载-位移曲线的后峰值响应越陡。由于各个模型的收敛结果不一致，在图 3.28 中选取在统一的位移值（位移加载到 0.32m）下分析对比各模型的荷载-位移计算结果。

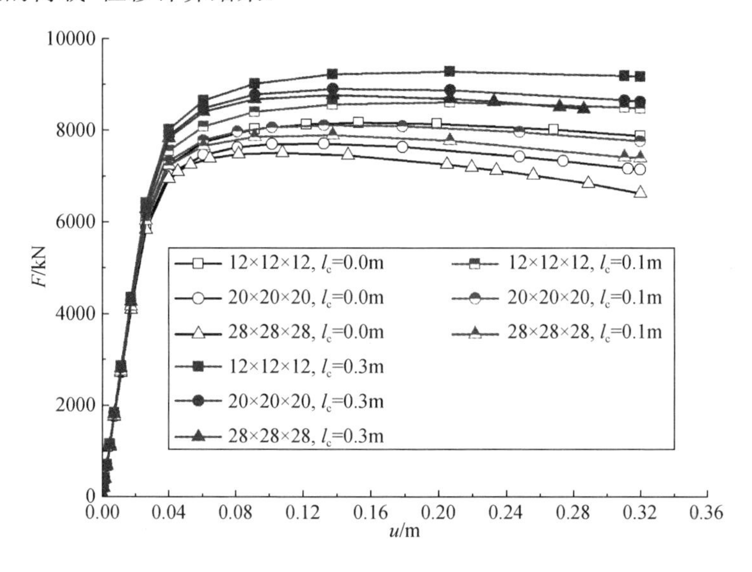

图 3.28　顶部荷载-位移曲线

3.6　结　　语

本章提出了一个压力相关的弹塑性 Cosserat 连续体模型，以及一个 CAP 弹塑性 Cosserat 连续体模型，给出了率本构方程积分的返回映射算法及一致性弹塑性切线模量矩阵的闭合型式，并对二、三维问题进行了数值分析验证，结果表明：

1）提出的率本构积分的一致性算法及切线本构模量矩阵的闭合型显式表示，避免了计算切线本构模量矩阵时的矩阵求逆，这对于保证应变局部化初边值问题数值求解过程的收敛性与计算效率具有关键作用。

2）当在经典连续体计算模型中引入应变软化本构行为时，模型的初边值问题在数学上将成为不适定，并导致病态的有限元网格依赖解，而本章所提出的弹塑性 Cosserat 连续体模型具有保持应变局部化边值问题适定性、再现应变局部化问题特征的能力：非弹性应变局限于局部处急剧发生和发展以及随非弹性变形发展的整体承载能力下降等方面的性能。

第4章 弹塑性 Cosserat 连续体模型中参数的影响分析

Cosserat 连续体理论由于在经典连续体的基础上增加了旋转自由度，且在本构描述中作为正则化机制非常自然地引入了一个特征长度，近年来在以剪切破坏机制为主的局部化问题的研究中越来越受到重视[165]。

Cosserat 连续体理论用于应变局部化问题的研究还处于发展阶段，与其他的一些局部化理论一样，还缺乏模型相关材料参数取值的资料。这些参数决定着 Cosserat 连续体模型模拟应变局部化问题的能力，并与局部化剪切带的宽度有一定的联系。剪切带的宽度是一个宏观量，可以通过试验观测得到。因此，在某些情况下通过测量得到剪切带的宽度，以剪切带宽度与材料参数的相关关系来间接地确定材料参数也不失为一种可行的方法。这时，剪切带宽度与材料参数关系的确定非常重要。

在梯度塑性理论中，de Borst, Mühlhaus 推导了一维拉伸情况下剪切带宽度与材料常数的关系[88]

$$w = 2\pi\sqrt{-\frac{c}{h_{\mathrm{p}}}} \tag{4.1}$$

式中，c，h_{p} 分别为材料的非局部化参数与软化模量。这说明，在梯度塑性理论中，剪切带宽度与非局部化参数及软化模量有关。

对于 Cosserat 连续体理论，目前还没有关于剪切带宽度的理论解，de Borst 求解了纯弹性无限长剪切层的一维问题[91]，在此情况下控制方程将得到很大的简化，但对弹塑性固体来说仍得不到解析解，因而必须使用有限元等数值方法来进行研究。综合此方面的研究，de Borst, Cramer, Iordache 等指出了内部长度参数 l_{c} 对数值解的影响以及剪切带宽度对它的线性依赖性[92,93,99,105]，另外 Iordache 与 Willam[105]等指出，当 Cosserat 剪切模量 $G_{\mathrm{c}}=0$ 或 $l_{\mathrm{c}}/L \to 0$（L 为物体尺寸）时，模型恢复为经典连续体。在这些研究中，并没有涉及 Cosserat 剪切模量 G_{c} 及软化模量 h_{p}（从梯度塑性理论中可以看出是有影响的）对荷载-位移反应及剪切带宽度等有无影响；另外，对 Cosserat 连续体理论在改善弹塑性问题解的能力上只有一个定性的概念，在具体的数值计算中，这些参数取多大的值才合适并起到相应的作用也没有详细地研究过。

本书作者提出了一个压力相关弹塑性 Cosserat 连续体模型并进行了应变局部化有限元模拟与应用[109,110,166]。下面将首先分析控制微分方程在极端情况下的演化，然后基于提出的 Cosserat 连续体模型与相应的数值方法，分析 Cosserat 连续体模型中 Cosserat 剪切模量 G_c、软化模量 h_p、内部长度参数 l_c 等本构参数对剪切带宽度及数值结果的影响。

4.1　Cosserat 连续体二维弹性控制微分方程在极端情况下的演化

Cosserat 连续体二维弹性控制微分方程组为

$$\begin{cases}(\lambda+2G)\dfrac{\partial^2 u_x}{\partial x^2}+(\lambda+G-G_c)\dfrac{\partial^2 u_y}{\partial x\partial y}+(G+G_c)\dfrac{\partial^2 u_x}{\partial y^2}+2G_c\dfrac{\partial \omega_z}{\partial y}=0\\ (\lambda+2G)\dfrac{\partial^2 u_y}{\partial y^2}+(\lambda+G-G_c)\dfrac{\partial^2 u_x}{\partial x\partial y}+(G+G_c)\dfrac{\partial^2 u_y}{\partial x^2}-2G_c\dfrac{\partial \omega_z}{\partial x}=0\\ 2Gl_c^2\left(\dfrac{\partial^2\omega_z}{\partial x^2}+\dfrac{\partial^2\omega_z}{\partial y^2}\right)+2G_c\dfrac{\partial u_y}{\partial x}-2G_c\dfrac{\partial u_x}{\partial y}-4G_c\omega_z=0\end{cases}\tag{4.2}$$

式中，$\lambda=2G\upsilon/(1-2\upsilon)$，$G$，$\upsilon$ 分别为经典意义上的剪切模量与泊松比。

令 $G_c=0$，$l_c\neq 0$，则有

$$\begin{cases}(\lambda+2G)\dfrac{\partial^2 u_x}{\partial x^2}+(\lambda+G)\dfrac{\partial^2 u_y}{\partial x\partial y}+G\dfrac{\partial^2 u_x}{\partial y^2}=0 & (1)\\ (\lambda+2G)\dfrac{\partial^2 u_y}{\partial y^2}+(\lambda+G)\dfrac{\partial^2 u_x}{\partial x\partial y}+G\dfrac{\partial^2 u_y}{\partial x^2}=0 & (2)\\ \dfrac{\partial^2\omega_z}{\partial x^2}+\dfrac{\partial^2\omega_z}{\partial y^2}=0 & (3)\end{cases}\tag{4.3}$$

可见，式（4.3）中方程（4.3-1）和方程（4.3-2）只与经典的本构参数有关，方程（4.3-3）为纯几何方程，旋转自由度为 x, y 的线性函数均可满足方程（4.3-3）。

令 $l_c=0$，$G_c\neq 0$，则式（4.2）可表示为

$$\begin{cases}(\lambda+2G)\dfrac{\partial^2 u_x}{\partial x^2}+(\lambda+G)\dfrac{\partial^2 u_y}{\partial x\partial y}+G\dfrac{\partial^2 u_x}{\partial y^2}=0 & (1)\\ (\lambda+2G)\dfrac{\partial^2 u_y}{\partial y^2}+(\lambda+G)\dfrac{\partial^2 u_x}{\partial x\partial y}+G\dfrac{\partial^2 u_y}{\partial x^2}=0 & (2)\\ \dfrac{\partial u_y}{\partial x}-\dfrac{\partial u_x}{\partial y}-2\omega_z=0 & (3)\end{cases}\tag{4.4}$$

可见，式（4.4）中方程（4.4-1）和方程（4.4-2）只与经典的本构参数有关，方程（4.4-3）为纯几何方程，但此时旋转自由度并不为零。因此从以上分析可以

看出，仅仅从旋转自由度的大小来判断剪切带并不合适。在本书的研究中，均以等效塑性应变的分布来判断剪切带的形成。

从以上两种极端情况来看，无论是 $G_c = 0$ 还是 $l_c = 0$，方程都将退化为经典的连续体控制方程。

4.2　各参数取值对剪切带宽度及数值结果的影响

4.2.1　Cosserat 剪切模量 G_c 的影响

【案例 1】 剪切层问题

考虑一在 Z 向无限长的剪切层。作为一平面应变问题分析。剪切层高度 $H = 0.2\text{m} = 200\text{mm}$，采用 40×1 单元网格离散，40 为沿剪切层 Y 向的单元数，如图 4.1 所示。剪切层所有节点的 Y 向位移固定，它的下端完全固定而在顶部承受一个 X 方向的单调增长指定位移。强制同一水平网线上的各节点具有相同的水平位移。材料参数为 $G = 1.0\times10^{10}\text{N/m}^2$，$\upsilon = 0.25$，$l_c = 6\text{mm}$，$c_0 = 1.0\times10^8\text{N/m}^2$，$h_p = -5.0\times10^8\text{N/m}^2$。

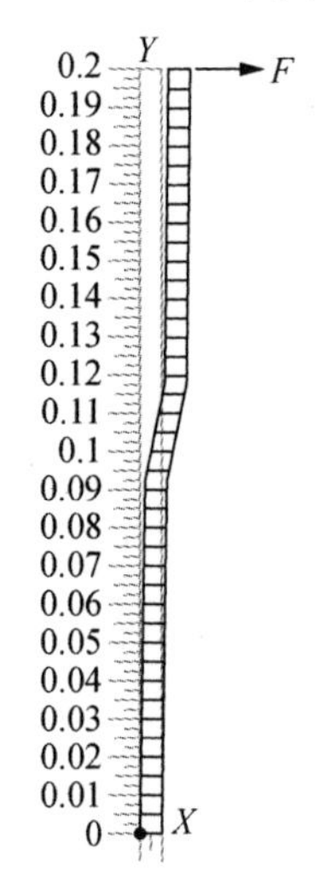

图 4.1　在顶部横向指定位移 u=7.5mm 作用下剪切层的剪切变形模式

分别取 $G_c = 0.0, 0.05G, 0.25G, 0.5G, 2.5G, 25.0G$，图 4.2 所示为不同 G_c 值下，剪切层的荷载-位移曲线和剪切带宽度。从图中可以看出，取 $G_c = 0.0, 0.05G$ 时基于 Cosserat 连续体模型的数值结果类似于经典连续体，荷载-位移响应仅能计算到弹性阶段，且没有剪切带的显示；取 $G_c = 0.25G$ 时荷载-位移曲线在达到峰值之后有软化段，但变形不大就遇到了数值计算上的困难而不能继续进行，变形末等效塑性应变很小，勉强能识别一定宽度的剪切带；取 $G_c = 0.5G$ 时荷载-位移曲线在达到峰值之后有较大变形的软化段，同时显示有一定宽度的剪切带；进一步取 $G_c = 2.5G$ 甚至取 $G_c = 25.0G$，均可见荷载-位移曲线与取 $G_c = 0.5G$ 时基本一致，剪切带宽度也几乎一样。

【案例 2】 平板压缩问题

考虑平面应变条件下 20m×20m 的均匀正方形样板，该样板夹在两刚性板之间，承受由位移控制的垂直压力作用，如图 4.3 所示。两刚性板与样板之间的接触模拟为理想粘接，即样板平面计算域的顶部和底部边界上所有有限元节点的水平位移固定为零，而其垂直位移在位移控制下具有相同的指定值。由于对称性条件，仅取其 1/4 面积（10m×10m）作为计算区域，且计算域的底部边界上所有有限元节点的水平位移自由，而垂直位移固定为零；计算域的左边界上节点水平位移固定为零，而垂直位移自由。材料参数为 $E=5.0\times10^{7}\,\mathrm{N/m^2}$，$\upsilon=0.3$，$G_{\mathrm{c}}=1.0\times10^{7}\,\mathrm{N/m^2}$，$l_{\mathrm{c}}=0.15\mathrm{m}$，$c_0=1.5\times10^{5}\,\mathrm{N/m^2}$，$h_{\mathrm{p}}=-1.5\times10^{5}\,\mathrm{N/m^2}$，$\varphi=35^{\circ}$。

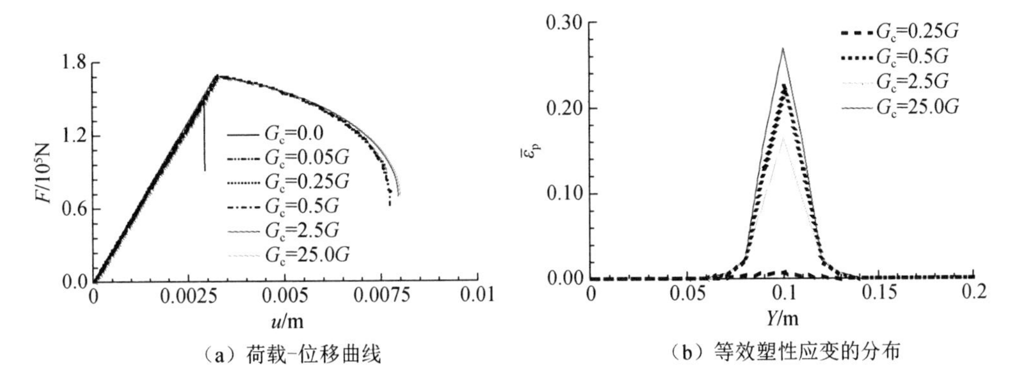

（a）荷载-位移曲线　　（b）等效塑性应变的分布

图 4.2　不同 G_{c} 值下，剪切层的分析结果

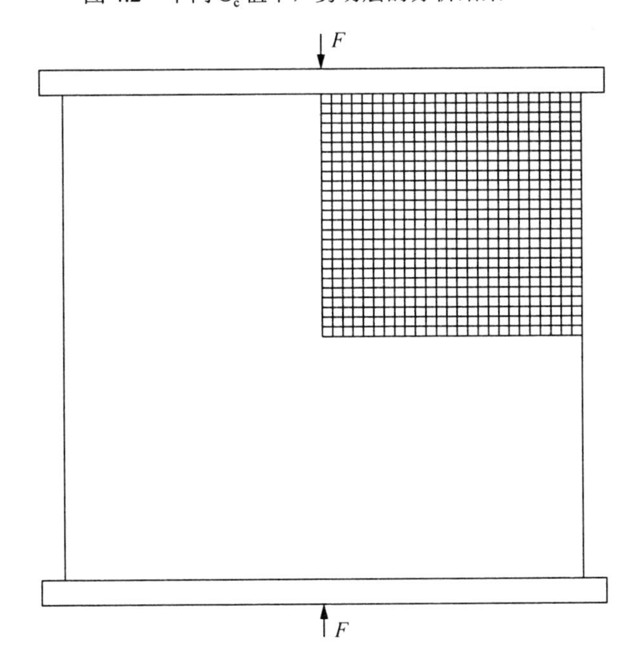

图 4.3　平面应变条件下的方板压缩问题

分别取 $G_{\mathrm{c}}=0.05G,0.25G,0.5G,2.5G$，图 4.4 和图 4.5 所示为不同 G_{c} 值下，平板压缩问题荷载-位移曲线和剪切带宽度。从图中可以看出，不同取值下荷载-位移曲线在达到峰值之后有较大变形的软化段且基本一致；同时显示有一定宽度的

剪切带，剪切带宽度也几乎一样。

综合上述分析可知，在一定的取值范围内，Cosserat 剪切模量 G_c 的大小对数值结果及剪切带的宽度几乎没有影响。在具体数值计算中，取 $G_c \geqslant 0.5G$ 为宜。在 de Borst, Cramer, Steinmann, Iordache, Tejchman 等应用 Cosserat 连续体理论进行应变局部化的研究中[91-93, 99, 102, 105, 108]，几乎均按 $G_c = 0.5G$ 取值，符合本书的建议。

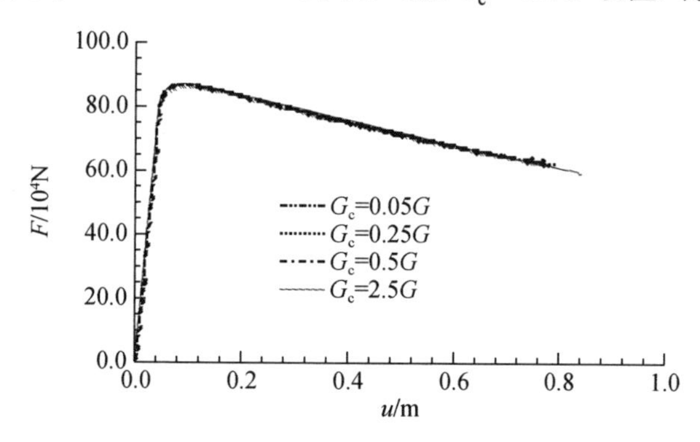

图 4.4　不同 G_c 值下，作用于方板顶部的指定垂直向下荷载-位移曲线

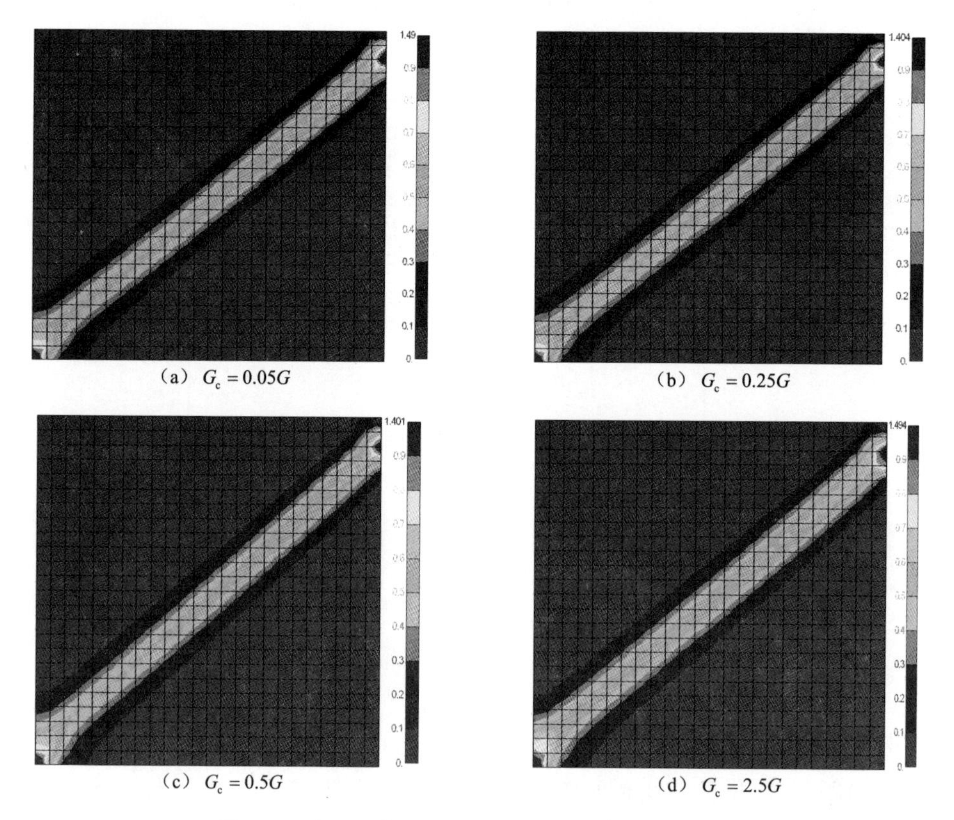

（a）$G_c = 0.05G$　（b）$G_c = 0.25G$

（c）$G_c = 0.5G$　（d）$G_c = 2.5G$

图 4.5　不同 G_c 值下，平板压缩问题的剪切带宽度

4.2.2　软化模量 h_p 的影响

首先，对 4.2.1 节中图 4.1 所示的一维剪切问题进行研究。令 $h_0 = -5.0 \times 10^8 \mathrm{N/m^2}$，分别取 $h_p = 0.1h_0, 0.2h_0, 0.4h_0, h_0, 2.0h_0, 10.0h_0$，$G_c = 0.5G$，其他参数与 4.2.1 节中所采用的参数相同。图 4.6 所示为不同 h_p 值下，剪切层的荷载-位移曲线和剪切带宽度。从图中可以看出，取 $h_p = 0.1h_0$ 时，荷载-位移曲线在达到峰值后没有软化段，类似于理想弹塑性材料的行为，也没有明显的剪切带与应变局部化现象；随着软化模量绝对值的增大，荷载-位移曲线在达到峰值后出现明显的软化段且软化段越来越陡，并有明显的剪切带显示且剪切带的宽度越来越小。取 $h_p = 10.0h_0$ 时，荷载-位移曲线在达到峰值后迅速下降，也就没能得到剪切带及应变局部化现象。

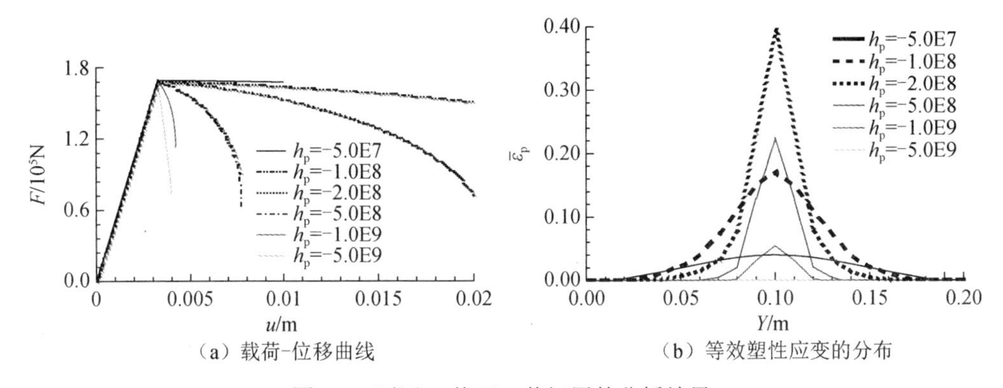

（a）载荷-位移曲线　　（b）等效塑性应变的分布

图 4.6　不同 h_p 值下，剪切层的分析结果

再对第 4.2.1 节中图 4.3 所示的二维平板压缩问题进行研究。令 $h_0 = -1.5 \times 10^5 \mathrm{N/m^2}$，分别取 $h_p = 0.1h_0, 0.5h_0, h_0, 2.0h_0, 5.0h_0, 10.0h_0$，其他参数与 4.2.1 节中所采用的参数相同。图 4.7 和图 4.8 分别表示所得相应的荷载-位移曲线和剪切带宽度。从图中可以看出，荷载-位移曲线及剪切带宽度的变化趋势与一维剪切问题的情况非常相似。

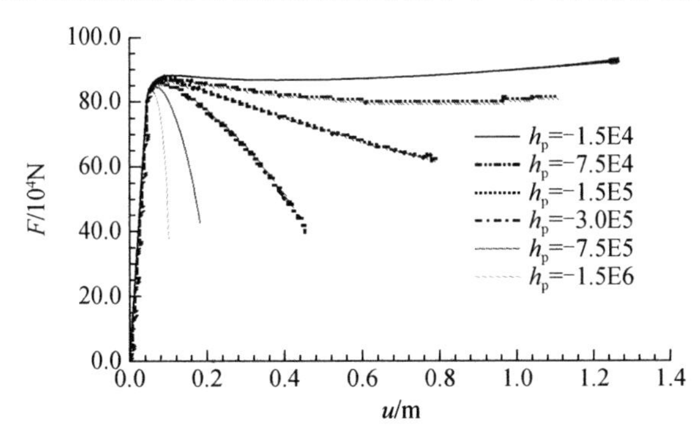

图 4.7　不同 h_p 值下，作用于方板顶部的指定垂直向下荷载-位移曲线

（a） $h_p = 0.1h_0$　（b） $h_p = 0.5h_0$

（c） $h_p = h_0$　（d） $h_p = 2.0h_0$

（e） $h_p = 5.0h_0$　（f） $h_p = 10h_0$

图 4.8　不同 h_p 值下，平板压缩问题的剪切带宽度

综合上述分析可知，软化模量的取值对应变局部化问题的数值结果与剪切带宽度有很大的影响。软化模量的绝对值越大，荷载-位移曲线在达到峰值后的软化段越陡，剪切带宽度越窄。

4.2.3　内部长度参数 l_c 的影响

仍以 4.2.1 节中图 4.1 所示的一维剪切问题为例。令 $G_c = 2.0\times10^9\,\mathrm{N/m^2}$，$h_p = -5.0\times10^8\,\mathrm{N/m^2}$，分别取 $l_c = 0,1,2,3,4,6,8,10,20,40\mathrm{mm}$，即 $l_c = 0,0.005H,0.01H,0.015H,0.02H,0.03H,0.04H,0.05H,0.1H,0.2H$ 进行分析，所得荷载-位移曲线如图 4.9（a）所示。在 $l_c < 0.02H$ 时，类似于经典连续体，荷载-位移响应仅能计算到弹性阶段；在 $0.02H \leqslant l_c \leqslant 0.1H$ 时，荷载-位移曲线在达到峰值后出现明显的软化段，且随着 l_c 的增大，模拟应变软化问题中较大变形的能力越来越强，而峰值极限荷载基本不变；当 l_c 继续增大到 $0.2H$ 时，尽管能模拟的变形进一步增大，但峰值极限荷载也相应地提高。

相应的剪切带宽度如图 4.9（b）所示，在 $l_c < 0.02H$ 时，没有剪切带的显示；在 $0.02H \leqslant l_c \leqslant 0.1H$ 时，等效塑性应变在局部区域的发展很明显，随着 l_c 的增大，应变局部化区域的宽度也增大；当 l_c 增大到 $0.2H$ 时，表现为整体变形，观察不到局部的剪切变形。

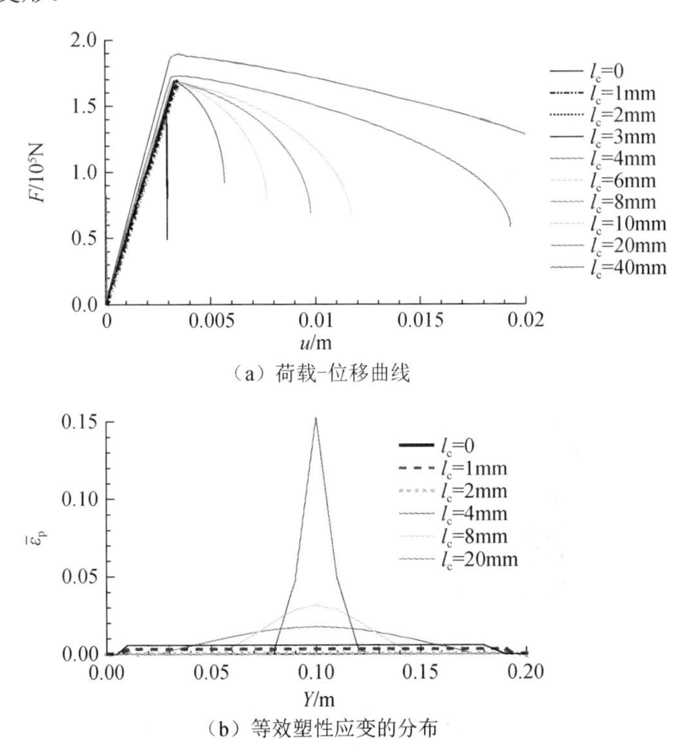

（a）荷载-位移曲线

（b）等效塑性应变的分布

图 4.9　不同内部长度参数 l_c 下剪切层的分析结果

再对 4.2.1 节中图 4.3 所示的二维平板压缩问题进行研究。这里分别取 $l_c = 0.05\mathrm{m}, 0.1\mathrm{m}, 0.15\mathrm{m}$，其他参数与 4.2.1 节中所采用的参数相同。图 4.10 和图 4.11

分别表示所得相应的荷载-位移曲线和剪切带宽度。从图中可以看出，在本例所给范围内，l_c 越大，剪切带（变形局部化区域）宽度越大，模拟应变软化问题中较大变形的能力越强，而峰值极限荷载基本不变。

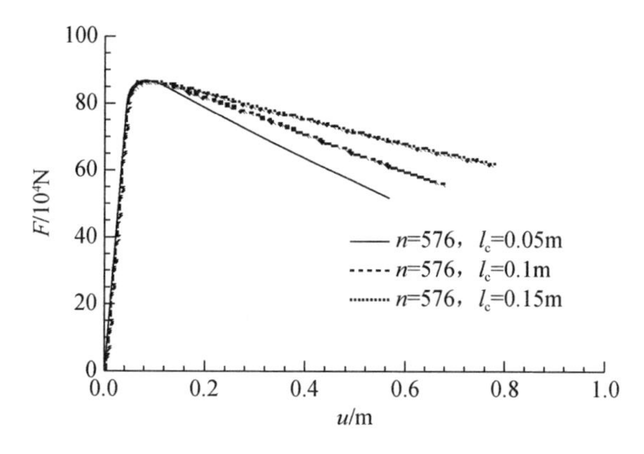

图 4.10　不同 l_c 值下，作用于方板顶部的指定垂直向下荷载-位移曲线

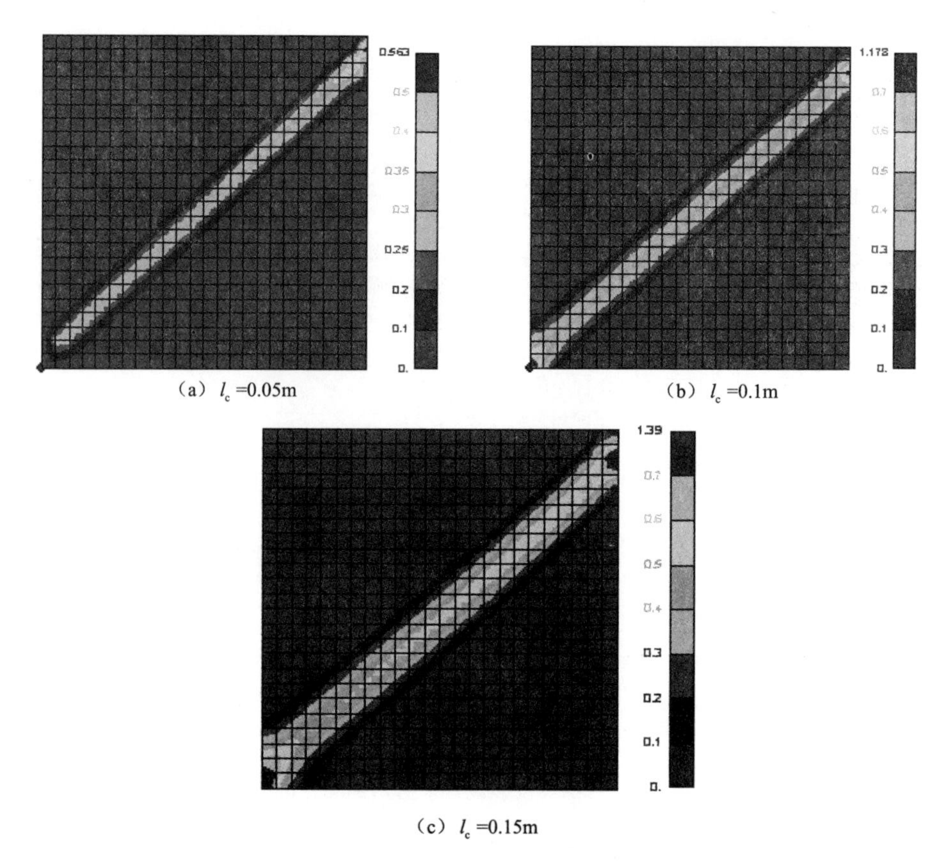

（a）l_c =0.05m　　（b）l_c =0.1m

（c）l_c =0.15m

图 4.11　不同 l_c 值下，平板压缩问题的剪切带宽度

综合上述分析可知，在一定的取值范围内，内部长度参数 l_c 越大，剪切带越宽，模拟应变软化问题中较大变形的能力越强，而对峰值极限荷载的影响不大。由于内部长度参数对剪切带宽度的影响很大，而剪切带宽度对于不同尺寸及不同种类的材料是不一样的，因此在要求较为准确地模拟应变局部化问题及剪切带宽度的情况下，须根据具体情况确定取值。

4.3　结　　语

本章以一维剪切层及二维平板压缩问题为例，详细地研究 Cosserat 连续体模型中的本构参数——Cosserat 剪切模量、软化模量、内部长度参数及单元插值函数对应变局部化数值模拟结果的影响，具体得出以下几点结论。

1）在一定的取值范围内，Cosserat 剪切模量的大小对剪切带宽度及数值结果几乎没有影响。在具体数值计算中，取 $G_c \geqslant 0.5G$ 为宜。

2）软化模量 h_p 的绝对值越大，峰值之后软化段的荷载-位移曲线越陡，计算得到的剪切带宽度越窄。

3）在一定的取值范围内，内部长度参数 l_c 越大，后破坏段的荷载-位移曲线越平缓，模拟软化问题中较大变形的能力越强，计算得到的剪切带越宽。

4）总体上，u8ω8 插值单元与 u8ω4 插值单元的性能没有太大的差别，均具有模拟应变局部化的良好性能，但后者具有更好的模拟后破坏过程的能力。

最后需要指出一点，在合理的取值范围内，参数的变动对极限荷载的影响不大。尽管如此，选择合理的本构参数对应变局部化问题的模拟至关重要，尤其是软化模量与内部长度参数的取值，直接影响到对剪切带宽度及后破坏过程的模拟。

第 5 章　轴对称 Cosserat 连续体

工程中的许多问题属于轴对称问题，比如圆形截面基础桩、圆形截面筒仓基础、烟囱基础、输电塔基础等的沉降和承载力问题。用轴对称理论分析求解轴对称问题将大大减小建模和计算分析的工作量。一些学者对 Cosserat 理论进行了进一步的发展完善，将其应用于分析求解轴对称问题。Nowacki 等[167]求解了半无限微极弹性体的轴对称 Lamb 问题。Puri[168]对半无限微极弹性体的应力集中问题进行了求解。Dhaliwal[169, 170]给出了半无限微极弹性体的热弹性问题的解，而且对轴对称 Boussinesq 问题进行了求解。Khan 和 Dhaliwal[171]求解半无限空间体内弹性 Cosserat 连续体的轴对称问题，给出了任意法向荷载下半空间问题的通用解。本书则引入独立的旋转自由度（在很多 Cosserat 理论中，旋转自由度为非独立的量，与线位移场的导数有关），发展了弹塑性轴对称 Cosserat 连续体模型。

5.1　轴对称 Cosserat 理论

5.1.1　轴对称 Cosserat 连续体基本方程

在竖向荷载作用下的圆截面单桩，其几何条件、荷载条件等关于桩轴线是对称的。利用空间轴对称特性来分析，可以大大提高计算效率。在分析空间轴对称问题时大都采用柱坐标系，通常取对称轴为 z 轴，径向方向为 r 轴，环向方向为 θ 轴，如图 5.1 所示。

对一般的三维 Cosserat 连续体，每个节点有 6 个自由度，即 3 个平动自由度和 3 个转动自由度。空间轴对称问题可以看成特殊的三维问题，其平衡方程、几何方程可以根据轴对称问题的特殊性进行简化。由空间轴对称问题特性可知，环向位移分量为零，径向位移和轴向位移关于 θ 的导数为零，绕 r 轴和 z 轴的转动分量为零，即空间轴对称 Cosserat 连续体应满足以下条件：

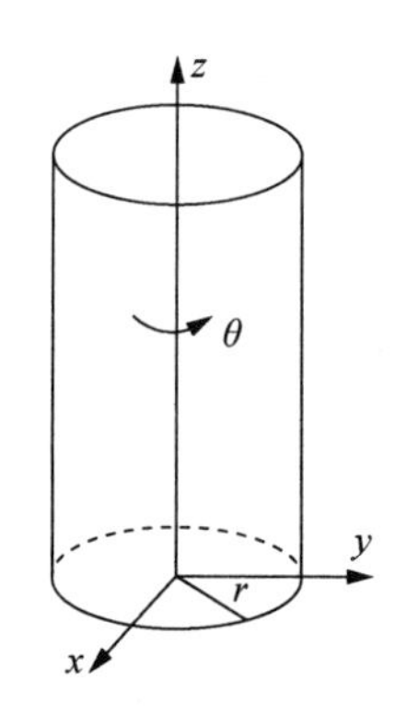

图 5.1　轴对称坐标系

$$\left.\begin{aligned} u_\theta &= 0 \\ \frac{\partial u_r}{\partial \theta} = \frac{\partial u_z}{\partial \theta} &= 0 \\ \omega_r = \omega_z &= 0 \end{aligned}\right\} \tag{5.1}$$

即空间轴对称 Cosserat 连续体中唯一的非零转动分量为 ω_θ。

式（5.1）中，u_r，u_z，u_θ 分别为 r，z，θ 方向的平动位移（即径向位移、轴向位移、环向位移）；ω_r，ω_z，ω_θ

分别为绕 r ，z ，θ 轴的转动位移。

因而，对于空间轴对称问题，每个节点的自由度可以简化为 3 个，即

$$\boldsymbol{\delta}=\left\{u_r \quad u_z \quad \omega_\theta\right\}^{\mathrm{T}} \tag{5.2}$$

非零应变向量可以表示为

$$\boldsymbol{\varepsilon}=\left\{\varepsilon_r \quad \varepsilon_z \quad \varepsilon_\theta \quad \varepsilon_{rz} \quad \varepsilon_{zr} \quad \kappa_{\theta r}l_c \quad \kappa_{r\theta}l_c \quad \kappa_{\theta z}l_c\right\}^{\mathrm{T}} \tag{5.3}$$

非零应力向量可以表示为

$$\boldsymbol{\sigma}=\left\{\sigma_r \quad \sigma_z \quad \sigma_\theta \quad \sigma_{rz} \quad \sigma_{zr} \quad \frac{m_{\theta r}}{l_c} \quad \frac{m_{r\theta}}{l_c} \quad \frac{m_{\theta z}}{l_c}\right\}^{\mathrm{T}} \tag{5.4}$$

其中，微曲率的量纲为 L^{-1}（length $^{-1}$），偶应力的量纲为 force×length $^{-1}$，剪切模量 G 的量纲为 force×length $^{-2}$，材料长度参数 l_c 的量纲为 length[172]。为保持量纲的一致性，在式（5.3）和式（5.4）中引入材料长度参数 l_c。

1．平衡方程

根据 Garg 和 Han[173]的分析可知，在轴对称 Cosserat 连续体理论中，由于 $\sigma_{r\theta}=\sigma_{z\theta}=0$，$\sigma_\theta$ 在 θ 方向为常量，图 5.2 给出了轴对称单元的应力状态。在忽略体力偶的情况下，可以得到如式（5.5）所示的平衡方程。

$$\begin{cases}\dfrac{\partial\sigma_r}{\partial r}+\dfrac{\partial\sigma_{rz}}{\partial z}+\dfrac{\sigma_r-\sigma_\theta}{r}+f_r=0\\ \dfrac{\partial\sigma_{zr}}{\partial r}+\dfrac{\partial\sigma_z}{\partial z}+\dfrac{\sigma_{zr}}{r}+f_z=0\\ \dfrac{\partial m_{r\theta}}{\partial r}+\dfrac{\partial m_{z\theta}}{\partial z}+\dfrac{m_{r\theta}+m_{\theta r}}{r}-(\sigma_{rz}-\sigma_{zr})=0\end{cases} \tag{5.5}$$

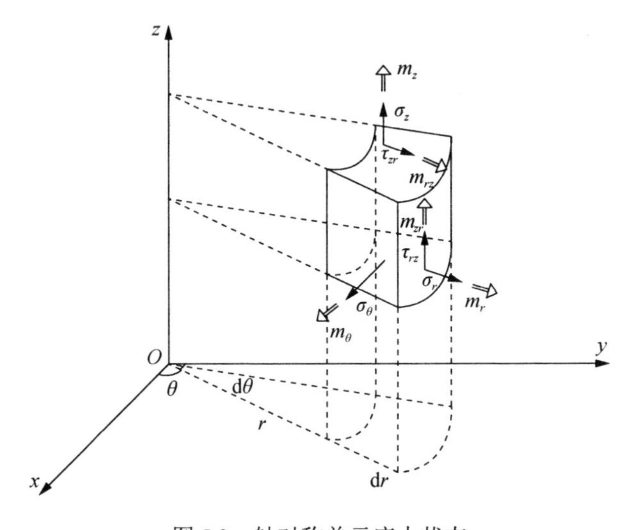

图 5.2　轴对称单元应力状态

式中，f_r，f_z 分别为体力 f 在 r，z 方向的分量。

力边界条件

$$\begin{cases} t_r = \sigma_r n_r + \sigma_{rz} n_z = \bar{t}_r \\ t_z = \sigma_{zr} n_r + \sigma_z n_z = \bar{t}_z \\ q_\theta = m_{r\theta} n_r + m_{z\theta} n_z = \bar{q}_\theta \end{cases} \tag{5.6}$$

位移边界条件

$$u_r = \bar{u}_r\text{，}\quad u_z = \bar{u}_z\text{，}\quad \omega_\theta = \bar{\omega}_\theta \tag{5.7}$$

式中，$\bar{u} = \{\bar{u}_r \quad \bar{u}_z\}^{\mathrm{T}}$，$\bar{\omega}_\theta$，$\bar{t} = \{\bar{t}_r \quad \bar{t}_z\}^{\mathrm{T}}$，$\bar{q}_\theta$ 分别代表轴对称坐标系下的位移、转动、力和弯矩的值。

2. 几何方程

微曲率张量为

$$\boldsymbol{\kappa} = \boldsymbol{\omega}\nabla \tag{5.8}$$

式中，$\boldsymbol{\omega}$ 为转动张量，且

$$\boldsymbol{\omega} = \omega_\theta \vec{\boldsymbol{\theta}} \tag{5.9}$$

∇ 为梯度算子，且

$$\nabla \equiv \frac{\partial}{\partial r}\vec{\boldsymbol{r}} + \frac{1}{r}\frac{\partial}{\partial \theta}\vec{\boldsymbol{\theta}} + \frac{\partial}{\partial z}\vec{\boldsymbol{z}} \tag{5.10}$$

式中，$\vec{\boldsymbol{r}}$，$\vec{\boldsymbol{\theta}}$，$\vec{\boldsymbol{z}}$ 为圆柱坐标系的单位向量。

由此可得

$$\boldsymbol{\kappa} = \boldsymbol{\omega}\nabla = (\omega_\theta \vec{\boldsymbol{\theta}})\left(\frac{\partial}{\partial r}\vec{\boldsymbol{r}} + \frac{1}{r}\frac{\partial}{\partial \theta}\vec{\boldsymbol{\theta}} + \frac{\partial}{\partial z}\vec{\boldsymbol{z}}\right) = \frac{\partial \omega_\theta}{\partial r}\vec{\boldsymbol{\theta}}\vec{\boldsymbol{r}} - \frac{\omega_\theta}{r}\vec{\boldsymbol{r}}\vec{\boldsymbol{\theta}} + \frac{\partial \omega_\theta}{\partial z}\vec{\boldsymbol{\theta}}\vec{\boldsymbol{z}} \tag{5.11}$$

因此，曲率张量的分量为

$$\kappa_{\theta r} = \frac{\partial \omega_\theta}{\partial r}\text{，}\quad \kappa_{r\theta} = -\frac{\omega_\theta}{r}\text{，}\quad \kappa_{\theta z} = \frac{\partial \omega_\theta}{\partial z} \tag{5.12}$$

则轴对称 Cosserat 连续体的几何方程为

$$\begin{cases} \varepsilon_r = \dfrac{\partial u_r}{\partial r}, \ \varepsilon_z = \dfrac{\partial u_z}{\partial z}, \ \varepsilon_\theta = \dfrac{u_r}{r}, \ \varepsilon_{rz} = \dfrac{\partial u_z}{\partial r} - \omega_\theta \\ \varepsilon_{zr} = \dfrac{\partial u_r}{\partial z} + \omega_\theta, \ \kappa_{\theta r} l_c = l_c \dfrac{\partial \omega_\theta}{\partial r}, \ \kappa_{r\theta} l_c = -l_c \dfrac{\omega_\theta}{r}, \ \kappa_{\theta z} l_c = l_c \dfrac{\partial \omega_\theta}{\partial z} \end{cases} \tag{5.13}$$

现定义如下微分算子矩阵 $\boldsymbol{L}$

$$\boldsymbol{L}=\begin{bmatrix}\frac{\partial}{\partial r} & 0 & 0\\ 0 & \frac{\partial}{\partial z} & 0\\ \frac{1}{r} & 0 & 0\\ 0 & \frac{\partial}{\partial r} & -1\\ \frac{\partial}{\partial z} & 0 & 1\\ 0 & 0 & l_{\mathrm{c}}\frac{\partial}{\partial r}\\ 0 & 0 & -l_{\mathrm{c}}\frac{1}{r}\\ 0 & 0 & l_{\mathrm{c}}\frac{\partial}{\partial z}\end{bmatrix} \tag{5.14}$$

则式（5.13）表示的几何方程可写成如下的矩阵形式

$$\boldsymbol{\varepsilon}=\boldsymbol{L}\boldsymbol{u} \tag{5.15}$$

因为 Cosserat 理论中剪应变包含材料点的转角，所以剪应变互等定理不再适用，即 $\varepsilon_{rz}\neq\varepsilon_{zr}$。

3. 物理方程

根据轴对称 Cosserat 连续体的基本特性，并结合 Garg 和 Han[173]以及 Zhao 等[174]的分析，可以得到轴对称 Cosserat 连续体的线弹性本构方程。

$$\boldsymbol{\sigma}=\boldsymbol{D}_{\mathrm{e}}\boldsymbol{\varepsilon}_{\mathrm{e}} \tag{5.16}$$

各向同性弹性矩阵 $\boldsymbol{D}_{\mathrm{e}}$ 为

$$\boldsymbol{D}_{\mathrm{e}}=\begin{bmatrix}\lambda+2G & \lambda & \lambda & 0 & 0 & 0 & 0 & 0\\ \lambda & \lambda+2G & \lambda & 0 & 0 & 0 & 0 & 0\\ \lambda & \lambda & \lambda+2G & 0 & 0 & 0 & 0 & 0\\ 0 & 0 & 0 & G+G_{\mathrm{c}} & G-G_{\mathrm{c}} & 0 & 0 & 0\\ 0 & 0 & 0 & G-G_{\mathrm{c}} & G+G_{\mathrm{c}} & 0 & 0 & 0\\ 0 & 0 & 0 & 0 & 0 & 2G & 0 & 0\\ 0 & 0 & 0 & 0 & 0 & 0 & 2G & 0\\ 0 & 0 & 0 & 0 & 0 & 0 & 0 & 2G\end{bmatrix} \tag{5.17}$$

式中，$\lambda=2G\upsilon/(1-2\upsilon)$；$G$，$\upsilon$ 分别为剪切模量与泊松比；G_{c} 为 Cosserat 剪切模量。

5.1.2 Cosserat 轴对称单元

有限元分析中，不同类型的单元有各自的优缺点，其适用场合也不尽相同。单元类型、计算阶次的选择都会对有限元分析精度及计算效率产生影响，因此在分析时应根据具体问题合理地选择单元的类型，以提高计算精度，缩短计算时间。在空间轴对称问题中，一般选择环形单元进行分析，其中比较常用的是三角形环形单元和四边形环形单元。

本文的有限元分析中采用的是 8 节点四边形环形等参单元，如图 5.3 所示。基于此单元推导了 Cosserat 理论下的有限元表达式。这种单元对曲线边界问题十分适用，可以产生协调性变形[175]。下面给出基于 Cosserat 理论的 8 节点四边形环形单元的分析过程。

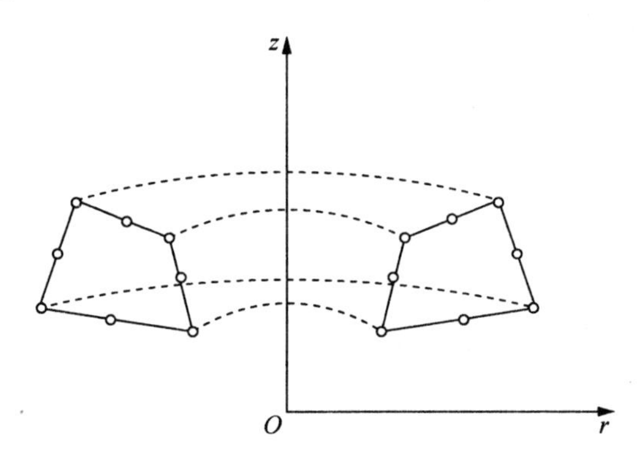

图 5.3　8 节点四边形环形单元

由等参单元的概念可知，位移函数和几何坐标变换式具有相同的形函数。由此可知，8 节点四边形环形等参单元的坐标变换关系可表示为

$$\left.\begin{aligned} r &= \sum_{i=1}^{8} N_i(\xi,\eta) r_i \\ z &= \sum_{i=1}^{8} N_i(\xi,\eta) z_i \end{aligned}\right\} \tag{5.18}$$

单元内任意一点的位移函数（u_r, u_z, ω_θ）可以表示为

$$\left.\begin{aligned} u_r &= \sum_{i=1}^{8} N_i(\xi,\eta) u_{ri} \\ u_z &= \sum_{i=1}^{8} N_i(\xi,\eta) u_{zi} \\ \omega_\theta &= \sum_{i=1}^{8} N_i(\xi,\eta) \omega_{\theta i} \end{aligned}\right\} \tag{5.19}$$

式中，$u_{ri}, u_{zi}, \omega_{\theta i}$ 分别为单元节点 i 的位移值和转角；r_i, z_i 分别为单元节点 i 的整

体坐标值；N_i 为形函数。

轴对称 Cosserat 连续体 8 节点四边形环形单元内任意一点的位移为

$$\begin{Bmatrix} u_r \\ u_z \\ \omega_\theta \end{Bmatrix} = \boldsymbol{N} \begin{Bmatrix} u_{r1} \\ u_{z1} \\ \omega_{\theta 1} \\ \vdots \\ u_{r8} \\ u_{z8} \\ \omega_{\theta 8} \end{Bmatrix} \tag{5.20}$$

式中

$$\boldsymbol{N} = \begin{bmatrix} N_1 & & & & N_8 & & \\ & N_1 & & \cdots & & N_8 & \\ & & N_1 & & & & N_8 \end{bmatrix} \tag{5.21}$$

单元形函数的表达式如下

$$\begin{cases} N_i = \dfrac{1}{4}\left(1+\xi\xi_i\right)\left(1+\eta\eta_i\right)\left(\xi\xi_i+\eta\eta_i-1\right) & (i=1,2,3,4) \\ N_i = \dfrac{1}{2}\left(1-\xi^2\right)\left(1+\eta\eta_i\right) & (i=5,7) \\ N_i = \dfrac{1}{2}\left(1+\xi\xi_i\right)\left(1-\eta^2\right) & (i=6,8) \end{cases} \tag{5.22}$$

式中，当 i 为 1～8 时，ξ_i 和 η_i 的值依次为 $\xi_i=-1,1,1,-1,0,1,0,-1$；$\eta_i=-1,-1,1,1,-1,0,1,0$。

（ξ_i,η_i）为结点 i 在局部坐标系下的坐标值，图 5.4 给出了等参单元的实际单元与标准单元之间的映射关系。由图可知，8 节点等参单元的标准单元是边长为 2 的 8 节点正方形单元，通过坐标变换可以将标准单元转换成边界为曲边的四边形实际单元。

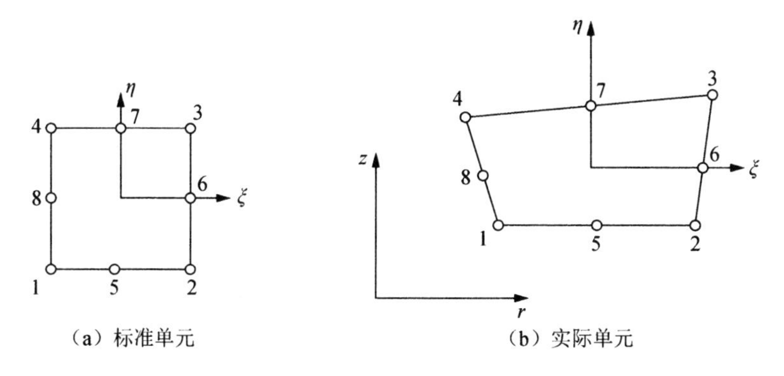

图 5.4　8 节点四边形等参单元

由表达式（5.22）可知，形函数 N 是局部坐标（ξ_i, η_i）的函数，可以通过雅可比矩阵对坐标进行变换。

根据几何方程可以得到单元应变列阵

$$\boldsymbol{\varepsilon}=\begin{bmatrix}\varepsilon_r\\ \varepsilon_z\\ \varepsilon_\theta\\ \varepsilon_{rz}\\ \varepsilon_{zr}\\ \kappa_{\theta r}l_c\\ \kappa_{r\theta}l_c\\ \kappa_{\theta z}l_c\end{bmatrix}=\begin{bmatrix}\dfrac{\partial u_r}{\partial r}\\ \dfrac{\partial u_z}{\partial z}\\ \dfrac{u_r}{r}\\ \dfrac{\partial u_z}{\partial r}-\omega_\theta\\ \dfrac{\partial u_r}{\partial z}+\omega_\theta\\ l_c\dfrac{\partial\omega_\theta}{\partial r}\\ -l_c\dfrac{\omega_\theta}{r}\\ l_c\dfrac{\partial\omega_\theta}{\partial z}\end{bmatrix}=\boldsymbol{B}\boldsymbol{\delta}^{e}=\begin{bmatrix}B_1 & B_2 & \cdots & B_8\end{bmatrix}\begin{Bmatrix}\delta_1\\ \delta_2\\ \vdots\\ \delta_8\end{Bmatrix}\tag{5.23}$$

式中，$\boldsymbol{B}$ 是单元的应变矩阵，其表达式为

$$\boldsymbol{B}_i=\begin{bmatrix}\dfrac{\partial N_i}{\partial r} & 0 & 0\\ 0 & \dfrac{\partial N_i}{\partial z} & 0\\ \dfrac{N_i}{r} & 0 & 0\\ 0 & \dfrac{\partial N_i}{\partial r} & -N_i\\ \dfrac{\partial N_i}{\partial z} & 0 & N_i\\ 0 & 0 & l_c\dfrac{\partial N_i}{\partial r}\\ 0 & 0 & -l_c\dfrac{N_i}{r}\\ 0 & 0 & l_c\dfrac{\partial N_i}{\partial z}\end{bmatrix}\quad(i=1,2,\cdots,8)\tag{5.24}$$

根据物理方程，可以由应变得到单元应力

$$\boldsymbol{\sigma} = \left\{ \sigma_r \quad \sigma_z \quad \sigma_\theta \quad \sigma_{rz} \quad \sigma_{zr} \quad \frac{m_{\theta r}}{l_c} \quad \frac{m_{r\theta}}{l_c} \quad \frac{m_{\theta z}}{l_c} \right\}^{\mathrm{T}} \tag{5.25}$$

$$= \boldsymbol{D}_e \boldsymbol{\varepsilon} = \boldsymbol{D}_e \boldsymbol{B} \boldsymbol{\delta}^e = \boldsymbol{S}\boldsymbol{\delta}^e = \left[S_1 \quad S_2 \quad \cdots \quad S_8 \right] \boldsymbol{\delta}^e$$

式中，$\boldsymbol{S}$ 为应力矩阵，且 $\boldsymbol{S}_i = \boldsymbol{D}\boldsymbol{B}_i \, (i = 1,2,\cdots,8)$。

利用虚功原理可以得到其单元刚度矩阵

$$\boldsymbol{K}^e = \iiint_V \boldsymbol{B}^{\mathrm{T}} \boldsymbol{D}\boldsymbol{B} \mathrm{d}V = \iiint_V \boldsymbol{B}^{\mathrm{T}} \boldsymbol{D}\boldsymbol{B} r \mathrm{d}r \mathrm{d}z \mathrm{d}\theta = 2\pi \iint_\Omega \boldsymbol{B}^{\mathrm{T}} \boldsymbol{D}\boldsymbol{B} r \mathrm{d}r \mathrm{d}z$$

$$= \begin{bmatrix} k_{1,1} & k_{1,2} & \cdots & k_{1,8} \\ k_{2,1} & k_{2,2} & \cdots & k_{2,8} \\ \vdots & \vdots & \ddots & \vdots \\ k_{8,1} & k_{8,2} & \cdots & k_{8,8} \end{bmatrix} \tag{5.26}$$

式中，子矩阵

$$\boldsymbol{K}_{ij}^e = \iiint_V \boldsymbol{B}_i^{\mathrm{T}} \boldsymbol{D}\boldsymbol{B}_j \mathrm{d}V = 2\pi \iint_\Omega \boldsymbol{B}_i^{\mathrm{T}} \boldsymbol{D}\boldsymbol{B}_j r \mathrm{d}r \mathrm{d}z = 2\pi \int_{-1}^{1}\int_{-1}^{1} \boldsymbol{B}_i^{\mathrm{T}} \boldsymbol{D}\boldsymbol{B}_j r \left| \boldsymbol{J} \right| \mathrm{d}\xi \mathrm{d}\eta$$

$$(i = 1,2,\cdots,8;\ j = 1,2,\cdots,8) \tag{5.27}$$

式中，$\boldsymbol{J}$ 为二阶雅可比矩阵，其表达式为

$$\boldsymbol{J} = \begin{bmatrix} \dfrac{\partial r}{\partial \xi} & \dfrac{\partial z}{\partial \xi} \\ \dfrac{\partial r}{\partial \eta} & \dfrac{\partial z}{\partial \eta} \end{bmatrix} \tag{5.28}$$

5.2　数值模拟验证

5.2.1　单轴压缩试验数值模拟

本节分析一个理想的单轴压缩试验，材料参数取值见表 5.1，模型如图 5.5 所示，边界条件为模型底部和上部的约束水平位移，并施加对称的位移荷载，对称轴部位约束水平位移。

表 5.1　地基承载力参数

E / MPa	υ	G_c/MPa	c_0 / kPa	h_p / kPa	φ / (°)	ψ / (°)
50	0.3	10	15	−150	35	10

首先，分析内部长度参数 l_c 的影响，统一取 $h_p = -1.5\times10^5\,\mathrm{N/m^2}$，$G_c = 1\times10^7\,\mathrm{N/m^2}$，依次取 $l_c = 0\mathrm{m}, 0.05\mathrm{m}, 0.075\mathrm{m}, 0.1\mathrm{m}, 0.15\mathrm{m}$。图 5.6 给出了不同内部长度参数 l_c 下的荷载-位移曲线，从图中可以看出，不同内部长度参数计算得到的曲线前半部分基本重合，极限承载力相近，经典连续体（即 $l_c = 0$ 的曲线）的极限承载力要小一些。

当位移为 0.0121m 时，达到极限承载力，大小约为 7044.39kN；同时可以看出，后峰值曲线段与内部长度参数 l_c 取值有关，随着内部长度参数 l_c 取值的减小，后峰值曲线段越来越陡，经典连续体得到的后峰值曲线最陡。

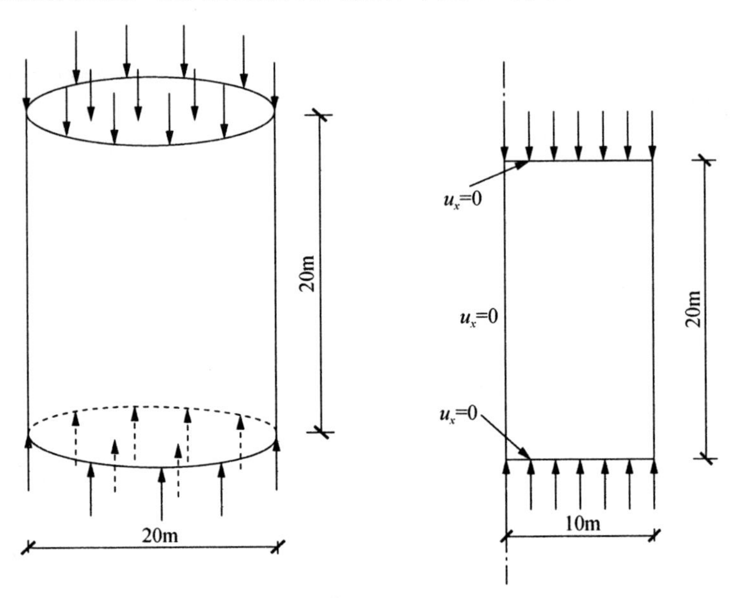

图 5.5　理想模型

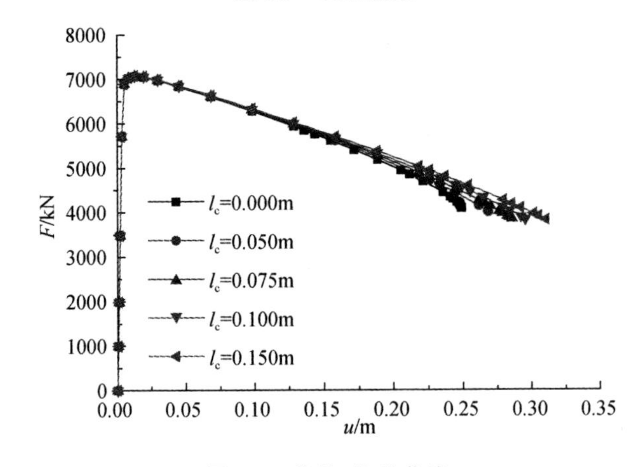

图 5.6　荷载-位移曲线

图 5.7 给出了不同内部长度参数 l_c 下的等效塑性应变云图。在绘制等效塑性应变云图时，不同内部长度参数 l_c 计算得到的最终位移收敛值不同，这里统一取最小的位移收敛值对应的情况，即取位移为 0.25m 时对应的等效塑性应变。从图中可以看出，剪切带集中在模型中部，呈 X 形分布，距离对称轴越近，等效塑性应变越大；同时可以看出，随着内部长度参数 l_c 取值的增大，模型的剪切带宽度也随之增加。

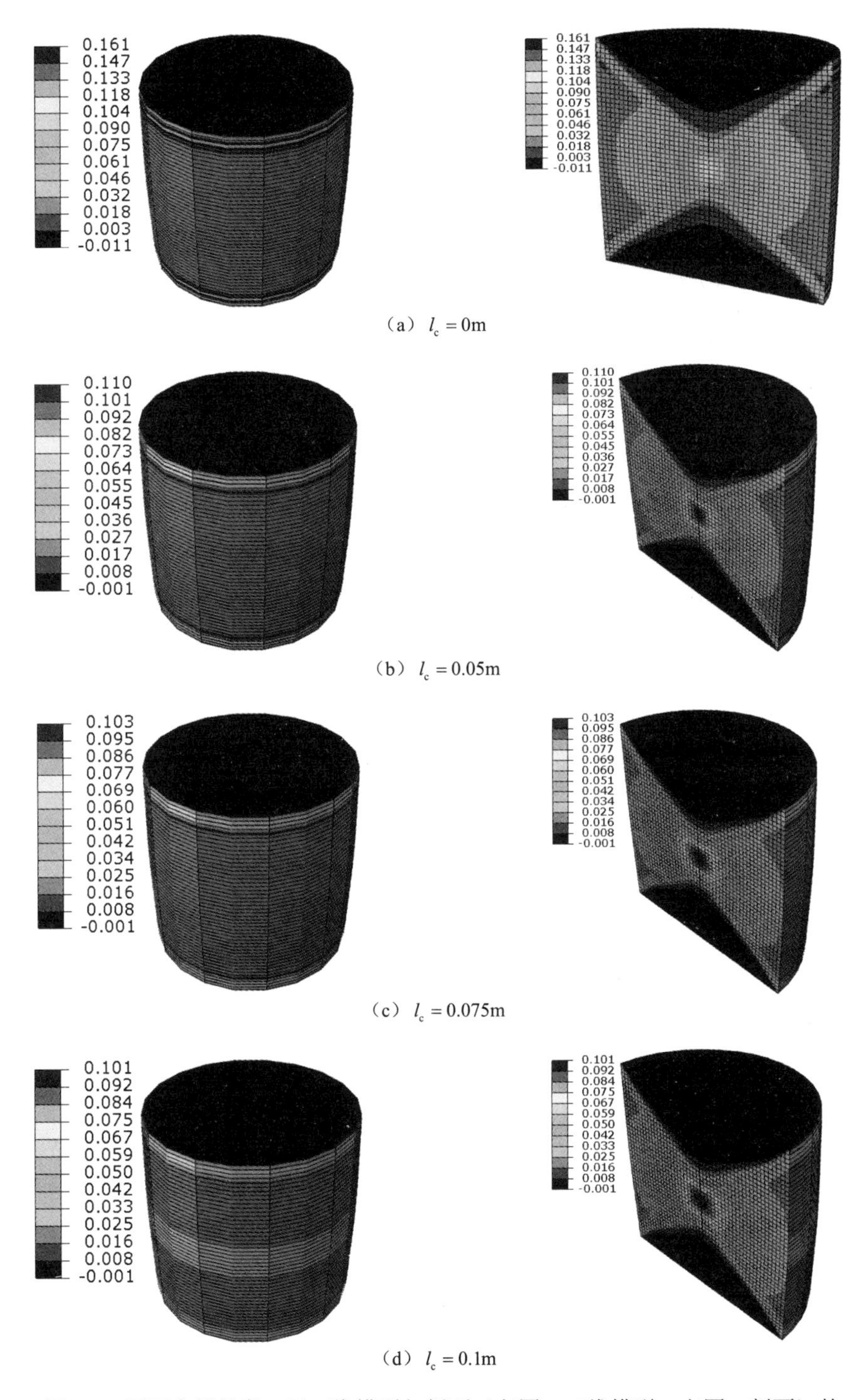

（a） $l_c = 0\text{m}$

（b） $l_c = 0.05\text{m}$

（c） $l_c = 0.075\text{m}$

（d） $l_c = 0.1\text{m}$

图 5.7　不同内部长度 l_c 下三维模型与剖面（左图：三维模型；右图：剖面）的等效塑性应变云图

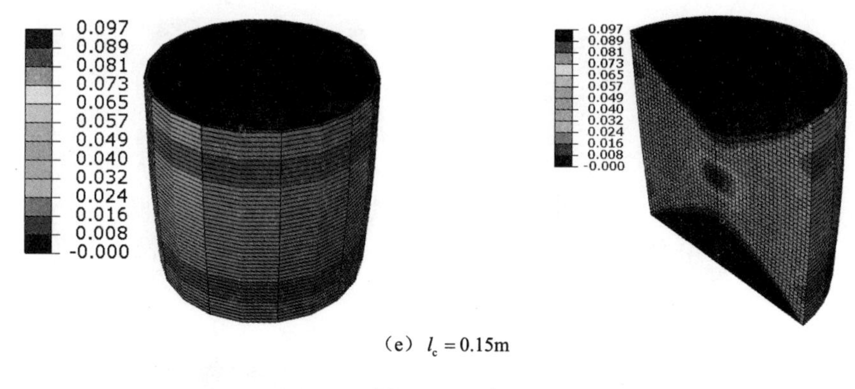

（e）$l_c = 0.15\text{m}$

图 5.7　（续）

其次，取内部长度参数 $l_c = 0\text{m}$，取三种不同网格密度 16×32, 24×48, 36×72，分析网格密度对计算结果的影响。图 5.8 给出了不同网格密度下，经典连续体计算得到的荷载-位移曲线。从图中可以看出，不同网格密度下，曲线的前半部分基本重合，当曲线达到峰值之后，承载力下降，出现软化段。后峰值曲线的分布规律与网格密度有关，随着网格密度的增加，后峰值曲线越来越陡。同时可以看出，网格密度越大，计算不收敛时的位移值越小。

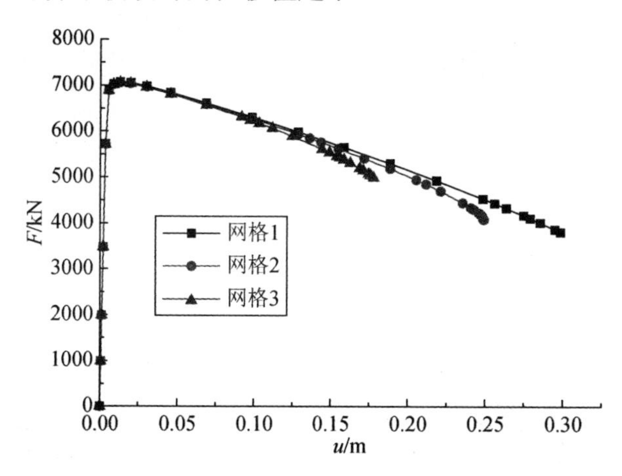

图 5.8　荷载-位移曲线（$l_c = 0.0\text{m}$）

图 5.9 给出了不同网格密度下的等效塑性应变云图。在绘制等效塑性应变云图时，不同网格密度计算得到的位移收敛值不同，这里统一取最小的位移收敛值对应的情况，即取位移为 0.18m 时对应的等效塑性应变。从图中可以看出，随着网格密度的增加，剪切带宽度明显变窄。这表明，基于经典连续体理论的有限元法计算结果存在网格依赖性问题，不同网格划分得到的剪切带宽度不一致。

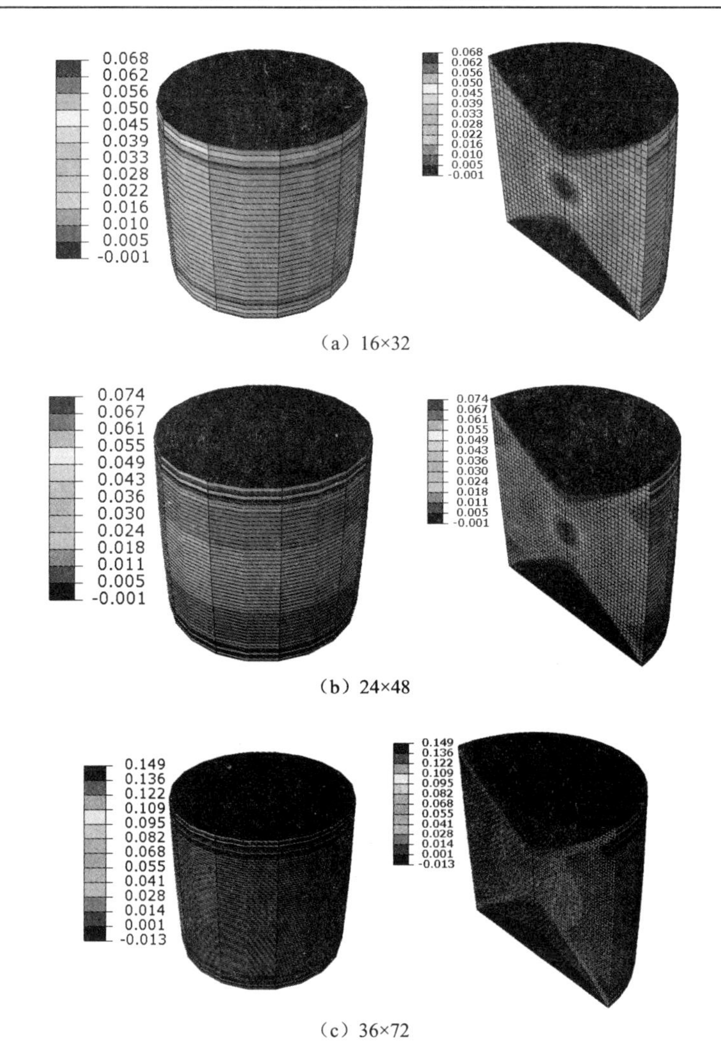

（a）16×32

（b）24×48

（c）36×72

图 5.9　$l_c = 0\text{m}$ 时，不同网格密度下三维模型与剖面（左图：三维模型；右图：剖面）的等效塑性应变云图

最后，取内部长度参数 $l_c = 0.1\text{m}$，在三种不同的网格密度（16×32，24×48，36×72）下分析网格密度对计算结果的影响。图 5.10 给出了内部长度参数 $l_c = 0.1\text{m}$ 时，不同网格密度下的荷载-位移曲线。从图中可以看出，基于 Cosserat 理论下的有限元计算得到的荷载-位移曲线与网格划分几乎没有关系，三种网格密度计算得到的荷载-位移曲线基本一致。经典理论下的计算结果对网格密度有很大的依赖性，如图 5.8 所示，随着网格密度的增加，计算不收敛时对应的位移值也随之减小，依次为 0.30m、0.25m、0.18m；而基于 Cosserat 理论的有限元计算不收敛时的位移值较接近，计算的收敛性明显好于经典连续体有限元法。

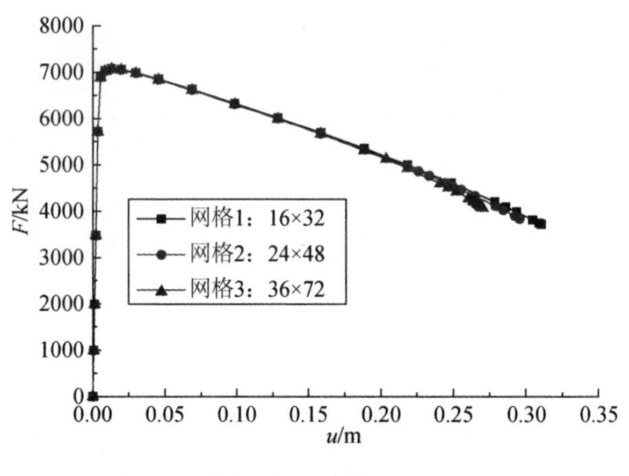

图 5.10　荷载-位移曲线（$l_c = 0.1\text{m}$）

图 5.11 给出了不同网格密度下的等效塑性应变云图。这里统一取最小的位移收敛值，即取位移为 0.27m 时对应的等效塑性应变。从图中可以看出，基于 Cosserat 理论的有限元分析得到的不同网格密度下的剪切带宽度基本一致，剪切带呈 X 形分布。对比分析经典理论下的有限元结果（即 $l_c = 0.0\text{m}$），可知，与经典连续体有限元计算得到的剪切带宽度与网格密度有关不同，本书基于 Cosserat 理论的有限元法较好地克服了计算结果的网格依赖性。

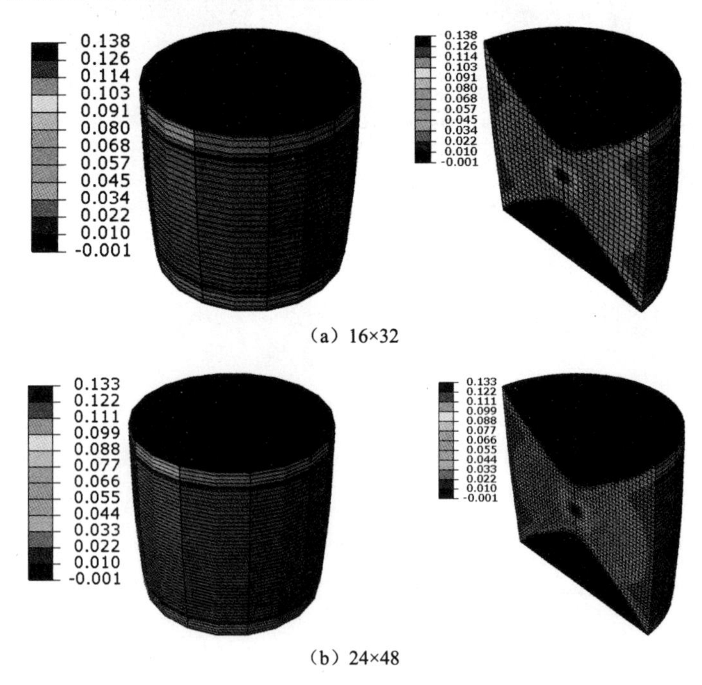

（a）16×32

（b）24×48

图 5.11　$l_c = 0.1\text{m}$ 时，不同网格密度下三维模型与剖面

（左图：三维模型；右图：剖面）的等效塑性应变云图

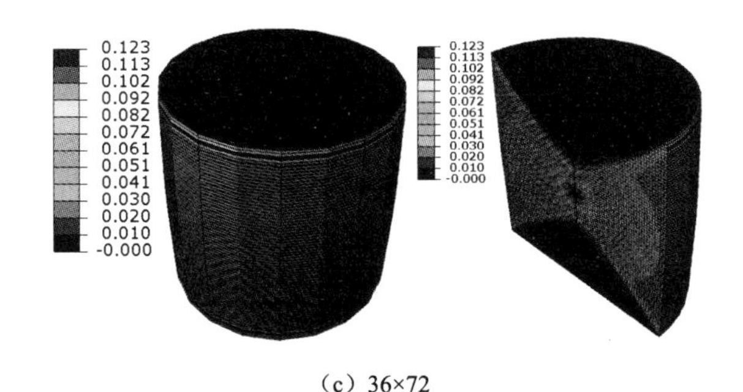

（c）36×72

图 5.11（续）

图 5.7、图 5.9 和图 5.11 为不同情况下的等效塑性应变云图，在图中均给出了三维空间模型中的分布情形。应用离散元方法可对三轴问题进行模拟[176]，也可以研究三轴试验的剪切带模式。传统的三轴试验只能从表面观察破坏型式，不能得到试样内部的剪切带表现型式，而离散元、有限元等数值分析方法则可以给出试样内部的剪切带分布型式。因此，在分析三维空间中的剪切带破坏现象时，宜将试验与数值模拟结合起来进行研究。

5.2.2　地基承载力问题分析

本节研究地基承载力问题，模型如图 5.12 所示。参数取值如表 5.2 所示，为研究不同内部长度参数 l_c 下的情况，将 l_c 分别取为 0.0m，0.05m，0.1m。分析时，取三种网格密度，分别为 10×10，20×20 和 40×40。边界条件为：模型底部固定，即约束竖向位移和水平位移；模型右侧边界约束水平位移，竖向位移自由；模型左侧边界自由；模型上部通过钢板均布加载，钢板与地基之间为理想粘结。

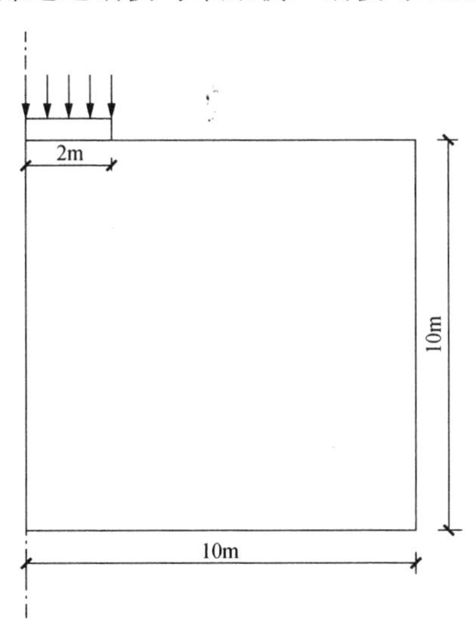

图 5.12　轴对称地基模型

表 5.2　地基承载力参数

E / MPa	υ	G_c / MPa	c_0 / kPa	h_p / kPa	φ / (°)	ψ / (°)
50	0.3	10	15	−150	35	0

表 5.3 给出了不同情况下，计算不收敛时的竖向位移值。由表中数据可知，应用经典连续体有限元法（即 $l_c = 0.0\text{m}$）在网格密度为 40×40 时，计算得到的不收敛时的竖向位移值最小，仅为 0.003 35m。首先，当网格密度一定，而内部长度参数取值不同时的情况，以网格 2 为例，当内部长度参数 l_c 分别为 0m、0.05m、0.1m 时，计算得到的不收敛时的竖向位移值分别为 0.032 663m、0.0396m、0.039 423m，位移值逐渐增大，这表明，随着内部长度参数 l_c 的增加，模拟局部化破坏变形的能力也有所增加。其次，分析内部长度参数一致，网格密度不同时，对于经典连续体有限元（即 $l_c = 0.0\text{m}$）的情况，当网格密度依次为 10×10、20×20、40×40 时，计算不收敛时对应的竖向位移值分别为 0.034 513m、0.032 663m、0.003 35m。可见，网格密度划分对经典连续体有限元的计算结果有很大影响，网格密度越大，计算收敛越困难。

表 5.3　各种情况下计算不收敛时的竖向位移值

$l_c = 0.0\text{m}$			$l_c = 0.05\text{m}$			$l_c = 0.1\text{m}$		
网格 1	网格 2	网格 3	网格 1	网格 2	网格 3	网格 1	网格 2	网格 3
0.034 513	0.032 663	0.003 35	0.045 549	0.039 6	0.028 62	0.050 73	0.039 423	0.022 5

图 5.13～图 5.15 给出了不同内部长度参数下，不同网格密度的等效塑性应变云图。在绘制等效塑性应变云图时，统一取最小的位移收敛值对应的情况，即取

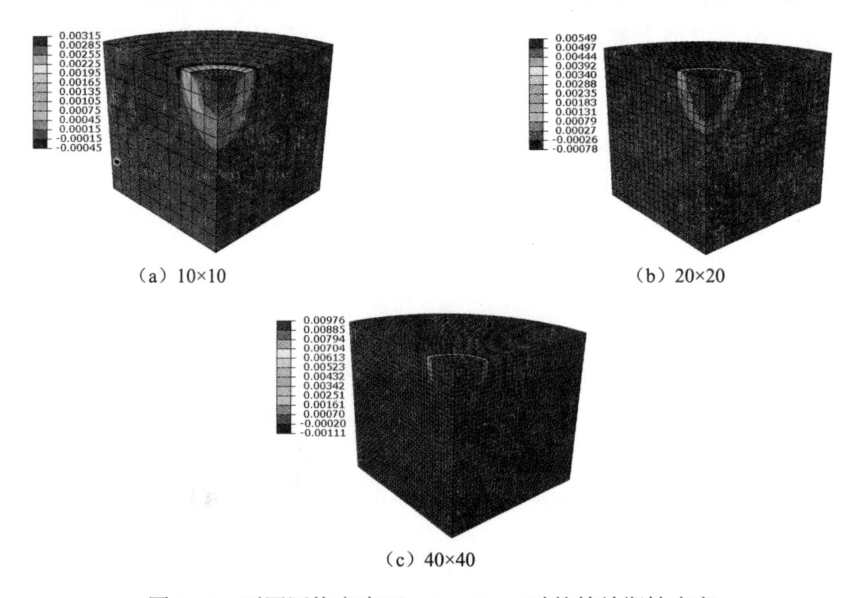

（a）10×10　（b）20×20

（c）40×40

图 5.13　不同网格密度下，$l_c = 0.0\text{m}$ 时的等效塑性应变

位移为 0.003 35m 时（即经典连续体有限元在网格密度为 40×40 的情况）对应的等效塑性应变。

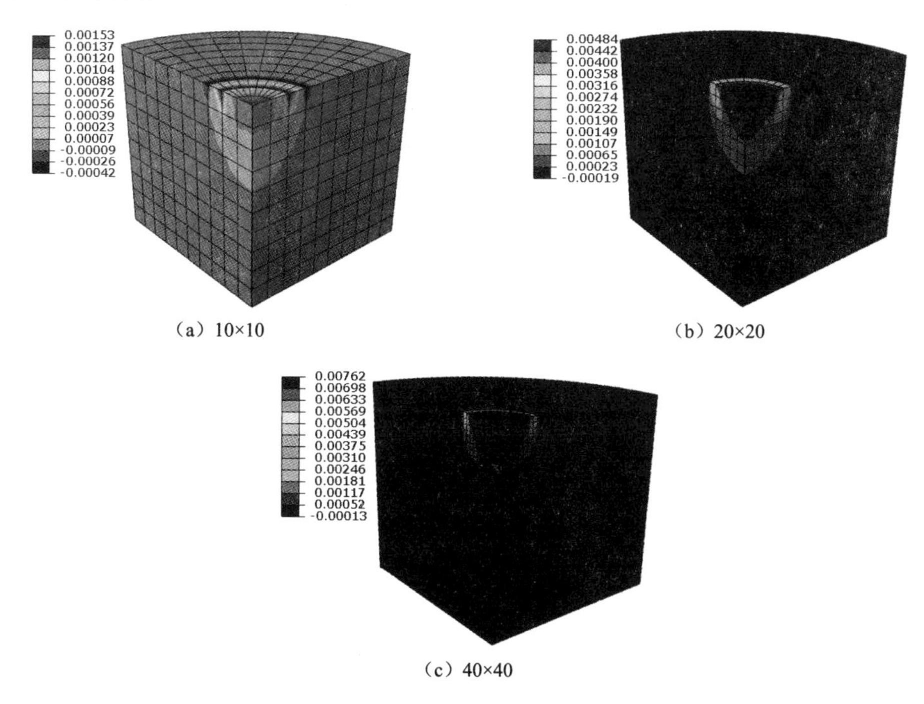

（a）10×10　（b）20×20

（c）40×40

图 5.14　不同网格密度下，$l_c = 0.05\text{m}$ 时的等效塑性应变

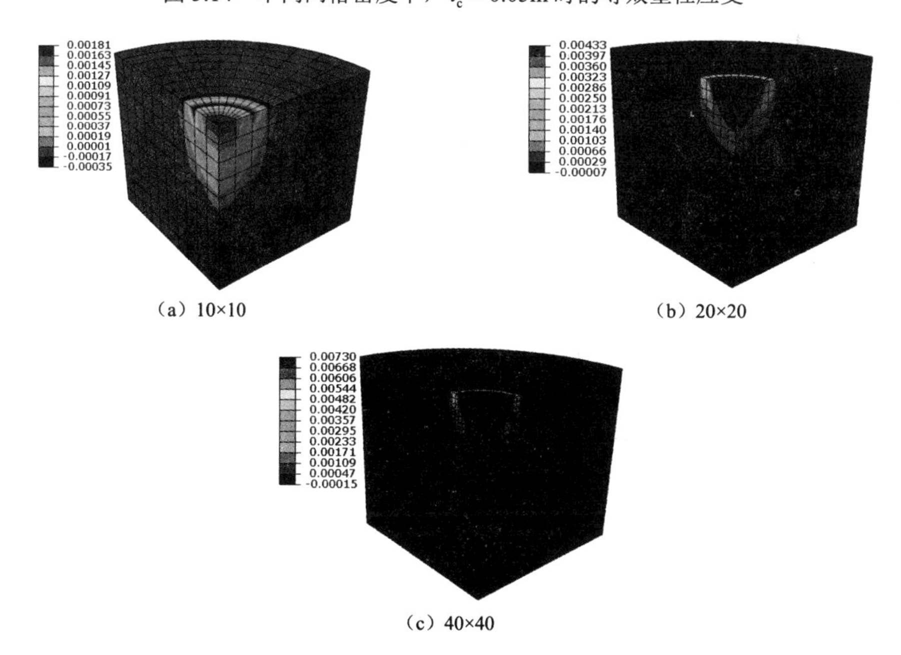

（a）10×10　（b）20×20

（c）40×40

图 5.15　不同网格密度下，$l_c = 0.1\text{m}$ 时的等效塑性应变

图 5.16 给出了网格密度为 40×40 时，两种方法分析得到的等效塑性应变云图，其中图 5.16（a）为经典连续体模型加载至不收敛时的等效塑性应变云图，此时的剪切带没有贯通，尚没有达到完全破坏。

其次采用 Cosserat 连续体模型进行分析（以内部长度参数等于 0.1m 为例），当位移加载至 0.022 52m 时遇到数值困难，计算难以进行下去，此加载值远大于经典连续体有限元的结果。图 5.16（b）、（c）、（d）分别为加载至 0.003 35m、继续下一步加载以及计算不收敛时的等效塑性应变云图，从图中可以看出，当经典连续体有限元因数值困难而终止计算时，Cosserat 连续体有限元仍可以继续计算至较大的变形，直到结构破坏区域完全贯通，达到破坏。

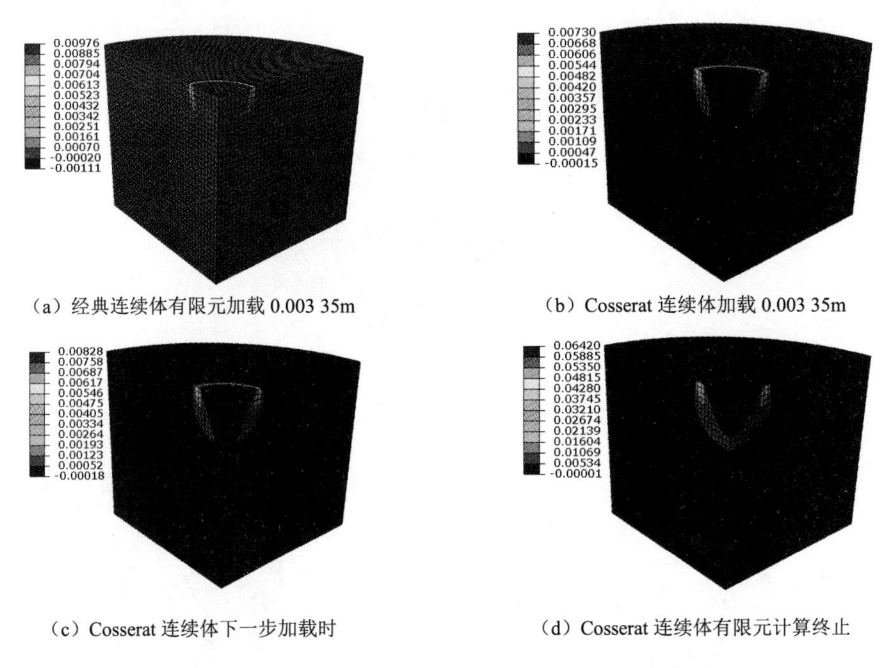

（a）经典连续体有限元加载 0.003 35m （b）Cosserat 连续体加载 0.003 35m

（c）Cosserat 连续体下一步加载时 （d）Cosserat 连续体有限元计算终止

图 5.16 网格密度 40×40，不同方法的等效塑性应变云图

5.3 结 语

本章推导了轴对称 Cosserat 连续体的基本方程，包括平衡方程、几何方程以及物理方程，并推导了轴对称 Cosserat 连续体单元的有限元表达式，建立了基于 Cosserat 连续体理论的轴对称有限元数值模型。通过模拟两个简单的轴对称问题，验证了本章所发展的 Cosserat 连续体轴对称有限元模型的有效性，并通过改变内部长度参数 l_c 取值和划分不同网格密度，研究了二者对应变局部化数值模拟结果的影响。结果表明，本章建立的基于 Cosserat 连续体理论的轴对称有限元模型可以保持应变局部化问题数值求解的适定性，有效地克服数值分析中的网格依赖性问题。

第 6 章　Cosserat 连续体单元分析

6.1　高阶 Cosserat 连续体单元

6.1.1　单元性能要求

正确地数值模拟由应变软化引起的以应变局部化为特征的渐进破坏现象需要两方面的工作。一方面，应在经典连续体中引入某种类型的正则化机制以保持问题的适定性；另一方面，单元的内在性态应有能力再现所期待的非弹性应变在介质局部急剧发生和发展以及介质整体承载能力下降的软化特征。低阶单元，例如 4 节点四边形单元及 8 节点块体位移元，由于它们的计算高效、网格生成过程简单且适合自适应有限元分析过程，在工程问题数值分析中得到了广泛应用。把由经典连续体位移基低阶等参有限元直接（简单）地推广到 Cosserat 连续体，这些单元的许多内在性态缺陷，特别地它们的单元过刚和体积自锁缺陷并没有得到改变；因而在模拟应变局部化过程中，它们的这些缺陷使它们不能合理地再现应变局部化和介质整体承载能力下降的软化特征。

当位移有限元用来分析不可压缩材料时，在特定条件下低阶单元节点无法自由变位导致单元刚度不合理地增大。这种情况通常在不可压缩材料的变形计算及计算进行到接近破坏荷载时遇到，前一种情况是模量比 G/K 趋于零，后一种情况是 G 趋于零。使用这种类型的单元通常会高估结构的破坏荷载（可以大 30%以上），有些单元甚至给不出结构的破坏荷载，计算所得的荷载-位移关系曲线显示结构似乎一直处于硬化状态。此外，在不排水条件下对饱和土进行变形分析时，一些单元类型给出的结果并不精确[25,28,177-179]。

对于弹塑性问题，当结构接近破坏时，结构内部各点的应力将保持不变，相应地弹性应变也保持不变，而仅有塑性变形发生。通常使用的一些压力无关弹塑性本构模型，如 von Mises 模型或 Tresca 模型给出的塑性体积应变为零；在土工结构分析中常用的压力相关的 Mohr-Coulomb 模型或 Drucker-Prager 模型，一般采用非关联塑性并取剪胀角为零时，同样导致塑性体积应变为零。Belytschko 等对不可压缩或者接近不可压缩的材料采用四边形 4 节点单元分析并进行完全积分时，对在平面应变中发生的自锁现象进行了说明[180]，如图 6.1 所示。

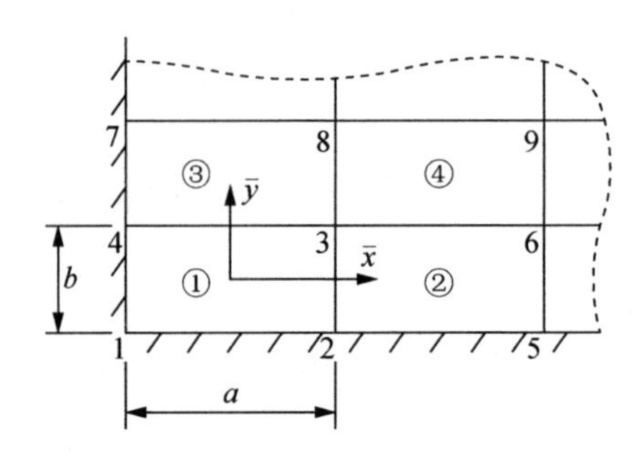

图 6.1 网格锁定的简单例子（Ted Belytschko，2000）

对于不可压缩材料，运动必须是等体积的，即变形梯度的行列式为

$$J = \det(\boldsymbol{F}) = 1 \tag{6.1}$$

式中，$\boldsymbol{F}$ 是变形梯度矩阵。这样，变形梯度行列式的率形式为

$$\dot{J} = J\mathrm{div}\boldsymbol{v} = Jv_{i,i} = 0 \tag{6.2}$$

式中，$\boldsymbol{v}$ 是速度梯度矩阵。上式等价于

$$v_{i,i} = 0 \tag{6.3}$$

式中，$v_{i,i}$ 为膨胀率。对于二维问题，有

$$v_{i,i} = v_{x,x} + v_{y,y} = 0 \tag{6.4}$$

在这种情况下，考察对结构进行变形分析的简单例子。考虑图 6.1 中的单元①，非零节点 3 的速度为

$$v_{3x} = -\beta_1 a\,, \quad v_{3y} = \beta_2 b \tag{6.5}$$

式中，β_1，β_2 是任意值，这样取值的目的是为了简化下面的推导。单元①的所有其他节点速度必须为零以满足边界条件。

分析表明，对于一个任意的运动，其膨胀率为

$$v_{i,i} = v_{x,x} + v_{y,y} = b_x^{\mathrm{T}} v_x + b_y^{\mathrm{T}} v_y + \gamma^{\mathrm{T}} v_x h_{,x} + \gamma^{\mathrm{T}} v_y h_{,y} \tag{6.6}$$

式中

$$h = \xi\eta \tag{6.7}$$

而 ξ,η 为 4 节点四边形单元的参考坐标。对于单元①，可以证明

$$\left.\begin{aligned} &b_x^{\mathrm{T}} = \frac{1}{2ab}[-b\ \ b\ \ b\ \ -b], \quad b_y^{\mathrm{T}} = \frac{1}{2ab}[-a\ \ a\ \ a\ \ -a], \\ &\gamma^{\mathrm{T}} = \frac{1}{4}[1\ \ -1\ \ 1\ \ -1] \end{aligned}\right\} \tag{6.8}$$

由节点 3 的速度，即式（6.5）给出

$$b_x^{\mathrm{T}} v_x = -\frac{\beta_1}{2}, \qquad b_y^{\mathrm{T}} v_y = \frac{\beta_2}{2} \tag{6.9}$$

由此可得，膨胀率的常数项是 $(\beta_2 - \beta_1)/2$ 。膨胀率的常数项需为零以满足一

个等体积运动的需要，即 $\beta_1=\beta_2$。当 $\beta_1=\beta_2=\beta$ 时，有

$$v_{i,i}=\frac{1}{4}\beta\left(bh_{,y}-ah_{,x}\right)=\frac{\beta}{2}\left(\overline{x}-\overline{y}\right) \tag{6.10}$$

式中，$\overline{x}=x/a$，$\overline{y}=y/b$。显然，只有沿着直线 $\overline{y}=\overline{x}$ 时，上式才为零。因此，尽管单元的运动是一个等体积运动，但除了在该直线上，膨胀率处处是非零的。为了满足在整个单元中均为等体积的运动，β 必须为零，即节点 3 的速度为零。依此类推，考虑单元②，会得到节点 6 的速度为零；考虑单元③，会得到节点 8 的速度为零；考虑单元④，会得到节点 9 的速度为零。因此有限元网格自锁。这一讨论也适用于歪斜单元。

这些讨论可以很容易地扩展到接近于不可压缩材料中。为简单起见，考虑一个线性材料。如果将线弹性应变能分解为静水部分和偏量部分，可以写为

$$w^{\text{int}}=\frac{1}{2}\int_{\Omega_e}\left(K\left(u_{i,i}\right)^2+2\mu\varepsilon_{ij}^{dev}\varepsilon_{ij}^{dev}\right)\mathrm{d}A \tag{6.11}$$

式中，K 为体积模量；μ 为剪切模量。

对于接近于不可压缩的材料，K 是一个非常大的数，任何非零的体积应变将吸收所有的能量。因此，在整个单元中的运动必须是等体积的。

Molenkamp 等[181]为了更好地理解自锁现象，考虑一个指定边界位移的平面边值问题（Dirichlet 问题），用解析方法考查了低阶协调位移有限元特别是平面 4 结点单元和膨胀型材料的沙漏模式的自锁特性。

为克服自锁问题，已提出不少方法，如减缩积分。但减缩积分将导致单元刚度矩阵缺秩和奇异，出现零能变形模式和不稳定、错误的数值解。较好的办法是采用选择积分，如对 4 节点四边形单元的单元刚度阵积分计算时，对体积应变能采用一点积分，而对偏应变能采用 2×2 点积分[180]。实际计算表明，采用选择积分往往可以取得更好的精度，这是由于对于低阶位移元，只有单元形心（1×1 点高斯积分点位置）处的体积应变值能重现单元在不可压缩位移模式下零体积应变的事实。克服自锁的另一种办法是采用高阶单元。

6.1.2　Cosserat 连续体理论中单元形态与插值函数的选择

目前，无论将 Cosserat 理论用于弹性问题还是弹塑性问题的求解，基本上采用了高阶单元，如使用 6 节点或 15 节点的三角形单元[91-93]、8 节点或 9 节点的等参位移（旋转）元[99]等。这主要有两方面的原因，一方面，Cosserat 理论要求单元位移试解有更高的连续性要求；另一方面，在弹塑性问题中采用高阶单元还可以克服剪切自锁与不可压缩自锁问题。本书在前面的计算中采用的是四边形 8 节点有限元，位移自由度与旋转自由度均采用 8 节点插值。

但应当看到，应用拉格朗日网格，高阶单元不能很好地适用于动态或大变形问题，对这些单元难以建立很好的对角质量阵，由于光学模式的出现，波传播趋

向于显著的振荡。在大变形问题中，高阶单元常会发生扭曲而失效，它们的收敛效率会明显地下降；当过度扭曲时，计算程序常常终止。另外，对于应变局部化问题，应变集中在有限宽度的窄带内，在数值求解时仅当至少两个单元位于应变局部化区域的宽度范围时有限元数值模型才有意义，这将需要一个较为细化的有限元网格离散，对于大尺度及中等尺度结构的分析来说需要包含很多的单元，如果使用高阶单元将会使问题所要求解的自由度及刚度阵的带宽大大增加，会导致很大的计算量。为解决这一问题，其总的趋势是发展具备低阶高精度特点的有限单元。很多学者在单元类型的选择和积分方法上做过大量探索，并取得了一定的进展，不过，由于 Cosserat 理论的特殊性，这些单元的使用受到了一定的限制。如文献[111]采用 4 个 3 节点三角形单元组成的四边形单元以克服弹塑性变形过程中的自锁，但要求对网格进行足够的细化，而一旦变形较大，当中心节点没有恰好位于对角线的交叉点上时，交叉对角网格会发生自锁[178]。

Steinmann 在推广的微极连续体框架中考虑了延展性材料的各向同性弹塑性损伤，为了改善标准的双线性位移与旋转插值函数的不足，将旋转自由度进行独立变分，导出了 4 节点四边形等参混合元 4 点积分公式，并数值模拟了延展性材料的应变软化和损伤软化问题[102]。

由于旋转自由度的引入并没有改变单元在自锁方面的性质，作为研究方法的过渡以及为后面将 Cosserat 理论发展到饱和多孔介质时单元插值函数的选取，本节应用平面四边形 8 节点不等阶插值函数的有限元于 Cosserat 理论的弹塑性问题中，即位移自由度采用 8 节点插值而旋转自由度采用 4 节点插值（记为 u8ω4 ）。图 6.2（a）、（b）分别为一维剪切层及平板压缩问题在采用不同插值函数时荷载-位移曲线的比较。可见，在 l_c 相同而使用不同的插值函数时，区别不大，u8ω4 单元与 u8ω8 单元均具有模拟应变局部化的良好性能，但前者具有更好的计算较大的变形的能力。

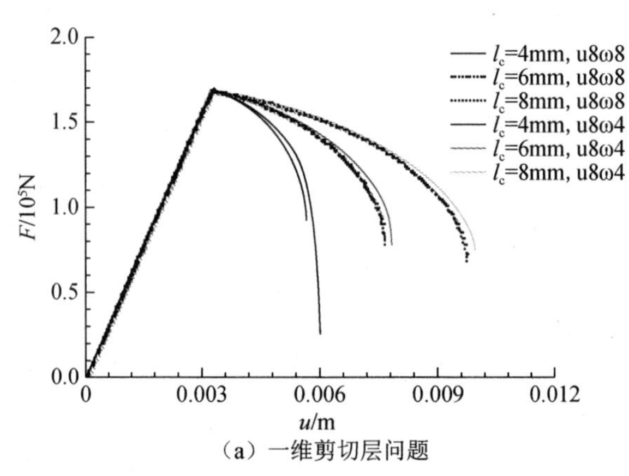

（a）一维剪切层问题

图 6.2 不同插值函数时的荷载-位移曲线

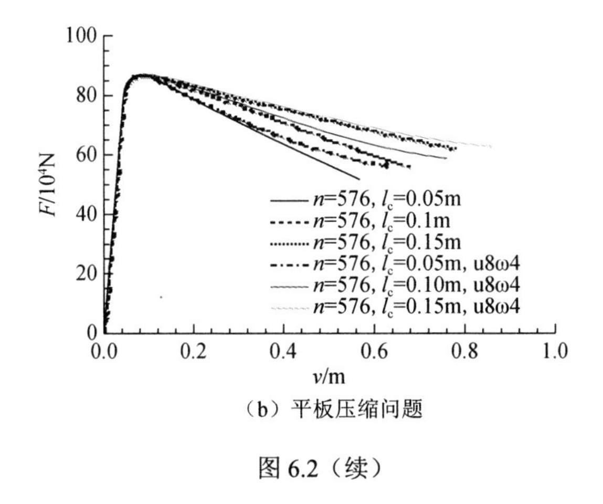

（b）平板压缩问题

图 6.2（续）

6.2　基于广义变分的低阶 Cosserat 单元

对于直接推广到 Cosserat 连续体理论中的四边形 4 节点单元，还存在许多缺陷，比如不可压缩自锁、剪切自锁等现象没有得到改变，从而会在数值模拟中遇到许多困难，为了解决这些问题，并且为保证计算效率采用低阶单元，将 Hu-Washizu 变分原理应用到 Cosserat 连续体理论中，解决由于单元本身性态的缺陷所导致的问题，同时保持应用低阶单元的优越性。

6.2.1　Hu-Washizu 变分原理

Hu-Washizu 变分原理[182]是约束变分原理在弹性力学中的应用，是 1954 年胡海昌和 1955 年 Washizu 各自独立提出的。所谓约束变分原理是将附加条件引入泛函，从而构造出“修正的泛函”，将原问题转化为求解“修正泛函”的驻值问题，此时引入的附加条件不需要事先得到满足。这种引入附加条件用以修正泛函的变分原理称为约束变分原理。在有限单元法中，除了经典变分原理中变分的附加条件以外，还提出了场函数在单元交界面上的连续性和平衡性的要求，如果将这种条件也引入修正泛函，重新构造一个“修正泛函”，把问题转化为求修正泛函的驻值问题，则可以建立修正变分原理。此时未知函数 u_i 不需要服从已引入修正泛函的附加条件。

为了使场函数不需要事先满足几何方程和位移边界条件，Hu-Washizu 变分原理把位移 u_i 和应力 σ_{ij} 作为独立的变量，利用拉格朗日乘子法将几何方程和位移边界条件作为附加条件引入最小位能原理的泛函中，用来构造修正的泛函。

原最小位能原理的泛函为

$$\Pi_p = \Pi_p(u_i) = \int_V \left(\frac{1}{2} D_{ijkl} \varepsilon_{ij} \varepsilon_{kl} - \overline{f}_i u_i \right) \mathrm{d}V - \int_{\delta\sigma} T_i u_i \mathrm{d}S \tag{6.12}$$

将附加条件几何方程 $\varepsilon_{ij}=\frac{1}{2}(u_{i,j}+u_{j,i})$ 和位移边界条件 $u_i=\overline{u_i}$ 引入泛函，修正的泛函表示为

$$\Pi_{H-W}=\Pi_p(u_i,\varepsilon_{ij})+\int_V\lambda_{ij}\left[\varepsilon_{ij}-\frac{1}{2}(u_{i,j}+u_{j,i})\right]\mathrm{d}V+\int_{S_u}p_i(u_i-\overline{u}_i)\mathrm{d}S \tag{6.13}$$

现在式中的 u_i 和 ε_{ij} 不需要事先满足几何方程，λ_{ij} 和 p_i 分别作为独立的拉格朗日乘子。

对上述修正泛函求变分，有

$$\delta\Pi_{H-W}=\int_V\left\{\delta\varepsilon_{ij}D_{ijkl}\varepsilon_{kl}-\delta u_i\overline{f}_i+\delta\lambda_{ij}\left[\varepsilon_{ij}-\frac{1}{2}(u_{i,j}+u_{j,i})\right]+\lambda_{ij}\left[\delta\varepsilon_{ij}-\frac{1}{2}(\delta u_{i,j}+\delta u_{j,i})\right]\right\}\mathrm{d}V$$
$$-\int_{S_\sigma}\delta u_i\overline{T}_i\mathrm{d}S+\int_{S_u}[\delta p_i(u_i-\overline{u}_i)+p_i\delta u_i]\mathrm{d}S=0 \tag{6.14}$$

求得泛函的驻值条件为

$$D_{ijkl}\varepsilon_{kl}+\lambda_{ij}=0\text{，}\quad \lambda_{ij,j}-f_i=0 \tag{6.15}$$

$$\varepsilon_{ij}-\frac{1}{2}(u_{i,j}+u_{j,i})=0\text{，}\quad \lambda_{ij}n_j+T_i=0 \tag{6.16}$$

$$p_i-\lambda_{ij}n_j=0\text{，}\quad u_i-\overline{u}_i=0 \tag{6.17}$$

即

$$\lambda_{ij}=-\sigma_{ij} \tag{6.18}$$

$$p_i=\lambda_{ij}n_j=-\sigma_{ij}n_j=-T_i \tag{6.19}$$

将以上两式代入修正的泛函表达式可得

$$\Pi_{H-W}\left(u_i,\varepsilon_{ij},\sigma_{ij}\right)=\int_V\left\{\frac{1}{2}D_{ijkl}\varepsilon_{ij}\varepsilon_{kl}-\overline{f}_iu_i-\sigma_{ij}\left[\varepsilon_{ij}-\frac{1}{2}(u_{i,j}+u_{j,i})\right]\right\}\mathrm{d}V$$
$$-\int_{S_\sigma}\overline{T}_iu_i\mathrm{d}S-\int_{S_u}\sigma_{ij}n_j(u_i-\overline{u}_i)\mathrm{d}S \tag{6.20}$$

将新的泛函命名为 Hu-Washizu 变分原理。

6.2.2 基于 Hu-Washizu 变分原理的 Cosserat 连续体第一类单元

本部分借鉴文献[102]的工作，基于 Hu-Washizu 变分原理推导建立了两种形式的四边形 4 节点单元。

由 Hu-Washizu 约束变分原理推广到 Cosserat 连续体理论，将体积变形为零作为附加条件引入泛函，并将泛函中的应变能分解为偏斜应变能和体积应变能两部分，从而实现对不可压缩问题的模拟，使低阶的 Cosserat 连续体单元可以模拟不可压缩材料或接近不可压缩材料。

离散的虚功表达式为

$$
\begin{aligned}
G^{ext} = \bigcup_{e=1}^{n_{el}} \sum_{k=1}^{n_{en}} \int \Bigg[& \delta d_k^u \left(\frac{2}{3} \frac{\partial N^k}{\partial x} + \frac{1}{3} \overline{\frac{\partial N^k}{\partial x}} \right) \cdot \sigma_{xx} + \delta d_k^v \left(\frac{1}{3} \frac{\partial N^k}{\partial y} - \frac{1}{3} \overline{\frac{\partial N^k}{\partial y}} \right) \cdot \sigma_{xx} \\
& + \delta d_k^u \left(\frac{1}{3} \overline{\frac{\partial N^k}{\partial x}} - \frac{1}{3} \frac{\partial N^k}{\partial x} \right) \cdot \sigma_{yy} + \delta d_k^v \left(\frac{2}{3} \frac{\partial N^k}{\partial y} + \frac{1}{3} \overline{\frac{\partial N^k}{\partial y}} \right) \cdot \sigma_{yy} + \delta d_k^v \frac{\partial N^k}{\partial x} \cdot \sigma_{xy} \\
& + \delta d_k^u \frac{\partial N^k}{\partial y} \cdot \sigma_{yx} + \delta d_k^w \frac{\partial N^k}{\partial x} \cdot w_{xz} - \delta d_k^w N^k \cdot \sigma_{xy} \\
& + \delta d_k^w \frac{\partial N^k}{\partial y} \cdot w_{yz} + \delta d_k^w N^k \cdot \sigma_{yx} \Bigg] \mathrm{d}V
\end{aligned} \tag{6.21}
$$

此类变分原理的有限元格式推导如下。

将应变 $\boldsymbol{\varepsilon}$ 分解为非对称各向同性应变与对称的体积应变两部分，即

$$
\boldsymbol{\varepsilon} = \hat{\boldsymbol{e}} + \boldsymbol{k} \tag{6.22}
$$

对平面应变问题，有

$$
\hat{\boldsymbol{e}} = \begin{bmatrix} \varepsilon_{xx} - \frac{1}{3}(\varepsilon_{xx} + \varepsilon_{yy}) \\ \varepsilon_{yy} - \frac{1}{3}(\varepsilon_{xx} + \varepsilon_{yy}) \\ -\frac{1}{3}(\varepsilon_{xx} + \varepsilon_{yy}) \\ \varepsilon_{xy} \\ \varepsilon_{yx} \\ \kappa_{zx} l_c \\ \kappa_{zy} l_c \end{bmatrix}, \quad \boldsymbol{k} = \begin{bmatrix} \frac{1}{3}(\varepsilon_{xx} + \varepsilon_{yy}) \\ \frac{1}{3}(\varepsilon_{xx} + \varepsilon_{yy}) \\ \frac{1}{3}(\varepsilon_{xx} + \varepsilon_{yy}) \\ 0 \\ 0 \\ 0 \\ 0 \end{bmatrix} \tag{6.23}
$$

引入独立的膨胀场变量 θ，用以修改应变分量

$$
\theta = \frac{1}{V_e} \int \left(\frac{\partial u}{\partial x} + \frac{\partial v}{\partial y} \right) \mathrm{d}V_e
$$

式中，V_e 为单元体积，l_c 为内部长度参数。

修改后的应变向量为

$$
\overline{\boldsymbol{\varepsilon}} = \hat{\boldsymbol{e}} + \frac{1}{3} \theta \boldsymbol{I} \tag{6.24}
$$

式中，$\boldsymbol{I}$ 为单位向量，其定义为

$$
\boldsymbol{I} = [1 \ 1 \ 1 \ 0 \ 0 \ 0 \ 0]^{\mathrm{T}} \tag{6.25}
$$

则有

$$\bar{\boldsymbol{\varepsilon}} = \begin{bmatrix} \varepsilon_{xx} - \frac{1}{3}(\varepsilon_{xx} + \varepsilon_{yy}) + \frac{1}{3}\theta \\ \varepsilon_{yy} - \frac{1}{3}(\varepsilon_{xx} + \varepsilon_{yy}) + \frac{1}{3}\theta \\ -\frac{1}{3}(\varepsilon_{xx} + \varepsilon_{yy}) + \frac{1}{3}\theta \\ \varepsilon_{xy} \\ \varepsilon_{yx} \\ \kappa_{zx} l_c \\ \kappa_{zy} l_c \end{bmatrix} \tag{6.26}$$

式中

$$\varepsilon_{xx} = \frac{\partial u}{\partial x}, \varepsilon_{yy} = \frac{\partial v}{\partial y}, \varepsilon_{xy} = \frac{\partial v}{\partial x} - \omega_z, \varepsilon_{yx} = \frac{\partial u}{\partial y} + \omega_z \tag{6.27}$$

曲率分量为

$$\kappa_{zx} = \frac{\partial \omega_z}{\partial x},\ \kappa_{zy} = \frac{\partial \omega_z}{\partial y} \tag{6.28}$$

完整的应变分量为

$$\bar{\boldsymbol{\varepsilon}} = \begin{bmatrix} \varepsilon_{xx} - \frac{1}{3}(\varepsilon_{xx} + \varepsilon_{yy}) + \frac{1}{3V_e}\int\left(\frac{\partial u}{\partial x} + \frac{\partial v}{\partial y}\right)\mathrm{d}V_e \\ \varepsilon_{yy} - \frac{1}{3}(\varepsilon_{xx} + \varepsilon_{yy}) + \frac{1}{3V_e}\int\left(\frac{\partial u}{\partial x} + \frac{\partial v}{\partial y}\right)\mathrm{d}V_e \\ -\frac{1}{3}(\varepsilon_{xx} + \varepsilon_{yy}) + \frac{1}{3V_e}\int\left(\frac{\partial u}{\partial x} + \frac{\partial v}{\partial y}\right)\mathrm{d}V_e \\ \frac{\partial v}{\partial x} - \omega_z \\ \frac{\partial u}{\partial y} - \omega_2 \\ \frac{\partial \omega_z}{\partial x} l_c \\ \frac{\partial \omega_z}{\partial y} l_c \end{bmatrix} \tag{6.29}$$

修正的应变分量的离散形式为

$$
\bar{\boldsymbol{\varepsilon}}^h = \begin{bmatrix}
\sum_{k=1}^{n_e}\left[d_k^u\frac{\partial N^k}{\partial x}-\frac{1}{3}\left(d_k^u\frac{\partial N^k}{\partial x}+d_k^v\frac{\partial N^k}{\partial y}\right)+\frac{1}{3}\left(d_k^u\overline{\frac{\partial N^k}{\partial x}}+d_k^v\overline{\frac{\partial N^k}{\partial y}}\right)\right] \\
\sum_{k=1}^{n_e}\left[d_k^v\frac{\partial N^k}{\partial x}-\frac{1}{3}\left(d_k^u\frac{\partial N^k}{\partial x}+d_k^v\frac{\partial N^k}{\partial y}\right)+\frac{1}{3}\left(d_k^u\overline{\frac{\partial N^k}{\partial x}}+d_k^v\overline{\frac{\partial N^k}{\partial y}}\right)\right] \\
\sum_{k=1}^{n_e}\left[-\frac{1}{3}\left(d_k^u\frac{\partial N^k}{\partial x}+d_k^v\frac{\partial N^k}{\partial y}\right)+\frac{1}{3}\left(d_k^u\overline{\frac{\partial N^k}{\partial x}}+d_k^v\overline{\frac{\partial N^k}{\partial y}}\right)\right] \\
\sum_{k=1}^{n_e}\left[d_k^v\frac{\partial N^k}{\partial x}-d_k^w N^k\right] \\
\sum_{k=1}^{n_e}\left[d_k^u\frac{\partial N^k}{\partial y}+d_k^w N^k\right] \\
\sum_{k=1}^{n_e}\left[d_k^w\frac{\partial N^k}{\partial x}\right]l_{\mathrm{c}} \\
\sum_{k=1}^{n_e}\left[d_k^w\frac{\partial N^k}{\partial y}\right]l_{\mathrm{c}}
\end{bmatrix} \tag{6.30}
$$

式中

$$
\overline{\frac{\partial N^k}{\partial x}} = \frac{1}{V_{\mathrm{e}}}\int\frac{\partial N^k}{\partial x}\mathrm{d}x\mathrm{d}y,\quad \overline{\frac{\partial N^k}{\partial y}} = \frac{1}{V_{\mathrm{e}}}\int\frac{\partial N^k}{\partial y}\mathrm{d}x\mathrm{d}y \tag{6.31}
$$

构造应变矩阵

$$
\bar{\boldsymbol{\varepsilon}} = \boldsymbol{LU} = \boldsymbol{LNa}^{\mathrm{e}} = \boldsymbol{Ba}^{\mathrm{e}} \tag{6.32}
$$

$$
\boldsymbol{B}^{\mathrm{e}} = \begin{bmatrix}
\frac{2}{3}\frac{\partial N^k}{\partial x}+\frac{1}{3}\overline{\frac{\partial N^k}{\partial x}} & \frac{1}{3}\overline{\frac{\partial N^k}{\partial y}}-\frac{1}{3}\frac{\partial N^k}{\partial y} & 0 \\
\frac{1}{3}\overline{\frac{\partial N^k}{\partial x}}-\frac{1}{3}\frac{\partial N^k}{\partial x} & \frac{2}{3}\frac{\partial N^k}{\partial y}+\frac{1}{3}\overline{\frac{\partial N^k}{\partial y}} & 0 \\
\frac{1}{3}\overline{\frac{\partial N^k}{\partial x}}-\frac{1}{3}\frac{\partial N^k}{\partial x} & \frac{1}{3}\overline{\frac{\partial N^k}{\partial y}}-\frac{1}{3}\frac{\partial N^k}{\partial y} & 0 \\
0 & \frac{\partial N^k}{\partial x} & -N^k \\
\frac{\partial N^k}{\partial y} & 0 & N^k \\
0 & 0 & \frac{\partial N^k}{\partial x} \\
0 & 0 & \frac{\partial N^k}{\partial y}
\end{bmatrix} \tag{6.33}
$$

变分原理公式的引入

$$\bar{\Pi}=\bar{\Pi}(u_i,\omega,\theta,p)=\int_V\left[\frac{1}{2}D_{ijkl}\bar{\varepsilon}_{ij}\bar{\varepsilon}_{kl}+p(u_{j,i}\delta_{ij}-\theta)\right]\mathrm{d}V+\Pi^{ext} \tag{6.34}$$

其中，Π^{ext} 为外力虚功，参数

$$p=\frac{1}{3V_{\mathrm{e}}}\int_{V_{\mathrm{e}}}(\sigma_{xx}+\sigma_{yy}+\sigma_{zz})\mathrm{d}V_{\mathrm{e}} \tag{6.35}$$

单元刚度阵为

$$\boldsymbol{K}^{\mathrm{e}}=\boldsymbol{B}^{\mathrm{e}^{\mathrm{T}}}\boldsymbol{D}\boldsymbol{B}^{\mathrm{e}} \tag{6.36}$$

对于基于此类原理的单元，其位移与旋转由 4 个节点的双线性多项式插值逼近，文中称之为 Cosserat 连续体第一类单元。

6.2.3　基于 Hu-Washizu 变分原理的 Cosserat 连续体第二类单元

由离散虚功表达式

$$\bigcup_{e=1}^{n_{el}}\sum_{k=1}^{n_{en}}\delta d_k^u\cdot\int\sigma_t\cdot\nabla_x N^k\mathrm{d}V=G_\sigma^{ext} \tag{6.37}$$

$$\bigcup_{e=1}^{n_{el}}\sum_{k=1}^{n_{en}}\delta d_k^w\cdot\int(m^t\cdot N^k+e^3\cdot\sigma^t\overline{N^k})\mathrm{d}V=G_m^{ext} \tag{6.38}$$

$$\begin{aligned}G^{ext}=\bigcup_{e=1}^{n_{el}}\sum_{k=1}^{n_{en}}\int\bigg(&\delta d_k^u\frac{\partial N^k}{\partial x}\cdot\sigma_{xx}+\delta d_k^v\frac{\partial N^k}{\partial y}\cdot\sigma_{yy}+\delta d_k^v\frac{\partial N^k}{\partial x}\cdot\sigma_{xy}+\delta d_k^u\frac{\partial N^k}{\partial y}\cdot\sigma_{yx}\\&+\delta d_k^w\frac{\partial N^k}{\partial x}\cdot w_{xz}-\delta d_k^w\overline{N^k}\cdot\sigma_{xy}+\delta d_k^w\frac{\partial N^k}{\partial y}\cdot w_{yz}+\delta d_k^w\overline{N^k}\cdot\sigma_{yx}\bigg)\mathrm{d}V\end{aligned} \tag{6.39}$$

基于 Hu-Washizu 变分原理，推导第二类 Cosserat 连续体单元的有限元格式如下。

将应变分解为不对称的位移梯度 $\nabla_x u$ 和偏对称的转动分量 $-\Omega=e^3\cdot\omega$，有

$$\varepsilon=\nabla_x u-\Omega \tag{6.40}$$

式中

$$\nabla_x u=\left[\frac{\partial u}{\partial x}\ \ \frac{\partial v}{\partial y}\ \ 0\ \ \frac{\partial v}{\partial x}\ \ \frac{\partial u}{\partial y}\ \ \frac{\partial \omega}{\partial x}\ \ \frac{\partial \omega}{\partial y}\right]^{\mathrm{T}} \tag{6.41}$$

$$\varepsilon^3\cdot\omega=[0\ \ 0\ \ 0\ \ -\omega\ \ \omega\ \ 0\ \ 0]^{\mathrm{T}} \tag{6.42}$$

引入独立的转动分量 $-\tilde{\Omega}=e^3\cdot\tilde{\omega}$，用以修正应变 ε，其中

$$\tilde{\omega}=\frac{1}{V}\int\omega\mathrm{d}V \tag{6.43}$$

对于平面问题，曲率没有发生变化。

应变修正为

$$\tilde{\boldsymbol{\varepsilon}}=\nabla_x u-\tilde{\Omega}=\nabla_x u+e^3\cdot\tilde{\omega} \tag{6.44}$$

应变的分量表示为

$$\tilde{\boldsymbol{\varepsilon}}=\left[\frac{\partial u}{\partial x}\ \ \frac{\partial v}{\partial y}\ \ 0\ \ \frac{\partial v}{\partial x}-\tilde{\omega}\ \ \frac{\partial u}{\partial y}-\tilde{\omega}\ \ \frac{\partial \omega}{\partial x}\ \ \frac{\partial \omega}{\partial y}\right]^{\mathrm{T}} \tag{6.45}$$

应变的离散形式为

$$\tilde{\varepsilon}^h = \sum_{k=1}^{n_{en}} d_k^u \otimes \nabla_x N^k + \bar{N}^k d_k^w \cdot e^3 \tag{6.46}$$

式中

$$\bar{N}^k = \frac{1}{V}\int N^k \mathrm{d}x\mathrm{d}y \tag{6.47}$$

构造修正后的 **B** 阵为

$$\boldsymbol{B}^{\mathrm{e}} = \begin{bmatrix} \frac{\partial N^k}{\partial x} & 0 & 0 \\ 0 & \frac{\partial N^k}{\partial y} & 0 \\ 0 & 0 & 0 \\ 0 & \frac{\partial N^k}{\partial x} & -\bar{N}^k \\ \frac{\partial N^k}{\partial y} & 0 & \bar{N}^k \\ 0 & 0 & \frac{\partial N^k}{\partial x} \\ 0 & 0 & \frac{\partial N^k}{\partial y} \end{bmatrix} \tag{6.48}$$

引入包含第一类单元在内的变分原理推导过程，构造 **B** 阵为

$$\boldsymbol{B}^{\mathrm{e}} = \begin{bmatrix} \frac{2}{3}\frac{\partial N^k}{\partial x} + \frac{1}{3}\frac{\overline{\partial N}^k}{\partial x} & \frac{1}{3}\frac{\overline{\partial N}^k}{\partial y} - \frac{1}{3}\frac{\partial N^k}{\partial y} & 0 \\ \frac{1}{3}\frac{\overline{\partial N}^k}{\partial x} - \frac{1}{3}\frac{\partial N^k}{\partial x} & \frac{2}{3}\frac{\partial N^k}{\partial y} + \frac{1}{3}\frac{\overline{\partial N}^k}{\partial y} & 0 \\ \frac{1}{3}\frac{\overline{\partial N}^k}{\partial x} - \frac{1}{3}\frac{\partial N^k}{\partial x} & \frac{1}{3}\frac{\overline{\partial N}^k}{\partial y} - \frac{1}{3}\frac{\partial N^k}{\partial y} & 0 \\ 0 & \frac{\partial N^k}{\partial x} & -\bar{N}^k \\ \frac{\partial N^k}{\partial y} & 0 & \bar{N}^k \\ 0 & 0 & \frac{\partial N^k}{\partial x} \\ 0 & 0 & \frac{\partial N^k}{\partial y} \end{bmatrix} \tag{6.49}$$

对基于此类变分原理的单元，其位移与旋转由 4 个节点的双线性多项式插值逼近，文中称之为 Cosserat 连续体第二类单元。

6.3 数 值 应 用

6.3.1 一般条件下孔口应力集中问题的有限元分析

考虑二维平面条件下长方形板上的圆孔、椭圆孔和菱形孔周围的应力集中问题。长方形板的长边长 320mm，短边长 60.6mm，分别用平面四边形 4 节点单元与平面四边形 8 节点单元划分网格。其中，中心带圆孔的矩形薄板的有限元网格划分如图 6.3 所示，圆孔直径为 19.9mm；中心带椭圆孔的矩形薄板的有限元网格划分如图 6.4 所示，椭圆孔长轴长度为 19.9mm，短轴长度为长轴长度的 1/2；中心带菱形孔的矩形薄板的有限元网格划分如图 6.5 所示，菱形孔长对角线长为 19.9mm，短对角线长度是长对角线长度的 1/2。模型左边界固定，右边界施加 $6\times10^8\text{N/m}^2$ 的均布荷载，均布力在有限元理论中等效为节点力施加到对应的节点上。材料参数为：杨氏模量 $E=2\times10^{11}\text{Pa}$，泊松比 $\upsilon=0.3$，Cosserat 剪切模量 G_c 和内部长度参数 l_c 作为变量，在模拟结果中给出。

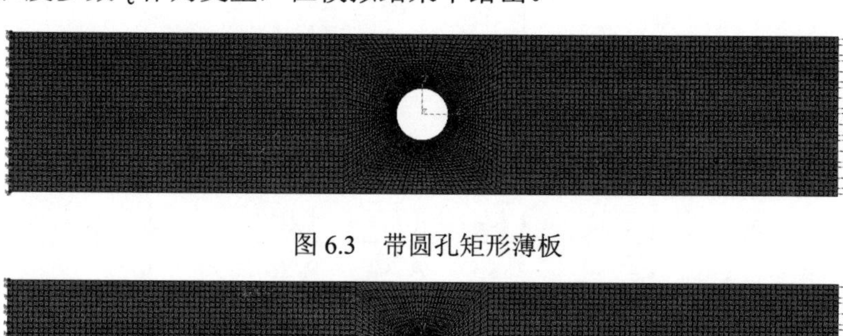

图 6.3　带圆孔矩形薄板

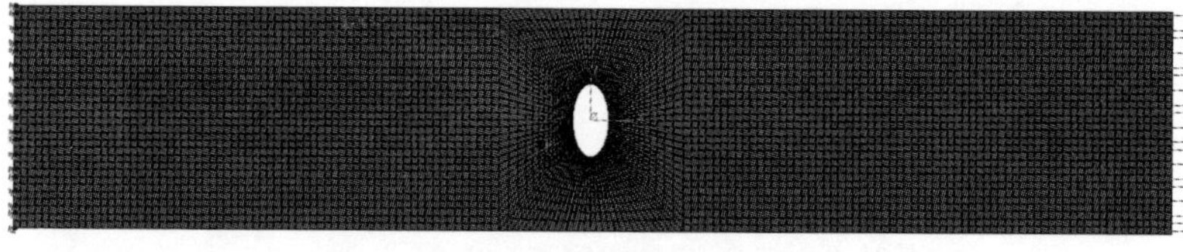

图 6.4　带椭圆孔矩形薄板

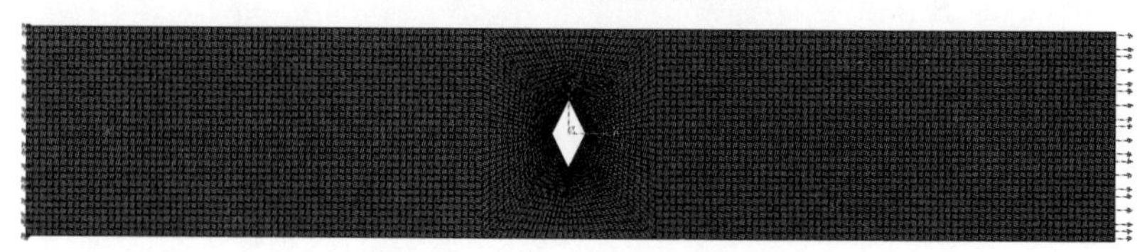

图 6.5　带菱形孔矩形薄板

定义应力集中因子为孔顶拉应力与右边界均布力的比值。图 6.6 所示为当内部长度参数 $l_c=r$ 时，由两种有限元模拟得到的各孔顶端应力集中因子随 Cosserat

剪切模量 G_c 的变化情况。结果表明，随着 G_c 的增大，孔周围的应力集中因子有所减小，应力集中现象得到弱化；当 G_c 足够大时，应力集中因子趋于稳定。另外，对比三种孔可以看出，椭圆孔与菱形孔的应力集中因子明显大于圆孔，其中菱形孔的应力集中因子最大，由此说明应力集中因子随着孔周角度变得尖锐而显著增大。对于 u4ω4 和 u8ω8 两种类型单元所得到的结果基本相同；不同之处在于，当 $G_c / G < 0.5$ 时，菱形孔由 u4ω4 单元得到的应力集中因子大于 u8ω8 单元，其余情况下则相反。

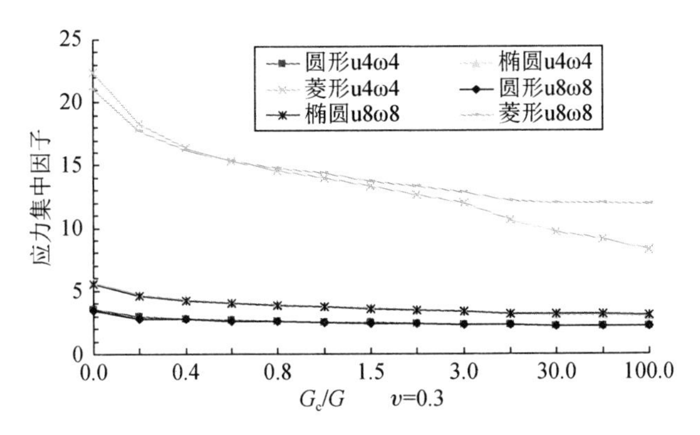

图 6.6　应力集中因子随 Cosserat 剪切模量 G_c 的变化规律

图 6.7 所示为当 Cosserat 剪切模量 $G_c / G = 0.5$ 时，由两种有限元模拟得到的各孔顶端应力集中因子随内部长度参数 l_c 的变化情况。结果表明，随着 l_c 的增大，孔周围的应力集中因子有所减小，应力集中现象得到弱化；当 l_c 足够大时，应力集中因子趋于稳定。另外，对比三种孔可以看出，椭圆孔与菱形孔的应力集中因子明显大于圆孔，其中菱形孔的应力集中因子最大，由此说明应力集中因子随着孔周角度变得尖锐而显著增大。对于 u4ω4 和 u8ω8 两种类型单元所得到的结果基本相同。

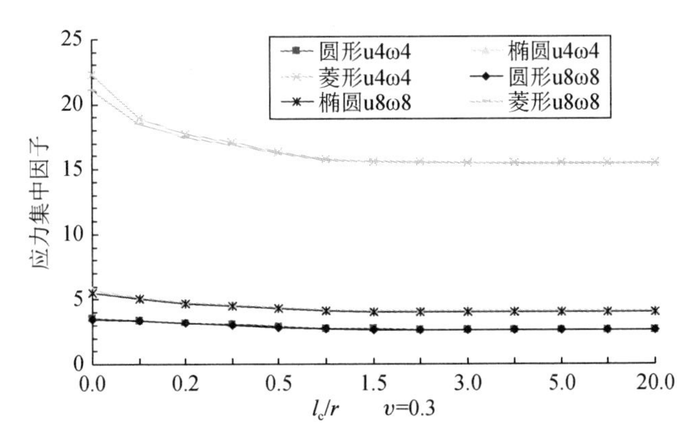

图 6.7　应力集中因子随 Cosserat 内部长度参数 l_c 的变化规律

应当指出的是，当 Cosserat 剪切模量 G_c 或内部长度参数 l_c 为 0 时，Cosserat 连续体单元退化到经典连续体单元，所得结果与经典弹性理论的结果一致，即对于圆形孔、椭圆孔应力集中因子分别为 3.44、5.36。

图 6.8、图 6.10 和图 6.12 给出了当 $l_c = r$ 时，不同 G_c 对应的圆孔周围的应力-应变云图，从图中可以看出随着 G_c 的增大，相对于经典弹性理论解应力集中得到弱化。图 6.9、图 6.11 和图 6.13 给出了当 $G_c / G = 0.5$ 时，不同 l_c 对应的圆孔周围的应力-应变云图，也反映了与图 6.7 相同的趋势。上述结果表明，采用 Cosserat 连续体理论分析应力集中问题，可以反映大应变梯度和微结构对应力集中的影响，对实际问题的求解有很重要的参考价值。

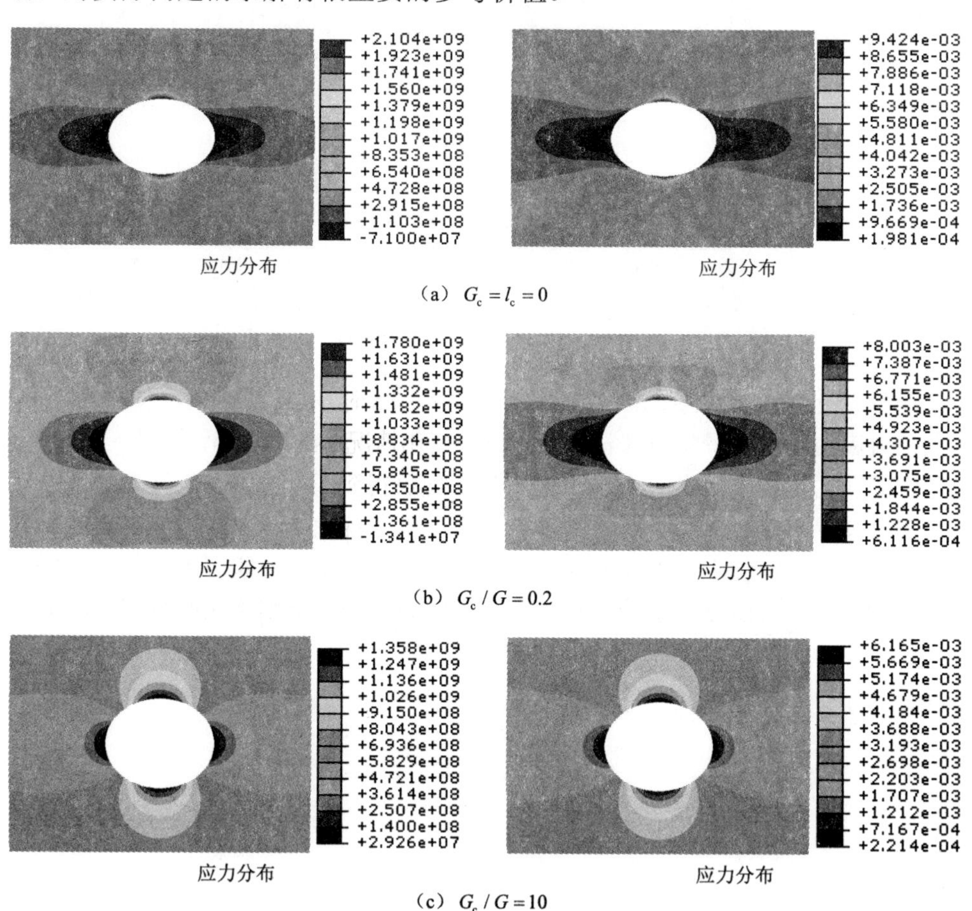

（a） $G_c = l_c = 0$

（b） $G_c / G = 0.2$

（c） $G_c / G = 10$

图 6.8　圆孔周围应力和应变分布（$l_c = r$）

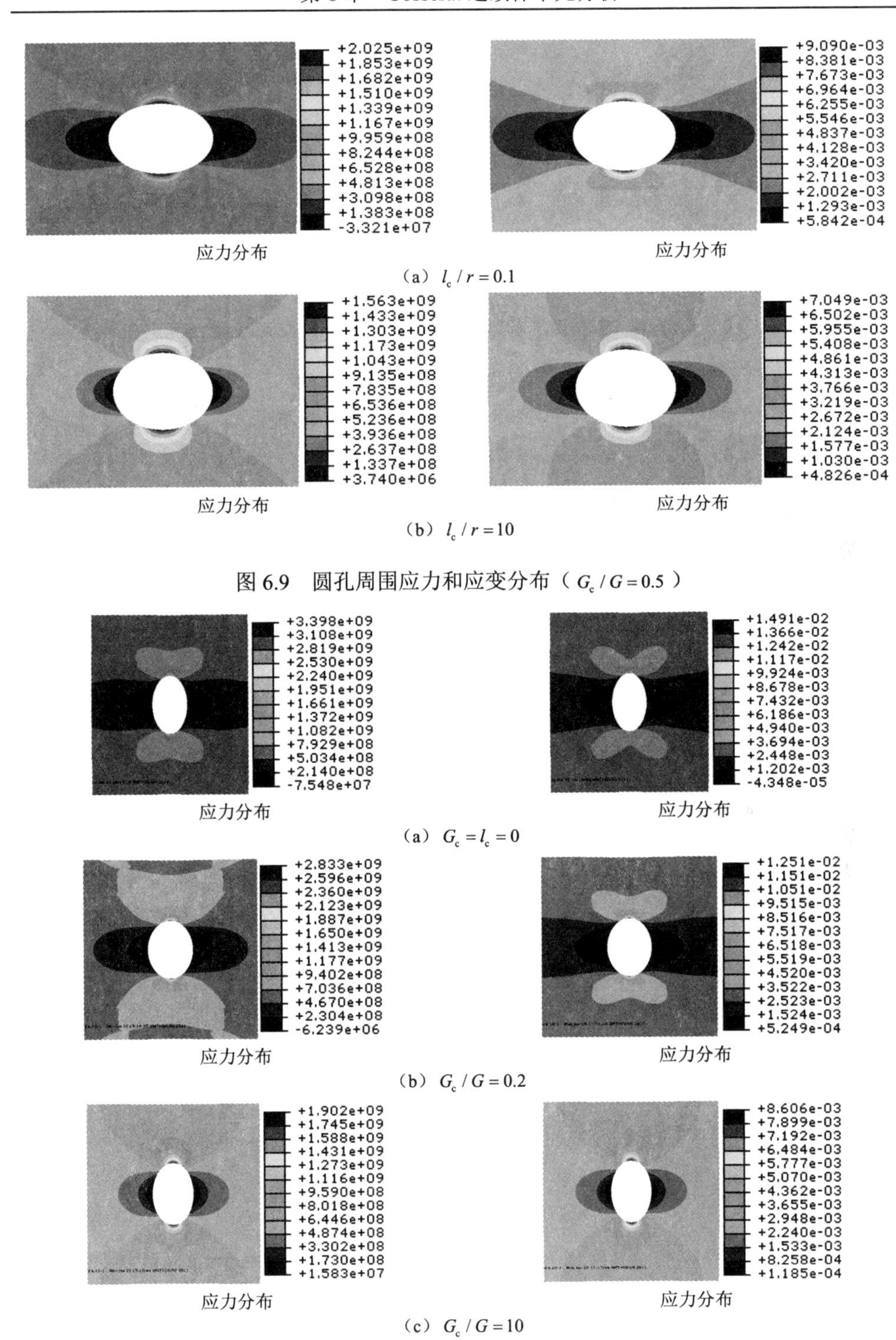

（a）$l_c / r = 0.1$

（b）$l_c / r = 10$

图 6.9　圆孔周围应力和应变分布（$G_c / G = 0.5$）

（a）$G_c = l_c = 0$

（b）$G_c / G = 0.2$

（c）$G_c / G = 10$

图 6.10　椭圆孔周围应力和应变分布（$l_c = r$）

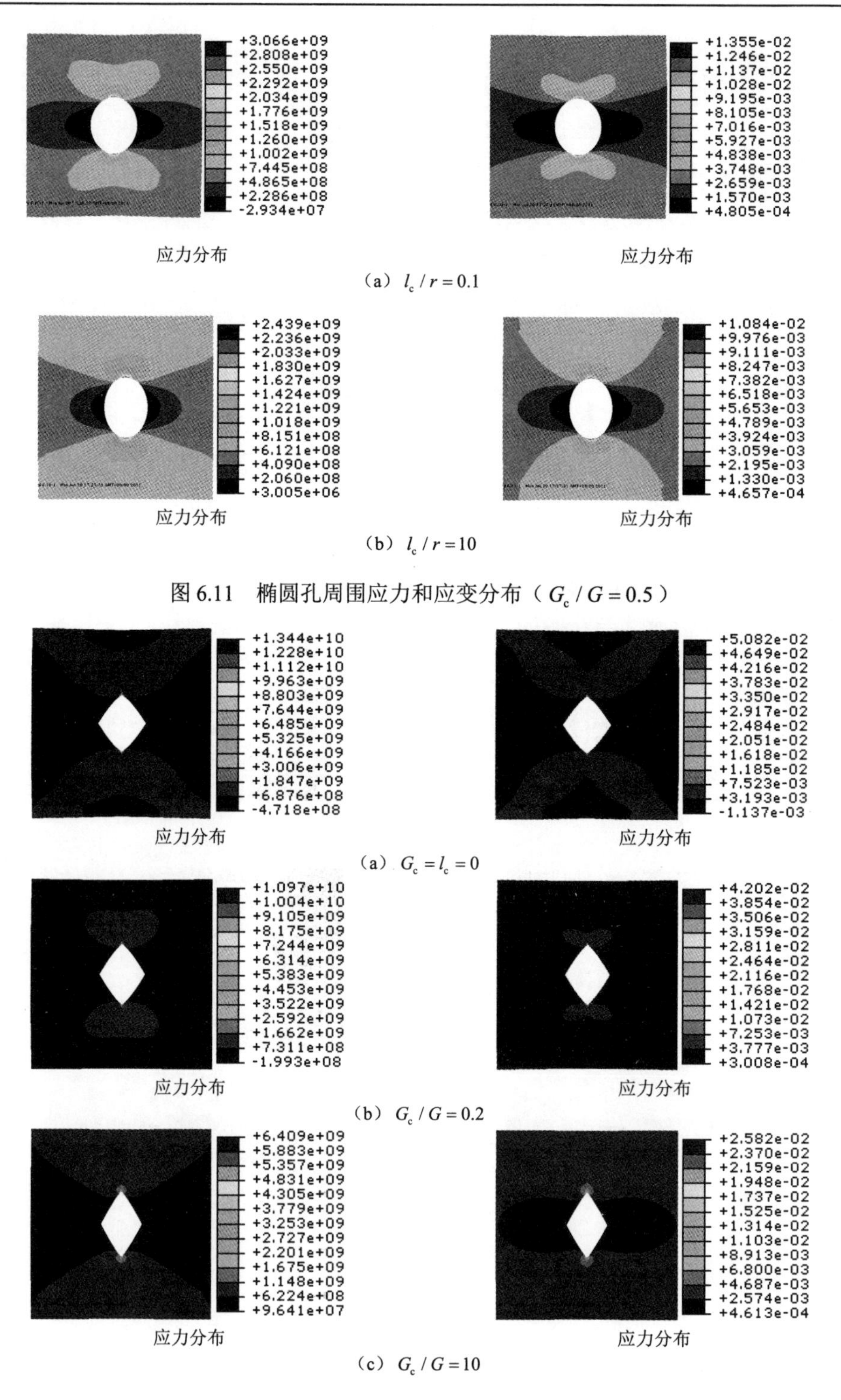

（a）$l_c / r = 0.1$

（b）$l_c / r = 10$

图 6.11　椭圆孔周围应力和应变分布（$G_c / G = 0.5$）

（a）$G_c = l_c = 0$

（b）$G_c / G = 0.2$

（c）$G_c / G = 10$

图 6.12　菱形孔周围应力和应变分布（$l_c = r$）

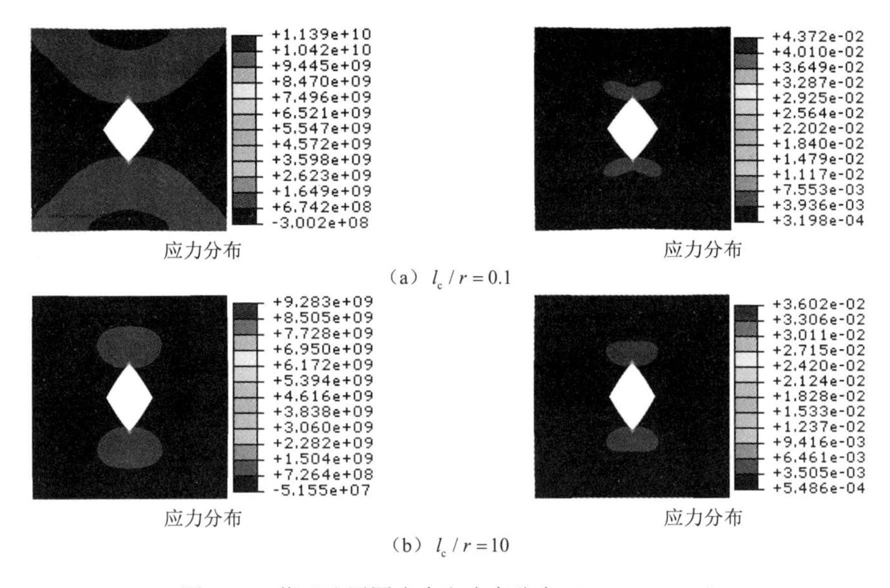

（a）$l_c / r = 0.1$

（b）$l_c / r = 10$

图 6.13　菱形孔周围应力和应变分布（$G_c / G = 0.5$）

6.3.2　不可压缩状态下孔口应力集中问题的有限元分析

对于不可压缩材料或接近不可压缩材料，当采用位移有限元来分析时，某些低阶单元节点无法自由变位导致单元刚度不合理地增大，导致应力反应相应地放大，因而孔口应力集中因子也会放大。一般来讲，采用高阶单元的减缩积分是比较合适的，但高阶单元具有计算量大、在变形较大时易发生扭曲等。低阶单元如 4 节点四边形单元虽然具有前述缺陷但具有计算量小不易扭曲等特点，由于高阶应变梯度的引入，目前对 Cosserat 连续体采用低阶单元进行数值模拟的工作还不多见。为分析不同单元模拟这类问题的适定性，本部分采用三种单元进行模拟，即具有标准的位移和旋转自由度的平面四边形 4 节点单元（u4ω4）、平面四边形 8 节点单元（u8ω8）和基于 Hu-Washizu 混合变分原理的平面四边形 4 节点单元-第一类单元（u4ω4p）。

（1）对圆孔应力集中问题的分析

图 6.14 和图 6.15 所示为当泊松比 $\upsilon = 0.45$ 时，两种常规单元蜕化为经典连续体时（即 $G_c = 0.0$ 或 $l_c = 0.0$）应力集中因子比 $\upsilon = 0.3$ 时都有所增加，其中 8 节点单元增加较少，4 节点单元增加较多，而变分原理单元基本上不变；随着 G_c 和 l_c 的增加，应力集中因子有明显降低，并逐渐趋于稳定，由此说明对于接近不可压缩材料来说，Cosserat 的作用较明显，8 节点单元与变分原理单元有较好的效果。

图 6.16 和图 6.17 所示为当泊松比 $\upsilon = 0.499$，即几乎不可压缩时，三种单元蜕化为经典连续体时（即 $G_c = 0.0$ 或 $l_c = 0.0$）应力集中因子与 υ=0.3时相比，8 节点单元有所增加，4 节点单元增加显著，变分原理单元没有明显变化；随着 G_c 和 l_c

的增加，8 节点单元的应力集中因子有所降低，并逐渐与变分原理单元趋于一致；4 节点单元有明显降低，这点与前述材料不一样，说明对于几乎不可压缩材料来说，Cosserat 的作用显著。受限于单元本身特点，4 节点单元应力集中因子较大，8 节点单元与变分原理单元有较好的效果。

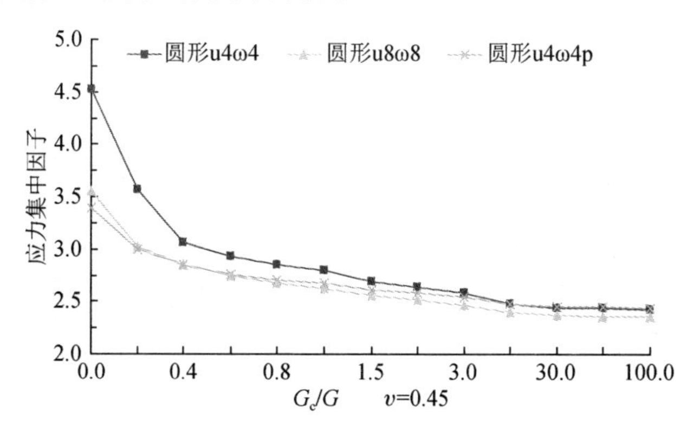

图 6.14　不同单元圆孔应力集中因子随 G_c/G 的变化

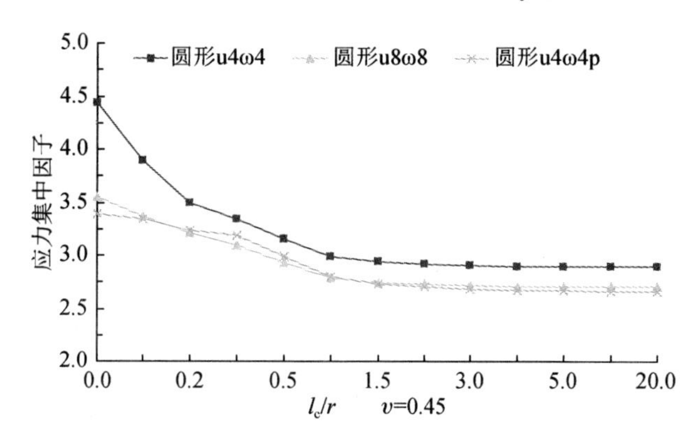

图 6.15　不同单元圆孔应力集中因子随 l_c/r 的变化

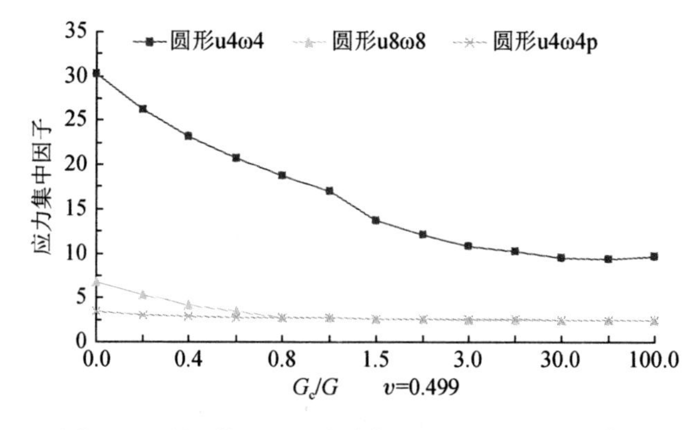

图 6.16　不同单元圆孔应力集中因子随 G_c/G 的变化

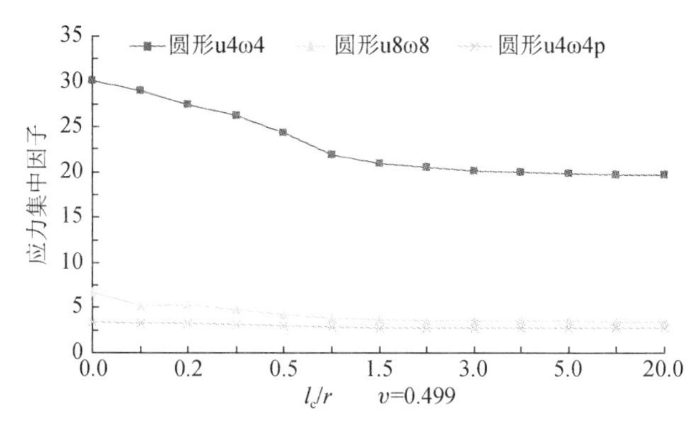

图 6.17　不同单元圆孔应力集中因子随 l_c/r 的变化

（2）椭圆孔应力集中问题的分析

图 6.18 和图 6.19 所示为当泊松比 $\upsilon = 0.45$ 时，两种常规单元蜕化为经典连续体时（即 $G_c = 0.0$ 或 $l_c = 0.0$ ）应力集中因子比 $\upsilon = 0.3$ 时都有所增加，其中 8 节点单元增加较少，4 节点单元增加较多，而变分原理单元基本上不变；随着 G_c 和 l_c 的增加，应力集中因子有明显降低，并逐渐趋于稳定，由此说明对于接近不可压缩材料来说，Cosserat 的作用较明显，8 节点单元与变分原理单元有较好的效果。

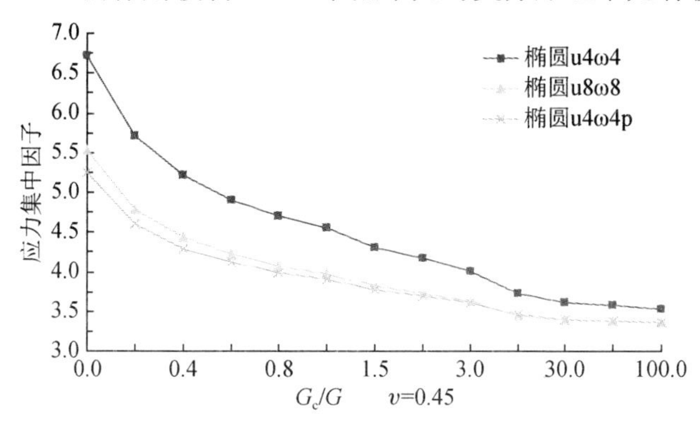

图 6.18　不同单元椭圆孔应力集中因子随 G_c/G 的变化

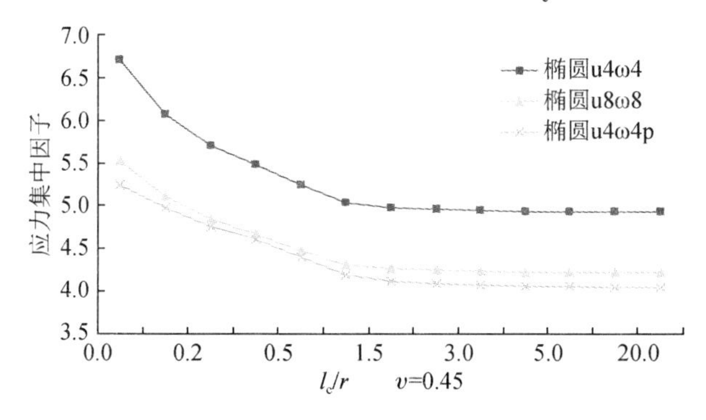

图 6.19　不同单元椭圆孔应力集中因子随 l_c/r 的变化

图 6.20 和图 6.21 所示为当泊松比$\upsilon = 0.499$，即几乎不可压缩时，三种单元蜕化为经典连续体时（即$G_c = 0.0$或$l_c = 0.0$）应力集中因子与$\upsilon = 0.3$时相比，8 节点单元有所增加，4 节点单元增加显著，变分原理单元没有明显变化；随着G_c和l_c的增加，8 节点单元的应力集中因子有所降低，并逐渐与变分原理单元趋于一致；4 节点单元有明显降低并趋于稳定，这点与前述材料不一样，说明对于几乎不可压缩材料来说，Cosserat 的作用显著。受限于单元本身特点，4 节点单元应力集中因子较大，8 节点单元与变分原理单元有较好的效果。

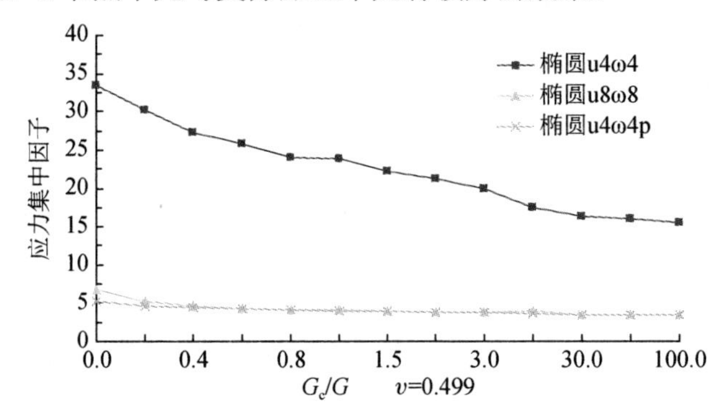

图 6.20　不同单元椭圆孔应力集中因子随G_c / G的变化

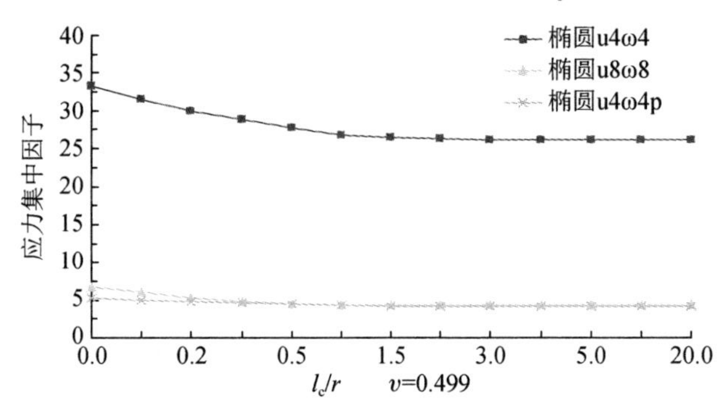

图 6.21　不同单元椭圆孔应力集中因子随l_c / r的变化

（3）对菱形孔应力集中问题的分析

图 6.22 和图 6.23 所示为当泊松比$\upsilon = 0.45$时，两种常规单元蜕化为经典连续体时（即$G_c = 0.0$或$l_c = 0.0$）应力集中因子比$\upsilon = 0.3$时都有所增加，其中 4 节点单元增加明显，8 节点单元略有增加，而变分原理单元相比增加较少；随着G_c和l_c的增加，应力集中因子均有所降低，并逐渐趋于稳定，由此说明对于接近不可压缩材料来说，Cosserat 的作用较明显，8 节点单元与变分原理单元有较好的效果。

图 6.24 和图 6.25 所示为当泊松比$\upsilon = 0.499$，即几乎不可压缩时，三种单元蜕化为经典连续体时（即$G_c = 0.0$或$l_c = 0.0$）应力集中因子与$\upsilon = 0.3$时相比，4 节

点单元增加显著，8 节点单元增加明显，变分原理单元与前相比没有明显变化；随着 G_c 和 l_c 的增加，应力集中因子均有所降低，并各自趋于一个稳定值，其中 4 节点单元很大，8 节点单元较大，变分原理单元最小。由此说明对于几乎不可压缩材料来说，Cosserat 的作用显著。受限于单元本身特点，4 节点单元应力集中因子较大，8 节点单元与变分原理单元有较好的效果。

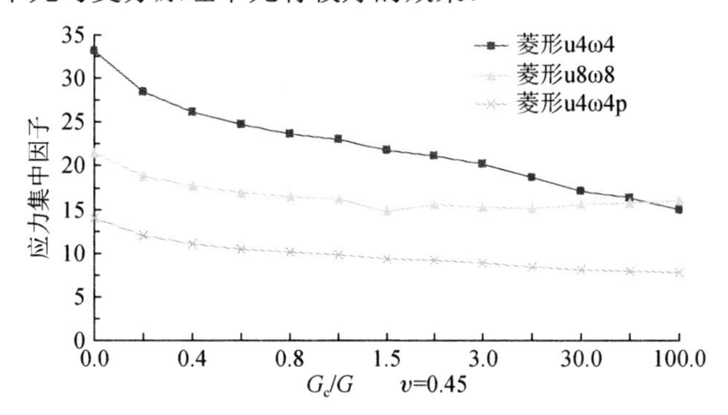

图 6.22　不同单元菱形孔应力集中因子随 G_c / G 的变化

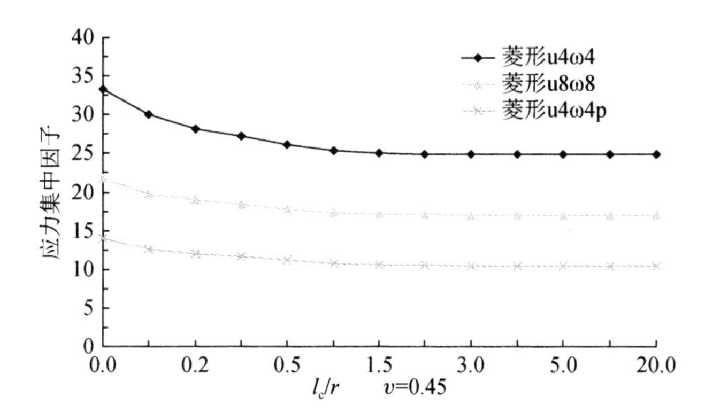

图 6.23　不同单元应力集中因子随 l_c / r 的变化

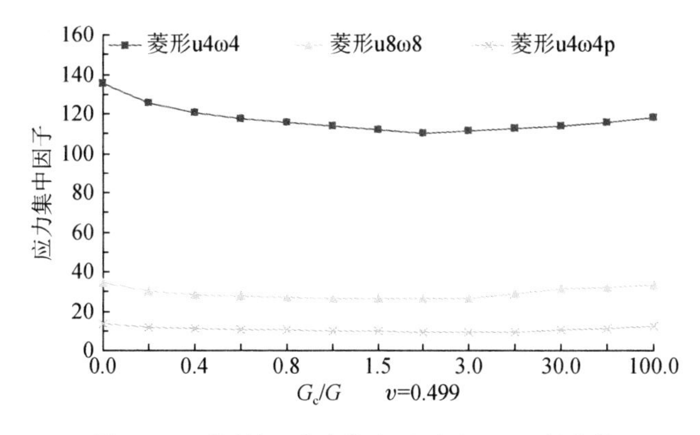

图 6.24　不同单元应力集中因子随 G_c / G 的变化

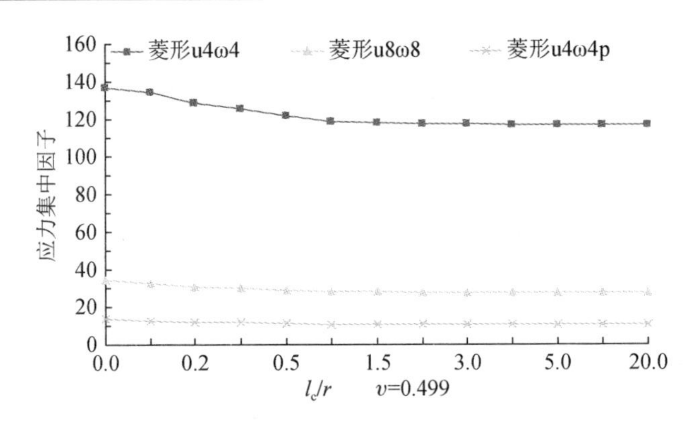

图 6.25　不同单元应力集中因子随 l_c/r 的变化

综上可知，从数值模拟效果上看，4 节点变分原理单元与 8 节点单元的性能较好，常规 4 节点单元较差。考虑到 4 节点变分原理单元具有计算量小且不易扭曲等优点，在一般情况下可以考虑使用，同时通过进一步的研究发展工作，有望在更广泛的范围内使用低阶单元。

6.4　结　　语

正确地数值模拟由应变软化引起的、以应变局部化为特征的渐进破坏现象，除了需要在经典连续体中引入某种类型的正则化机制以保持问题的适定性外，还要求所采用单元的内在性态应有能力再现所期待的非弹性应变限于在介质局部处急剧发生和发展以及介质整体承载能力下降的软化特征。本章对 Cosserat 连续体单元进行了分析研究，先对高阶单元如 u8ω8 单元与 u8ω4 单元进行了应用分析，接着基于 Hu-Washizu 变分原理推导了低阶单元 u4ω4p，并对各单元在模拟应力集中问题方面的性能进行了数值分析比较，结果表明：

1）u8ω4 单元与 u8ω8 单元均具有模拟应变局部化的良好性能，但前者具有更好的计算较大的变形的能力。

2）采用 Cosserat 连续体理论分析应力集中问题，可以反映大应变梯度和微结构对应力集中的影响。

3）对不可压缩和接近不可压缩材料的应力集中问题的模拟，u4ω4p 单元与 u8ω8 单元的性能较好，u4ω4 单元较差。

4）考虑到 u4ω4p 单元具有克服不可压缩自锁、计算高效、网格生成过程简单和适合于自适应有限元分析过程的特点，在大规模工程问题的数值分析中可以考虑使用。

第 7 章 饱和多孔介质的 Cosserat 连续体模型

7.1 Biot-Cosserat 连续体

饱和多孔介质（如土壤等）是由不同尺寸和形状的粒子组成的固体骨架和填充于孔隙中的流体所组成的复合体，其力学行为表现为固体骨架和孔隙流体的相互作用。文献[141]指出，尽管含液多孔介质表现出的应变局部化问题不像单项固体材料那样具有严重的网格依赖性，但在一定条件下仍然存在，因而引入正则化机制是十分必要的。文献[183]将梯度塑性模型引入到含液多孔介质的应变局部化分析中。在饱和多孔介质的应变局部化数值模拟采用 Cosserat 连续体理论研究中，Ehlers 和 Volk 等采用基于混合物理论基础之上的多孔介质理论[143,144]，考虑微极黏弹塑性固体与黏性流体，发展了饱和两相介质的有限元数值模型。在他们的数值模型中，没有计入与旋转自由度有关的惯性。

另外，在饱和多孔介质受到荷载作用时，考虑固体骨架的变形与流体渗流的耦合作用，Biot 首先建立了饱和多孔介质流-固相互耦合作用的动力控制方程[184]。Prevost，Zienkiewicz 等提出了饱和多孔介质广义增量形式的控制方程[185,186]，以考虑固体骨架的大变形和材料非线性行为，并发展了以固体骨架位移和孔隙水压力为基本未知数的 $u \sim p$ 有限元数值方法。文献[187]指出，不计土颗粒压缩时，混合物理论与 Biot 理论在本质上是一回事，只是表述的方式有区别，虽然混合物理论在解释某些理论问题时有其独到之处，但其更复杂，计算工作量也大。

本章将在分析 Cosserat 连续体模型对单相固体动力应变局部化数值模拟的基础上，基于 Cosserat 连续体理论与 Biot 固结理论，发展包含与微极转角自由度相应的旋转惯性在内的饱和多孔介质中动力渗流耦合分析的 Biot-Cosserat 连续体模型，数值模拟饱和多孔介质中的动力渗流耦合效应与应变局部化现象。

7.2 经典连续体动力问题的应变软化问题

以一维波动方程为例说明应用经典连续体理论分析应变软化问题的病态行为。考虑一维波动方程

$$\frac{\partial \dot{\sigma}_x}{\partial x} = \rho \frac{\partial^2 \dot{u}}{\partial t^2} \tag{7.1}$$

式中，ρ 为介质密度；$\dot{\sigma}_x$ 为应力速率；$\dot{u}$ 为速度；t 为时间。

引入应力速率$\dot{\sigma}_x$与应变速率$\dot{\varepsilon}_x$的本构关系

$$\dot{\sigma}_x = \frac{Eh_{\mathrm{p}}}{E+h_{\mathrm{p}}}\dot{\varepsilon}_x \tag{7.2}$$

式中，h_{p}为软化模量；E为弹性模量。令$C_{\mathrm{e}}=\sqrt{\dfrac{E}{\rho}}$，则有

$$\frac{E+h_{\mathrm{p}}}{C_{\mathrm{e}}^2}\frac{\partial^2 \dot{u}}{\partial t^2} - h_{\mathrm{p}}\frac{\partial^2 \dot{u}}{\partial x^2} = 0 \tag{7.3}$$

当$h_{\mathrm{p}}>0$时，上式为双曲线型方程；当$h_{\mathrm{p}}<0$时，上式为椭圆型方程。

为了说明问题，对上述问题进行特征线分析。速度$\dot{u}$的一阶导数$\dfrac{\partial \dot{u}}{\partial t}$和$\dfrac{\partial \dot{u}}{\partial x}$在$x$–$t$平面内的变化为

$$\mathrm{d}\left(\frac{\partial \dot{u}}{\partial t}\right) = \frac{\partial^2 \dot{u}}{\partial t^2}\mathrm{d}t + \frac{\partial^2 \dot{u}}{\partial x \partial t}\mathrm{d}x \tag{7.4}$$

$$\mathrm{d}\left(\frac{\partial \dot{u}}{\partial x}\right) = \frac{\partial^2 \dot{u}}{\partial x \partial t}\mathrm{d}t + \frac{\partial^2 \dot{u}}{\partial x^2}\mathrm{d}x \tag{7.5}$$

由式（7.3）～式（7.5）得到以$\dfrac{\partial^2 \dot{u}}{\partial t^2}$，$\dfrac{\partial^2 \dot{u}}{\partial x^2}$以及$\dfrac{\partial^2 \dot{u}}{\partial x \partial t}$为未知量的矩阵方程

$$\begin{bmatrix} \dfrac{E+h_{\mathrm{p}}}{C_{\mathrm{e}}^2} & 0 & -h_{\mathrm{p}} \\ \mathrm{d}t & \mathrm{d}x & 0 \\ 0 & \mathrm{d}t & \mathrm{d}x \end{bmatrix} \begin{Bmatrix} \dfrac{\partial^2 \dot{u}}{\partial t^2} \\ \dfrac{\partial^2 \dot{u}}{\partial x \partial t} \\ \dfrac{\partial^2 \dot{u}}{\partial x^2} \end{Bmatrix} = \begin{Bmatrix} 0 \\ \mathrm{d}\left(\dfrac{\partial \dot{u}}{\partial t}\right) \\ \mathrm{d}\left(\dfrac{\partial \dot{u}}{\partial x}\right) \end{Bmatrix} \tag{7.6}$$

记

$$\boldsymbol{A} = \begin{bmatrix} \dfrac{E+h_{\mathrm{p}}}{C_{\mathrm{e}}^2} & 0 & -h_{\mathrm{p}} \\ \mathrm{d}t & \mathrm{d}x & 0 \\ 0 & \mathrm{d}t & \mathrm{d}x \end{bmatrix} \tag{7.7}$$

通过求解$\det(\boldsymbol{A})=0$，得到特征函数线

$$\frac{\mathrm{d}x}{\mathrm{d}t} = \pm C_{\mathrm{e}}\sqrt{\frac{h_{\mathrm{p}}}{h_{\mathrm{p}}+E}} \tag{7.8}$$

即在波动方程中信息以波速 $C_{\mathrm{e}}\sqrt{\dfrac{h_{\mathrm{p}}}{h_{\mathrm{p}}+E}}$ 传播，当 $\dfrac{h_{\mathrm{p}}}{h_{\mathrm{p}}+E}<0$ 时，波速为虚数，波将成为驻波而不能再传播，呈驻波失稳。

由此可见，对动力问题，在经典连续体中由应变软化引起材料的失稳使得偏微分方程丧失双曲线型，在应变局部化区域波速是虚数，丧失了波的传播能力。

7.3　弹性 Cosserat 连续体平面问题的动力控制方程[91]

7.3.1　弹性 Cosserat 连续体平面问题的动力控制方程

在 Cosserat 连续体平面问题中，每个材料点具有三个自由度，即

$$\boldsymbol{u}=[u_x\ u_y\ \omega_z]^{\mathrm{T}} \tag{7.9}$$

式中，u_x,u_y 和 ω_z 分别为平面内的平移和旋转自由度，旋转自由度的旋转轴与 x−y 平面正交。

相应地，应变和应力向量定义为

$$\boldsymbol{\varepsilon}=[\varepsilon_{xx}\ \varepsilon_{yy}\ \varepsilon_{zz}\ \varepsilon_{xy}\ \varepsilon_{yx}\ \kappa_{zx}l_c\ \kappa_{zy}l_{\mathrm{c}}]^{\mathrm{T}} \tag{7.10}$$

$$\boldsymbol{\sigma}=[\sigma_{xx}\ \sigma_{yy}\ \sigma_{zz}\ \sigma_{xy}\ \sigma_{yx}m_{zx}/l_c\ \ m_{zy}/l_{\mathrm{c}}]^{\mathrm{T}} \tag{7.11}$$

式中，κ_{zx},κ_{zy} 为微曲率；m_{zx},m_{zy} 为相应的偶应力；l_{c} 为内部长度参数。应变-位移关系可表示为

$$\boldsymbol{\varepsilon}=\boldsymbol{L}\boldsymbol{u} \tag{7.12}$$

线性的弹性应力-应变关系为

$$\boldsymbol{\sigma}=\boldsymbol{D}_{\mathrm{e}}\boldsymbol{\varepsilon}_{\mathrm{e}} \tag{7.13}$$

式中，$\boldsymbol{D}_{\mathrm{e}}$ 为各向同性弹性模量矩阵，其表达式为

$$\boldsymbol{D}_{\mathrm{e}}=\begin{bmatrix} \lambda+2G & \lambda & \lambda & 0 & 0 & 0 & 0 \\ \lambda & \lambda+2G & \lambda & 0 & 0 & 0 & 0 \\ \lambda & \lambda & \lambda+2G & 0 & 0 & 0 & 0 \\ 0 & 0 & 0 & G+G_{\mathrm{c}} & G-G_{\mathrm{c}} & 0 & 0 \\ 0 & 0 & 0 & G-G_{\mathrm{c}} & G+G_{\mathrm{c}} & 0 & 0 \\ 0 & 0 & 0 & 0 & 0 & 2G & 0 \\ 0 & 0 & 0 & 0 & 0 & 0 & 2G \end{bmatrix} \tag{7.14}$$

式中，$\lambda=2G\upsilon/(1-2\upsilon)$，$G$，$\upsilon$ 分别为经典意义上的剪切模量与泊松比；G_{c} 为 Cosserat 剪切模量。

二维 Cosserat 连续体框架下的动力控制方程组由 3 个方程组成。其中相应于平移自由度的两个动力控制方程为

$$\frac{\partial \sigma_{xx}}{\partial x}+\frac{\partial \sigma_{yx}}{\partial y}=\frac{\rho\, \partial^2 u_x}{\partial t^2} \tag{7.15}$$

$$\frac{\partial \sigma_{xy}}{\partial x}+\frac{\partial \sigma_{yy}}{\partial y}=\frac{\rho\, \partial^2 u_y}{\partial t^2} \tag{7.16}$$

与经典连续体相比，剪应力 σ_{xy} 与 σ_{yx} 不一定相等。由于与微曲率 $\boldsymbol{\kappa}_{zx}$ 及 $\boldsymbol{\kappa}_{zy}$ 能量共轭的偶应力 m_{zx} 及 m_{zy} 的出现（如图 7.1 所示），角动量的守恒将产生不对称的应力张量。与微极转角自由度相应的第三个动力控制方程为

$$\frac{\partial m_{zx}}{\partial x}+\frac{\partial m_{zy}}{\partial y}-(\sigma_{yx}-\sigma_{xy})=\frac{\Theta \partial^2 \omega_z}{\partial t^2} \tag{7.17}$$

式中，Θ 为单位体积的转动惯量，它依赖于材料的密度与内部长度参数。

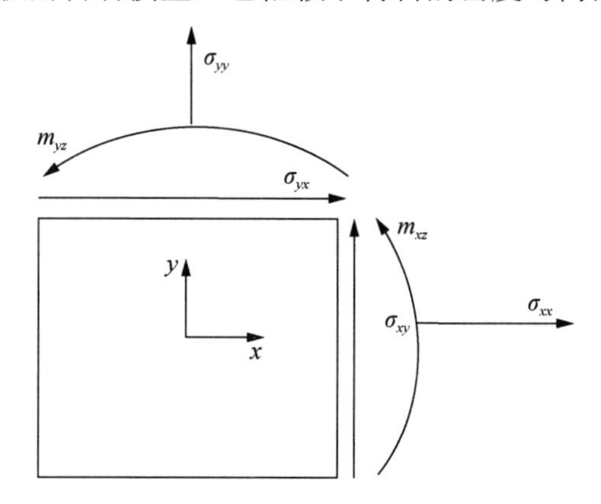

图 7.1　二维 Cosserat 连续体平面问题中的应力及偶应力

7.3.2　动力方程中单位体积转动惯量 Θ 的推导

在 Cosserat 连续体中除了常规的线性惯量以外，还包括旋转惯量，它取决于微单元的形状以及尺寸。假定微单元的形状为立方体，其边长尺寸为 $2d$，如图 7.2（a）所示。则在 x—y 平面内以 z 轴为旋转轴的微单元的旋转惯量为

$$\Theta_{\text{cube}}=\int_{-d}^{d}\int_{-d}^{d}\rho\left(x^2+y^2\right)2d\ \mathrm{d}x\mathrm{d}y \tag{7.18}$$

式中，Θ_{cube} 代表微单元的旋转惯量。

对 x 和 y 进行积分运算得

$$\Theta_{\text{cube}}=\frac{16}{3}\rho d^5 \tag{7.19}$$

因而单位体积旋转惯量为

$$\Theta=\left(\frac{16}{3}\rho d^5\right)\Big/8d^3=\frac{2}{3}\rho d^2 \tag{7.20}$$

当采用其他形状的微元体时，如具有粒子结构的砂组成的材料，假定为球形的微单元体看起来更合理一些，实则不然，因为连续体材料不能完全由此微单元组成，所引入的特征长度 l_c 依赖于微元体的形状与尺寸。如图 7.2（b）所示，作用于单一微单元上的转动力矩为

$$M_{zx} = \frac{1}{6} G(1+\nu)(2d)^4 \kappa_{zx} \tag{7.21}$$

则作用于单元上的偶应力为

$$m_{zx} = \frac{2}{3} G(1+\nu) d^2 \kappa_{zx} \tag{7.22}$$

考虑弹性应力应变关系，可得

$$d^2 = \frac{3l^2}{1+\nu} \tag{7.23}$$

代入式（7.20），可得

$$\Theta = \frac{2\rho l^2}{1+\nu} \tag{7.24}$$

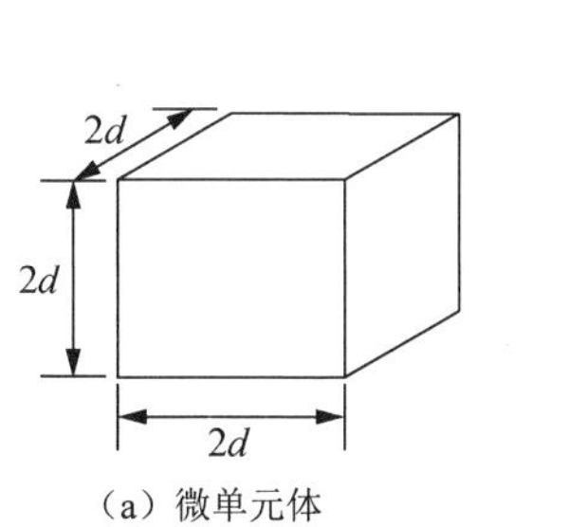

（a）微单元体

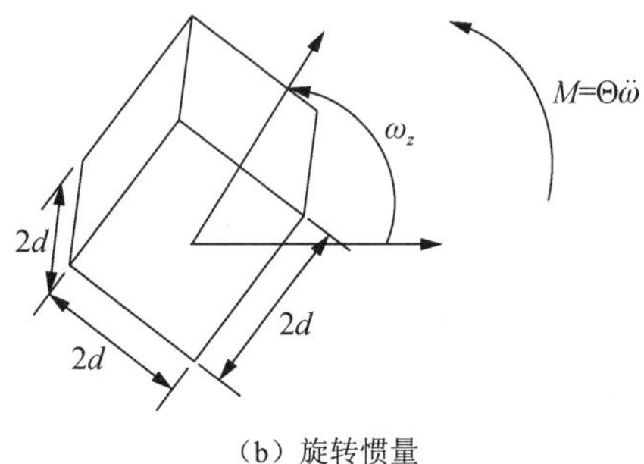

（b）旋转惯量

图 7.2　立方体微单元体及其旋转惯量

7.3.3　弹性 Cosserat 连续体平面问题动力控制方程的矩阵形式

弹性 Cosserat 连续体平面问题动力控制方程为

$$\boldsymbol{L}^{\mathrm{T}} \boldsymbol{\sigma} + \boldsymbol{f} = \boldsymbol{\rho}' \ddot{\boldsymbol{u}} \tag{7.25}$$

式中算子矩阵

$$\boldsymbol{L}^{\mathrm{T}} = \begin{bmatrix} \frac{\partial}{\partial x} & 0 & 0 & 0 & \frac{\partial}{\partial y} & 0 & 0 \\ 0 & \frac{\partial}{\partial y} & 0 & \frac{\partial}{\partial x} & 0 & 0 & 0 \\ 0 & 0 & 0 & -1 & 1 & l_c \frac{\partial}{\partial x} & l_c \frac{\partial}{\partial y} \end{bmatrix} \tag{7.26}$$

$$\boldsymbol{f} = \rho \boldsymbol{b}, \quad \boldsymbol{b} = \begin{bmatrix} b_x & b_y & 0 \end{bmatrix}^{\mathrm{T}} \tag{7.27}$$

$$
\boldsymbol{\rho}' = \begin{bmatrix} \rho & 0 & 0 \\ 0 & \rho & 0 \\ 0 & 0 & \Theta \end{bmatrix} \tag{7.28}
$$

7.4　动力应变局部化数值模拟

7.4.1　单相固体动力应变局部化模拟

在控制方程中引入弹塑性本构关系，并采用第 3 章所发展的一致性算法进行弹塑性本构方程的积分[109,110]。

仍以 3.3.1 节中图 3.7 所示的平面应变条件下 20m×20m 的均匀正方形样板压缩为例，取 $l_c = 0.1\text{m}$，其余材料参数与 3.3.1 节中所采用的参数相同。为模拟动力破坏过程，假设样板以 0.08 m/s 的速度受到压缩。图 7.3 给出了顶部受垂直指定位移 $v = 0.6\text{m}$ 时，样板在不同有限元网格密度（16×16, 24×24, 36×36）下的等效塑性应变分布，可以看出，应变局部化解对网格不存在病态的依赖性（不包括由于有限元网格密度变化的离散性引起的非病态解产生的差别）。图 7.4 显示了随着塑性变形的发展，样板整体承载能力的逐渐下降，且在不同网格密度下得到的荷载-位移曲线基本一致，显示了不依赖于网格密度的特点。

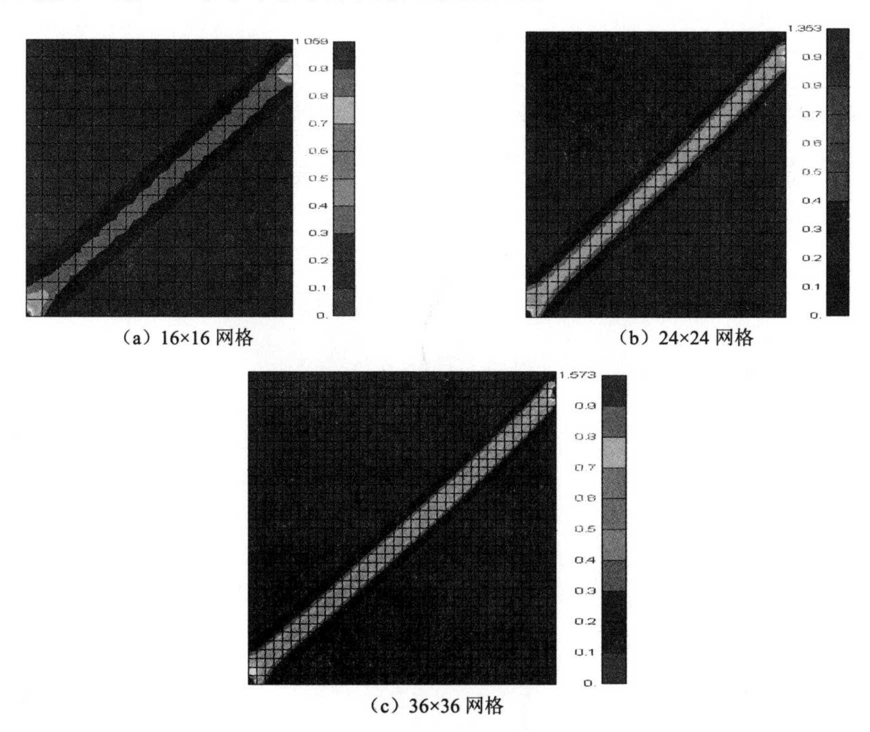

（a）16×16 网格　　（b）24×24 网格

（c）36×36 网格

图 7.3　在顶部受垂直指定位移 $v = 0.6\text{m}$ 下方板内的等效塑性应变分布

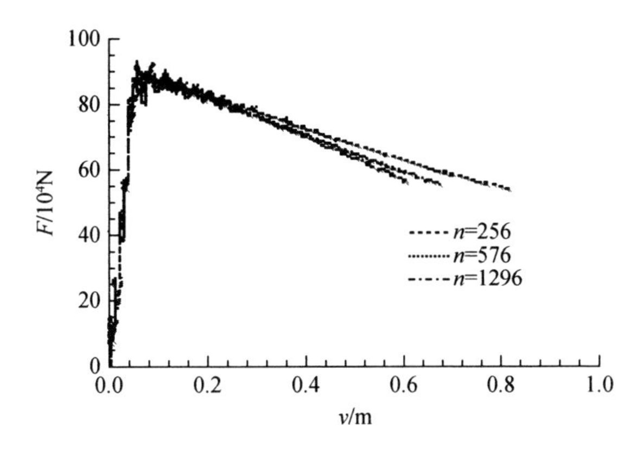

图 7.4　作用于方板顶面随垂直指定位移增长的荷载-位移曲线

将本例的结果与静力加载下样板顶部受到同样垂直指定位移 $v = 0.6\text{m}$ 时样板内等效塑性应变分布图（图 3.9）及荷载-位移曲线（图 3.10）进行比较，可以看出等效塑性应变分布图基本一致，而本例情况下的荷载-位移曲线在峰值荷载附近出现振荡，峰值荷载略大。

7.4.2　饱和多孔介质中动力渗流耦合分析的 Biot-Cosserat 连续体模型

忽略孔隙水的相对加速度，则域内平衡方程为

$$\boldsymbol{L}^{\mathrm{T}}\boldsymbol{\sigma} + \rho\boldsymbol{b} = \boldsymbol{\rho}'\ddot{\boldsymbol{u}} \tag{7.29}$$

式中，ρ 为两相介质的平均密度，可表示为

$$\rho = n\rho_{\mathrm{f}} + (1-n)\rho_{\mathrm{s}} \tag{7.30}$$

式中，ρ_{f} 为流体的密度；ρ_{s} 为固体颗粒的密度；n 为孔隙率。

在两相饱和孔隙介质中，根据有效应力原理，通常将总应力分成有效应力和孔隙水压力两部分。须注意的是，这里的偶应力不包含孔隙水压力，因此，总应力可表示为

$$\boldsymbol{\sigma} = \boldsymbol{\sigma}' - \boldsymbol{m}\rho,\quad \boldsymbol{m} = [1\ 1\ 1\ 0\ 0\ 0]^{\mathrm{T}} \tag{7.31}$$

考虑土颗粒的变形，可进一步采用修正的有效应力公式

$$\boldsymbol{\sigma} = \boldsymbol{\sigma}'' - \alpha\boldsymbol{m}\rho \tag{7.32}$$

式中，$\boldsymbol{\sigma}''$ 为修正的有效应力；α 为 Biot 常数，且

$$\alpha = 1 - \frac{\boldsymbol{m}^{\mathrm{T}}\boldsymbol{D}\boldsymbol{m}}{K_{\mathrm{s}}} = 1 - \frac{\delta_{ij}D_{ijkl}\delta_{kl}}{9K_{\mathrm{s}}} = 1 - \frac{K_{\mathrm{t}}}{K_{\mathrm{s}}} \tag{7.33}$$

式中，K_{s} 与 K_{t} 分别为土体颗粒与骨架的体变模量，则域内平衡方程可表示为

$$\boldsymbol{L}^{\mathrm{T}}(\boldsymbol{\sigma}'' - \alpha\boldsymbol{m}p) + \rho\boldsymbol{b} = \boldsymbol{\rho}'\ddot{\boldsymbol{u}} \tag{7.34}$$

孔隙水运动方程为

$$-\nabla p - \boldsymbol{R} + \rho_{\mathrm{f}}\boldsymbol{b} = 0 \tag{7.35}$$

式中，$\boldsymbol{R}$ 为黏滞力。由 Darcy 渗流定律，对各向异性渗流有

$$\boldsymbol{R}=\boldsymbol{k}^{-1}\dot{\boldsymbol{w}} \tag{7.36}$$

式中，$\boldsymbol{k}$ 为 Darcy 渗透系数；$\dot{\boldsymbol{w}}$ 为孔隙流体比流量速率。对各向同性渗流有

$$R_i=k^{-1}\dot{w}_i \tag{7.37}$$

孔隙水流的质量守恒微分方程为

$$-\nabla^{\mathrm{T}}\dot{\boldsymbol{w}}=\alpha\boldsymbol{m}^{\mathrm{T}}\dot{\boldsymbol{\varepsilon}}+\frac{1}{Q^*}\dot{p} \tag{7.38}$$

式中

$$\frac{1}{Q^*}=\frac{n}{K_{\mathrm{f}}}+\frac{\alpha-n}{K_{\mathrm{s}}}\cong\frac{n}{K_{\mathrm{f}}}+\frac{1-n}{K_{\mathrm{s}}} \tag{7.39}$$

由孔隙水运动方程及质量守恒微分方程得到

$$\nabla^{\mathrm{T}}\boldsymbol{k}(-\nabla p+\rho_{\mathrm{f}}\boldsymbol{b})+\alpha\boldsymbol{m}^{\mathrm{T}}\boldsymbol{L}\dot{\boldsymbol{u}}+\frac{1}{Q^*}\dot{p}=0 \tag{7.40}$$

由此得两相饱和土体 $u\sim p$ 型式的 Cosserat 连续体控制方程

$$\begin{cases}\boldsymbol{L}^{\mathrm{T}}(\boldsymbol{\sigma}''-\alpha\boldsymbol{m}p)+\rho\boldsymbol{b}-\boldsymbol{\rho}'\ddot{\boldsymbol{u}}=0\\ \nabla^{\mathrm{T}}\boldsymbol{k}(-\nabla p+\rho_{\mathrm{f}}\boldsymbol{b})+\alpha\boldsymbol{m}^{\mathrm{T}}\boldsymbol{L}\dot{\boldsymbol{u}}+\dfrac{1}{Q^*}\dot{p}=0\end{cases} \tag{7.41}$$

7.4.3 饱和多孔介质中动力渗流耦合分析的 Biot-Cosserat 连续体模型的有限元公式

在有限元分析中，控制微分方程中变量 u 和 p 在空间域内可以用节点位移和压力分片插值表示为

$$\boldsymbol{u}\cong\sum_{K=1}^{n}N_K^u\overline{u}_K=\boldsymbol{N}^u\overline{\boldsymbol{u}} \tag{7.42}$$

$$p\cong\sum_{K=1}^{m}N_K^p\overline{p}_k=\boldsymbol{N}^p\overline{\boldsymbol{p}} \tag{7.43}$$

用 Garlerkin 加权余量法作有限元离散，取 N^u，N^p 作权函数，要求单元域上的加权余差为零，即

$$\begin{cases}\displaystyle\int_{\Omega_{\mathrm{e}}}\left(\left(\boldsymbol{N}^u\right)^{\mathrm{T}}\left(\boldsymbol{L}^{\mathrm{T}}\left(\boldsymbol{\sigma}''-\alpha\boldsymbol{m}p\right)\right)+\left(\boldsymbol{N}^u\right)^{\mathrm{T}}\rho\boldsymbol{b}-\left(\boldsymbol{N}^u\right)^{\mathrm{T}}\boldsymbol{\rho}'\ddot{\boldsymbol{u}}\right)\mathrm{d}\Omega_{\mathrm{e}}=0\\ \displaystyle\int_{\Omega_{\mathrm{e}}}\left(\boldsymbol{N}^p\right)^{\mathrm{T}}\left(\nabla^{\mathrm{T}}\boldsymbol{K}\left(-\nabla p+\rho_{\mathrm{f}}\boldsymbol{b}\right)+\alpha\boldsymbol{m}^{\mathrm{T}}\boldsymbol{L}\dot{\boldsymbol{u}}+\frac{1}{Q^*}\dot{p}\right)\mathrm{d}\Omega_{\mathrm{e}}=0\end{cases} \tag{7.44}$$

令 $\boldsymbol{B}=\boldsymbol{L}\boldsymbol{N}^u$，并将变量 u 和 p 在空间域内的分片插值式代入，采用分部积分与高斯定理得

$$\begin{cases} \boldsymbol{M}\ddot{\bar{\boldsymbol{u}}} + \int_{\Omega_e} \boldsymbol{B}^{\mathrm{T}}\boldsymbol{\sigma}''\mathrm{d}\Omega_e - \boldsymbol{Q}\,\bar{\boldsymbol{p}} - \boldsymbol{f}^{(1)} = 0 \\ \boldsymbol{Q}^{\mathrm{T}}\dot{\bar{\boldsymbol{u}}} + \boldsymbol{S}\,\dot{\bar{\boldsymbol{p}}} + \boldsymbol{H}\,\bar{\boldsymbol{p}} - \boldsymbol{f}^{(2)} = 0 \end{cases} \tag{7.45}$$

式中

$$\boldsymbol{M} = \int_{\Omega_e} \left(\boldsymbol{N}^u\right)^{\mathrm{T}} \boldsymbol{\rho}' \boldsymbol{N}^u \mathrm{d}\Omega_e \tag{7.46}$$

$$\boldsymbol{Q} = \int_{\Omega_e} \boldsymbol{B}^{\mathrm{T}} \alpha \boldsymbol{m} \boldsymbol{N}^p \mathrm{d}\Omega_e \tag{7.47}$$

$$\boldsymbol{f}^{(1)} = \int_{\Omega_e} \left(\boldsymbol{N}^u\right)^{\mathrm{T}} \rho \boldsymbol{b} \mathrm{d}\Omega_e + \int_{\Gamma_t} \left(\boldsymbol{N}^u\right)^{\mathrm{T}} \bar{\boldsymbol{t}} \mathrm{d}\Gamma \tag{7.48}$$

$$\boldsymbol{S} = \int_{\Omega_e} \left(\boldsymbol{N}^p\right)^{\mathrm{T}} \left(Q^*\right)^{-1} \boldsymbol{N}^p \mathrm{d}\Omega_e \tag{7.49}$$

$$\boldsymbol{H} = \int_{\Omega_e} \left(\nabla \boldsymbol{N}^p\right)^{\mathrm{T}} \boldsymbol{k} \nabla \boldsymbol{N}^p \mathrm{d}\Omega_e \tag{7.50}$$

$$\boldsymbol{f}^{(2)} = \int_{\Omega_e} \left(\nabla \boldsymbol{N}^p\right)^{\mathrm{T}} \boldsymbol{k} \rho_{\mathrm{f}} \boldsymbol{b} \mathrm{d}\Omega_e - \int_{\Gamma_w} \left(\boldsymbol{N}^p\right)^{\mathrm{T}} \widetilde{w}_n \mathrm{d}\Gamma \tag{7.51}$$

引入本构关系

$$\boldsymbol{\sigma}'' = \boldsymbol{D}\boldsymbol{\varepsilon} = \boldsymbol{D}\boldsymbol{L}\boldsymbol{u} = \boldsymbol{D}\boldsymbol{B}\bar{\boldsymbol{u}} \tag{7.52}$$

可得

$$\begin{bmatrix} \boldsymbol{M} & 0 \\ 0 & 0 \end{bmatrix} \begin{Bmatrix} \ddot{\bar{\boldsymbol{u}}} \\ \ddot{\bar{\boldsymbol{p}}} \end{Bmatrix} + \begin{bmatrix} 0 & 0 \\ \boldsymbol{Q}^{\mathrm{T}} & \boldsymbol{S} \end{bmatrix} \begin{Bmatrix} \dot{\bar{\boldsymbol{u}}} \\ \dot{\bar{\boldsymbol{p}}} \end{Bmatrix} + \begin{bmatrix} \boldsymbol{K} & -\boldsymbol{Q} \\ 0 & \boldsymbol{H} \end{bmatrix} \begin{Bmatrix} \bar{\boldsymbol{u}} \\ \bar{\boldsymbol{p}} \end{Bmatrix} = \begin{Bmatrix} \boldsymbol{f}^{(1)} \\ \boldsymbol{f}^{(2)} \end{Bmatrix} \tag{7.53}$$

式中

$$\boldsymbol{K} = \int_{\Omega_e} \boldsymbol{B}^{\mathrm{T}} \boldsymbol{D} \boldsymbol{B} \mathrm{d}\Omega_e \tag{7.54}$$

在岩土材料的动力反应问题中，通常要将系统阻尼矩阵 $\boldsymbol{C}\dot{\bar{\boldsymbol{u}}}$ 加入到固相的动力方程中，则控制方程变为

$$\begin{cases} \boldsymbol{M}\ddot{\bar{\boldsymbol{u}}} + \boldsymbol{C}\dot{\bar{\boldsymbol{u}}} + \int_{\Omega_e} \boldsymbol{B}^{\mathrm{T}}\boldsymbol{\sigma}''\mathrm{d}\Omega_e - \boldsymbol{Q}\,\bar{\boldsymbol{p}} - \boldsymbol{f}^{(1)} = 0 \\ \boldsymbol{Q}^{\mathrm{T}}\dot{\bar{\boldsymbol{u}}} + \boldsymbol{S}\,\dot{\bar{\boldsymbol{p}}} + \boldsymbol{H}\,\bar{\boldsymbol{p}} - \boldsymbol{f}^{(2)} = 0 \end{cases} \tag{7.55}$$

在缺乏阻尼特性的有关信息时，通常采用 Rayleigh 阻尼假定，即

$$\boldsymbol{C} = \alpha \boldsymbol{M} + \beta \boldsymbol{K} \tag{7.56}$$

式中，α，β 为经验系数。控制方程可写为

$$\begin{bmatrix} \boldsymbol{M} & 0 \\ 0 & 0 \end{bmatrix} \begin{Bmatrix} \ddot{\bar{\boldsymbol{u}}} \\ \ddot{\bar{\boldsymbol{p}}} \end{Bmatrix} + \begin{bmatrix} \boldsymbol{C} & 0 \\ \boldsymbol{Q}^{\mathrm{T}} & \boldsymbol{S} \end{bmatrix} \begin{Bmatrix} \dot{\bar{\boldsymbol{u}}} \\ \dot{\bar{\boldsymbol{p}}} \end{Bmatrix} + \begin{bmatrix} \boldsymbol{K} & -\boldsymbol{Q} \\ 0 & \boldsymbol{H} \end{bmatrix} \begin{Bmatrix} \bar{\boldsymbol{u}} \\ \bar{\boldsymbol{p}} \end{Bmatrix} = \begin{Bmatrix} \boldsymbol{f}^{(1)} \\ \boldsymbol{f}^{(2)} \end{Bmatrix} \tag{7.57}$$

之后在时域上采用 Newmark 积分方法对有限元离散后结构的所有单元进行循环并进行组装，即可得到两相饱和 Cosserat 连续体 $u \sim p$ 型式的控制方程。由于篇幅所限，这里不再详细叙述。

如果采用 Drucker-Prager 等非线性的本构关系，则可用 Newton-Raphson 迭代过程进行求解。

最后要指出的是，本章所发展的数值模型将固体骨架分别与经典连续体或Cosserat连续体的单相固体介质或饱和两相介质的静、动力分析统一在一起，通过给定相应的计算参数及引入适当的约束条件就可进行各种情况下的数值模拟。

7.5 数值应用

本章工作主要在于发展饱和多孔介质中动力渗流耦合分析的Biot-Cosserat连续体模型，并通过数值例题结果验证所发展模型在模拟饱和多孔介质应变局部化过程时的有效性。在下面的数值模拟中，采用了位移基二阶等参有限元，即在平面问题中的四边形8节点等参元。由于LBB条件排除了$u \sim p$混合公式有限元中等低阶插值的应用，这里采用了u8ω4p4的不等阶插值（即平移自由度采用8节点插值，旋转自由度和孔隙水压力采用4节点插值），将固体骨架考虑为压力相关弹塑性材料，其本构积分采用第3章所发展的一致性算法[109, 110]。

【案例1】 平板压缩问题

考虑3.3.1节中图3.7所示的平板压缩问题，这里平板之间的介质为饱和弹塑性多孔介质。除了与3.3.1节中相同的边界条件外，另有计算域的右边界为排水（吸水）边界。采用Drucker-Prager准则描写材料的弹塑性行为，材料参数为$E = 5.0 \times 10^4 \text{kPa}$，$\upsilon = 0.3$，$G_c = 1.0 \times 10^4 \text{kPa}$，$l_c = 0.1\text{m}$，$c_0 = 150\text{kPa}$，$h_p = -120\text{kPa}$，$\varphi = 35°$，$\psi = 0$；各向同性渗透系数$k_w = 1.0 \times 10^{-5} \text{m/s}$，固体颗粒和孔隙流体的体积模量$K_s = 6.146 \times 10^6 \text{kPa}$，$K_f = 1.724 \times 10^5 \text{kPa}$，孔隙流体和固相密度$\rho_f = 1.0 \times 10^3 \text{kg/m}^3$，$\rho_s = 2.647 \times 10^3 \text{kg/m}^3$，孔隙率$n = 0.322$。

样板顶部受到以 0.08 m/s 的指定压缩变形的荷载作用，模拟动力破坏过程。图7.5给出了顶部受垂直指定位移$v = 0.352\text{m}$，采用不同有限元网格密度（16×16，24×24，36×36）时的等效塑性应变分布图。可以观察到，应变局部化解答对网格不存在病态的依赖性（不包括由于有限元网格密度变化的离散性引起的非病态解答差别）。图7.6所示的垂直荷载与垂直指定位移的关系曲线显示了随着塑性变形的发展，样板整体承载能力的逐渐下降。以有限元网格密度24×24为例，图7.7（a）和图7.7（b）分别显示了达到最大承载能力和加载结束时样板内的超静孔隙水压力分布。图7.7（a）反映了高超静水压力以及通过样板右边界排水的情况；图7.7（b）的超静负水压力分布表明排水过程的逆过程，即吸水过程通过样板“排水边界”进入样板，这是由于软化阶段剪切带外部分弹性卸载引起的体积膨胀（体积压缩应变的恢复）所致。

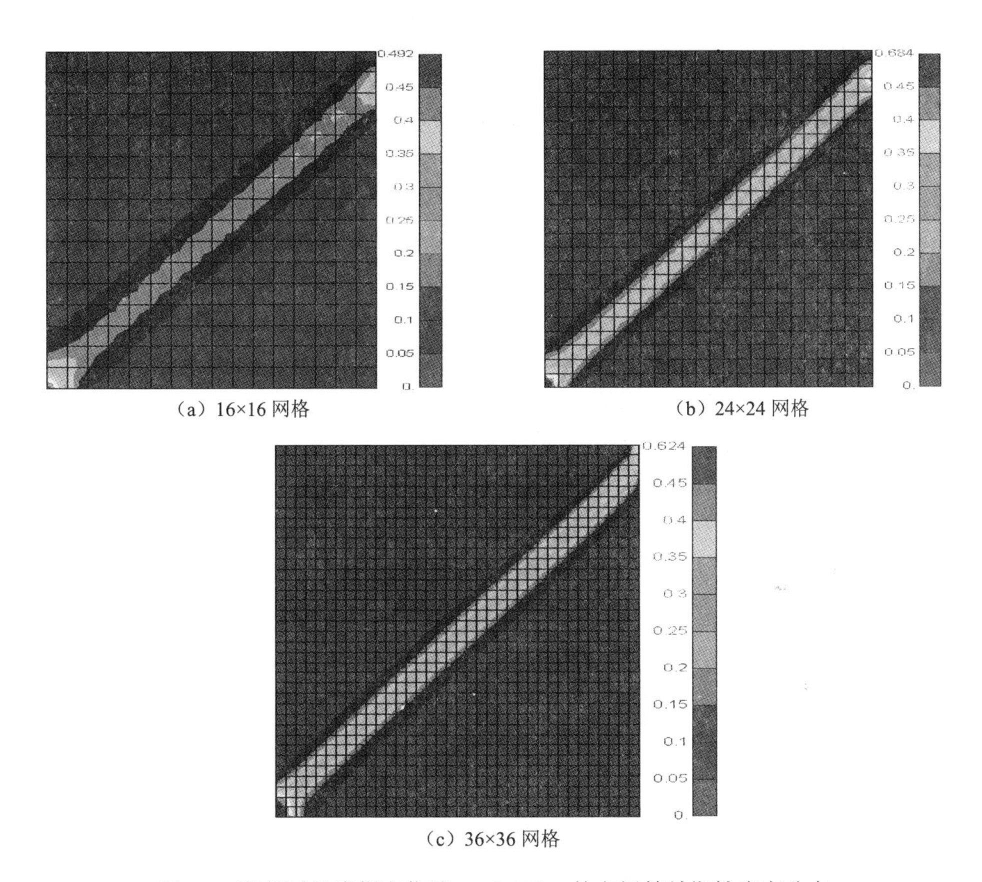

（a）16×16 网格　　（b）24×24 网格

（c）36×36 网格

图 7.5　顶部受垂直指定位移 $v = 0.352\text{m}$ 的方板等效塑性应变分布

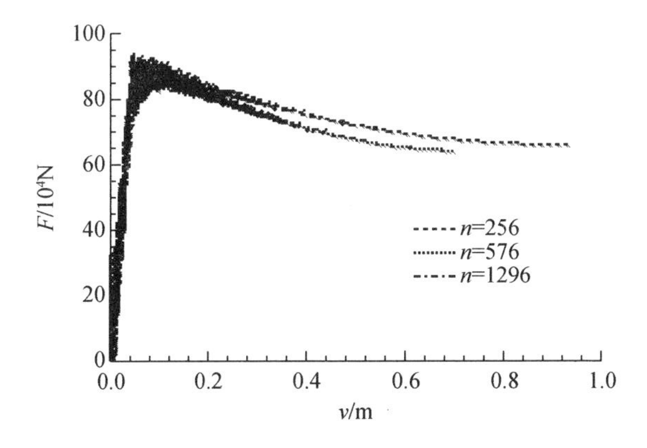

图 7.6　作用于方板顶面随垂直指定位移增长的垂直荷载曲线

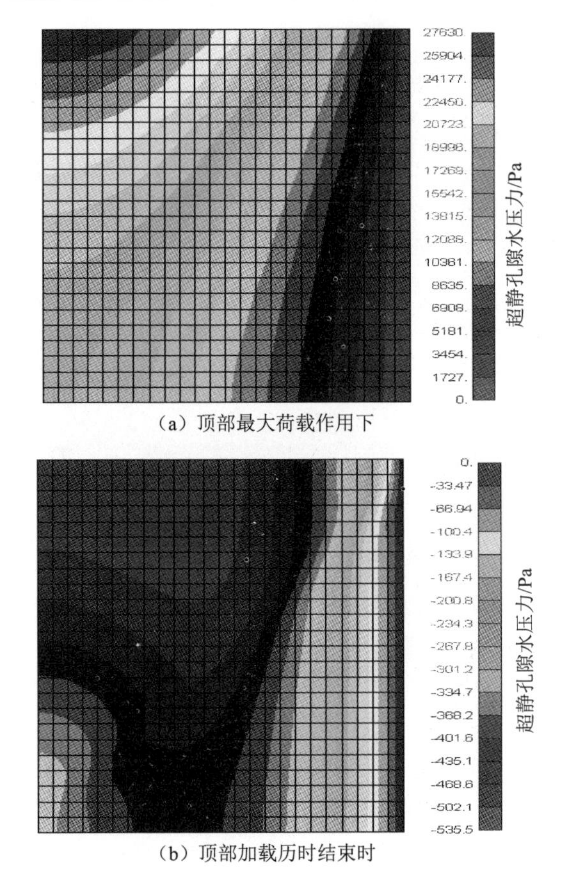

（a）顶部最大荷载作用下

（b）顶部加载历时结束时

图 7.7　方板内超孔隙水压力分布

【案例 2】 边坡稳定问题

考虑 3.3.2 节中图 3.11 所示的平面应变条件下的边坡稳定问题，边坡介质为饱和多孔介质，边坡通过置于其顶部的基础底座而受到荷载作用，边坡的斜边界和基础底座右侧的顶部边界部分为排水边界。边坡和基础底座之间的接触面假定为理想粘接，增长的荷载通过位于基础底座的有限元网格节点随时间增长的指定垂直位移作用于边坡。由于作用点偏离基础底座的中心，此荷载为偏心荷载，因此，基础底座也允许转动。采用 Drucker-Prager 准则描写材料的弹塑性行为，材料参数为 $E=5.0\times10^4\text{kPa}$，$\upsilon=0.3$，$G_c=1.0\times10^4\text{kPa}$，$l_c=0.06\text{m}$，$c_0=50\text{kPa}$，$h_p=-120\text{kPa}$，$\varphi=25°$，$\psi=5°$；各向同性渗透系数 k_w 在算例中给出，固体颗粒和孔隙流体的体积模量 $K_s=6.146\times10^6\text{kPa}$，$K_f=1.724\times10^5\text{kPa}$，孔隙流体和固相密度 $\rho_f=1.0\times10^3\text{kg/m}^3$，$\rho_s=2.647\times10^3\text{kg/m}^3$，孔隙率 $n=0.322$。

当指定位移以 0.02m/s 的速度增长时（以下如不作特别说明，均与此相同），经过 11s 后单相与两相饱和 Cosserat 连续体（渗透系数 $k_w=10^{-5}\text{m/s}$）的等效塑性应变分布如图 7.8 和图 7.9 所示，从图中可以看出，两者的塑性应变区宽度相差不多。另外，采用更小的渗透系数（$k_w = 10^{-7}$ m/s）计算得到的应变局部化区域的宽度（如图 7.10 所示）与前相比也基本一样。图 7.11 显示到达加载终点时由经典连续体的 Biot 固结理论计算得到的等效塑性应变分布，它比图 7.8 中仅考虑单相 Cosserat 连续体计算得到的塑性应变区宽度窄很多，由此说明引入了旋转自由度和内部长度参数的 Cosserat 连续体比流体的渗流具有更好的正则化效果。

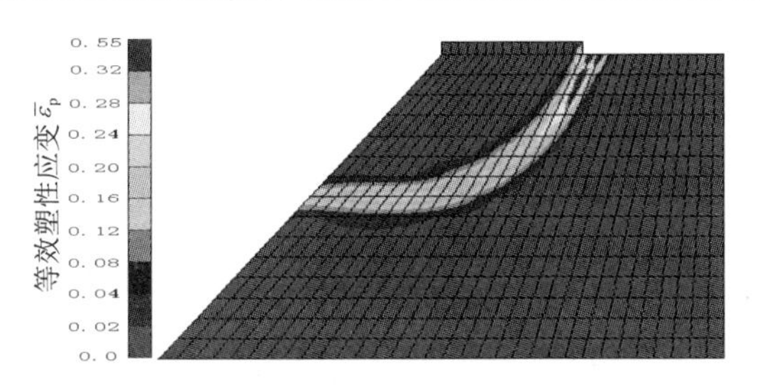

图 7.8　固相 Cosserat 连续体在 A 点指定垂直位移 $v = 0.22$m 时的等效塑性应变分布

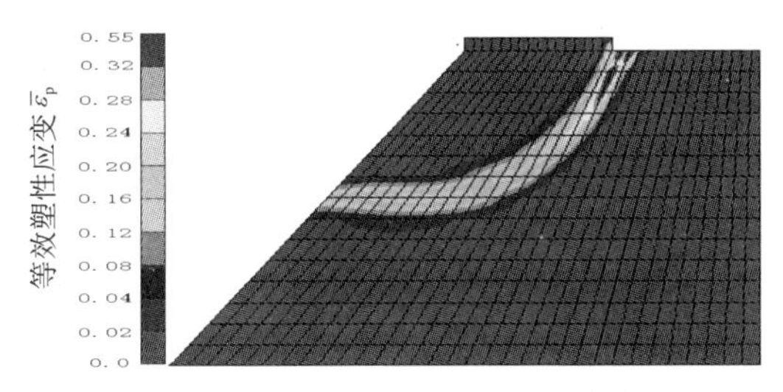

图 7.9　饱和两相 Cosserat 连续体在 A 点指定垂直位移 $v = 0.22$m 时的等效塑性应变分布，$k_w = 10^{-5}$m/s

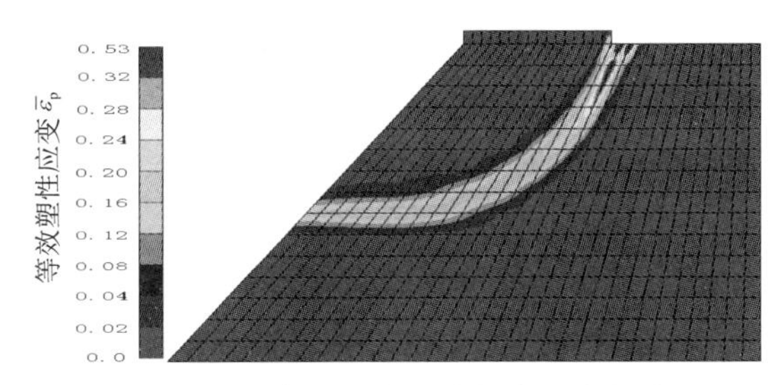

图 7.10　饱和两相 Cosserat 连续体在 A 点指定垂直位移 $v = 0.22$m 时的等效塑性应变分布，$k_w = 10^{-7}$m/s

图 7.12 和图 7.13 显示了在指定位移相同而渗透系数不同情况下的超静孔隙水压力分布。由此表明，排水过程的逆过程，即吸水过程通过边坡的“排水边界”进入坡体，流向剪切带，这是由于软化阶段剪切带外部分弹性卸载引起的体积膨胀（体积压缩应变的恢复）所致，从图中可明显地看到剪切带内存在很大的吸力。另外可以看出，在渗透系数较小时，由于排（吸）水更困难，吸力值更大。

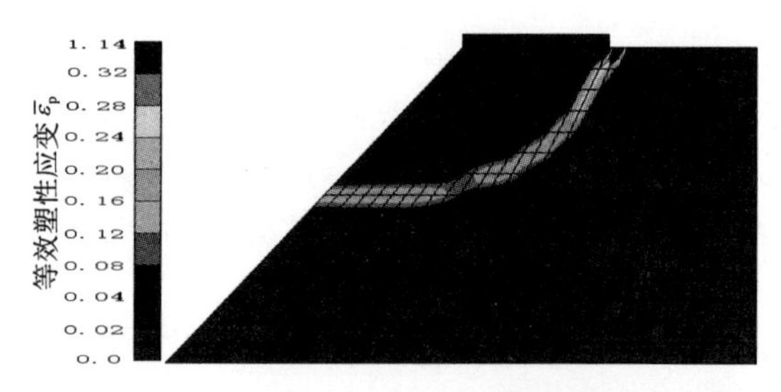

图 7.11　饱和经典连续体在加载历时结束时的等效塑性应变分布，$k_w = 10^{-7}$ m/s

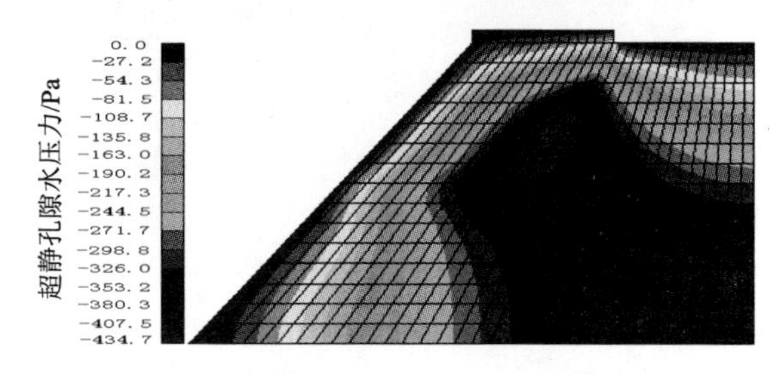

图 7.12　饱和两相 Cosserat 连续体在 A 点指定垂直位移 $v = 0.22$m 时的超静孔隙水压力分布，$k_w = 10^{-5}$ m/s，历时 11s

图 7.13 和图 7.14 可见，在加载历时较长的情况下，边坡体有足够的时间通过坡面进行排水或吸水。当经过 1100s 达到同样的指定位移时，边坡体内的超静孔隙水压力基本接近于零。

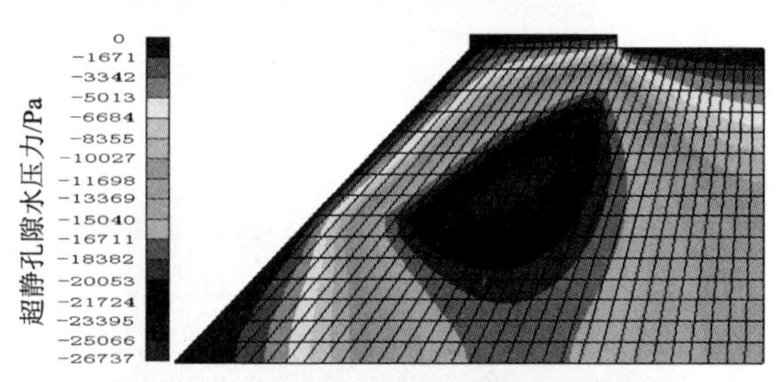

图 7.13　饱和两相 Cosserat 连续体在 A 点指定垂直位移 $v = 0.22$m 时的超静孔隙水压力分布，$k_w = 10^{-7}$ m/s，历时 11s

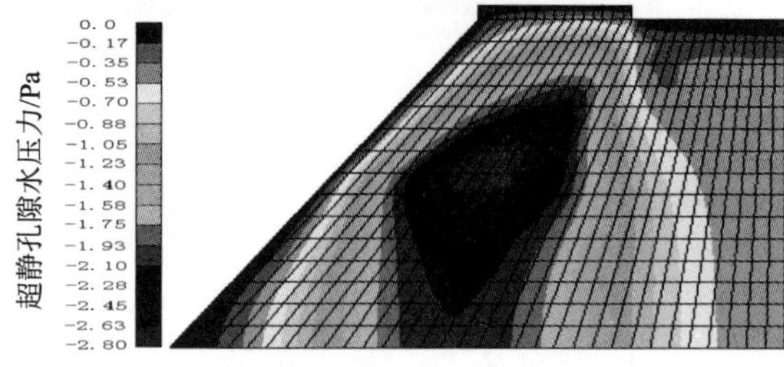

图 7.14　饱和两相 Cosserat 连续体在 A 点指定垂直位移 $v = 0.22$m 时的超静孔隙水压力分布，$k_w = 10^{-7}$ m/s，历时 1100s

图 7.15 所示的荷载-位移曲线显示了当材料软化参数引入 Drucker-Prager 准则时，本文所发展的数值模型模拟软化问题的能力。可以看到单相 Cosserat 材料或两相饱和 Biot-Cosserat 材料的峰值极限荷载较高，后峰曲线较平缓且有更好的延展性，由此说明采用 Cosserat 连续体对应变局部化后破坏问题的数值模拟所起的关键作用。另外，在高速加载情况下（历时 1.1s 达到同样的指定位移），边坡的极限承载力较大一些，这是由于边坡的部分介质处于高速变形状态，它们的惯性与低速加载相比将更多地承担一部分荷载；而且高速过程使孔隙流体没有充足的排水时间，因而孔隙流体中的超静水压力也将更多地承担一部分荷载。

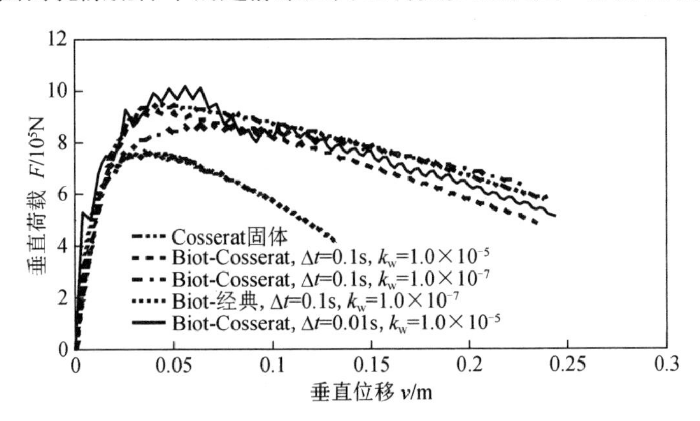

图 7.15　在各种不同条件下的荷载-位移曲线

7.6 结　语

本章将固体骨架考虑为 Cosserat 连续体，基于饱和多孔介质 Biot 理论，考虑旋转惯性，发展了饱和多孔介质中动力渗流耦合分析的 Biot-Cosserat 连续体模型并推导了相应的有限元公式。利用所发展的数值模型，对包含压力相关弹塑性固体骨架材料的饱和多孔介质进行了动力渗流耦合分析与应变局部化有限元模拟。数值模拟结果表明，所发展的两相饱和多孔介质动力渗流耦合分析的 Biot-Cosserat 连续体模型能保持饱和两相介质应变局部化问题的适定性及模拟饱和多孔介质软化现象的有效性。

第 8 章　Cosserat 连续体模型在岩土工程中的应用研究

8.1　地基承载力问题

8.1.1　地基极限承载力的理论解与常规有限元模拟

目前对于地基极限承载力的分析计算基本上采用基于 Prandtl 解的各种经验修正公式，文献[188]在变分原理的基础上，应用塑性力学的极限分析方法做了大量的工作，但难以推广应用于具有复杂边界和分层土体的实际工程中。文献[189]将用于边坡稳定分析的塑性力学上限解推广到计算地基承载力方面，采用最优化方法确定最小加载系数及相应的滑裂面和斜分条模式。文献[190]采用非关联的流动法则且在数值模型中引入了缺陷单元进行了有限元数值求解，分析了弹塑性地基中的变形局部化及极限承载力。与文献[190]的工作不同，本文引入了软化型的本构关系，分析了由此带来的数值困难，同时采用所发展的基于 Cosserat 连续体理论的数值方法来模拟地基的极限承载力与应变局部化过程。在以下的分析中，数值求解时采用四边形 8 节点有限单元，并采用 Drucker-Prager 准则描写地基的弹塑性本构行为，各种情况下的分析中可能用到的材料参数为：弹性模量 $E = 2.0\times10^7\,\mathrm{N/m^2}$，黏聚力 $c_0 = 5.0\times10^4\,\mathrm{N/m^2}$，软化模量 $h_\mathrm{p} = -3.0\times10^4\,\mathrm{N/m^2}$，摩擦角 $\varphi = 0^\circ$，Cosserat 剪切模量 $G_\mathrm{c} = 1.0\times10^7\,\mathrm{N/m^2}$，内部长度参数 l_c 在具体算例中给出。

1. 地基极限承载力的极限分析解

考虑如图 8.1 所示的无重地基，地基通过位于其上的刚性基础而受到荷载作用，地基和基础之间的接触面假定为理想粘接，增长的荷载通过位于基础中心的有限元网格节点随时间增长的指定垂直位移作用于地基，地基的底部边界固定，左右两边界横向固定。

Prandtl 根据塑性力学理论导出了刚性基础压入无重土中滑列面的形状及其相应的极限承载平均压力计算公式，$q_u = cN_\mathrm{c}$，即 $F/A = cN_\mathrm{c}$，其中 F 为基础顶面的垂直总荷载，A 为基础底面积，c 为黏聚力，$N_\mathrm{c} = \left[\exp(\pi\tan\varphi)\tan^2(45^\circ+\varphi/2)-1\right]\cot\varphi$。

对于目前的问题，基础底面宽度 $B = 2.0\mathrm{m}$，由 Prandtl 解答极限承载力 $F = (2+\pi)\times A\times c$，则 $F = 5.14\times10^5\,\mathrm{N}$。

2. 地基极限承载力的理想弹塑性有限元分析

由于极限平衡和极限分析方法本身的限制及应用于复杂条件下土体的局限性，需应用有限元等数值方法求解。一般来讲，如果数值解采用与理论解同样的本构模型，有限元数值解应高于理论解。采用 Drucker-Prager 准则描写地基的弹塑性本构行为，对上述问题进行理想弹塑性有限元数值求解，所得极限荷载为 5.596×10^5N。在达到极限承载力时地基内的等效塑性应变分布如图 8.1 所示，荷载-位移曲线如图 8.2 所示（classical, $h_p = 0.0$）。可见在达到极限承载力时地基的变形及塑性区的分布范围较大，这是由于破坏时塑性区内各点剪应力同时达到抗剪强度，只有当变形很大时才能近似地达到这一状态。

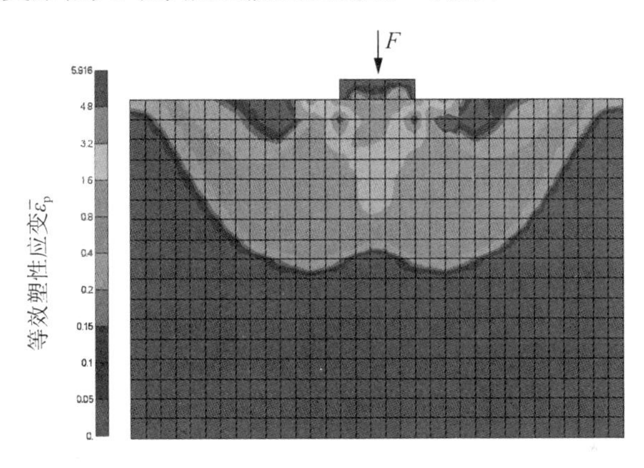

图 8.1　理想弹塑性地基问题的等效塑性应变分布图

3. 考虑应变软化效应的常规有限元数值模拟

事实上，无论是实验室内进行的超固结黏土和密实砂的三轴剪切等试验还是对于地基等土工建筑物的现场滑动破坏现象，所观察到的普遍行为表明，开始阶段土体的承载能力随着变形的发展逐渐增大，在变形达到一定量后达到极限，其后会随着土体的继续变形而逐渐下降，即出现应变软化现象，与应变软化现象相对应的是变形在土体的局部区域（有限宽度的剪切带）急剧发展。因而，合理的分析应采用反映这种软化现象的软化型的本构关系来描述土体的本构行为。

当采用软化型的本构关系时，由常规有限元数值模拟得到的荷载-位移曲线如图 8.2 所示（classical, $h_p < 0.0$），图 8.3（a）显示了在达到极限承载力（4.252×10^5N）时地基内的等效塑性应变分布，可见在达到极限承载力时地基的变形、等效塑性应变的大小以及塑性区的分布范围相比图 8.1 来说要小得多，且可以很明显地看出变形较集中且相互交叉的类似于 Prandtl 机构的剪切带。由于刚度阵中负特征值数目的出现，最后所能计算的变形量也小很多。

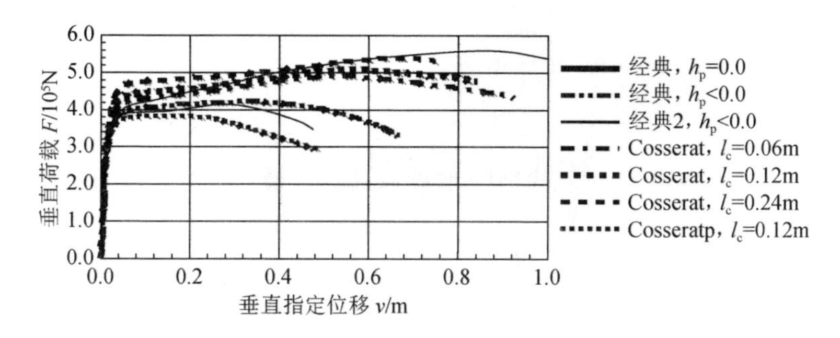

图 8.2　地基问题的荷载-位移曲线

图 8.3（b）显示了在网格加密一倍的情况下达到极限承载力时地基内的等效塑性应变分布，与图 8.3（a）相比，塑性区的分布范围变小了很多，从图 8.2 所示的荷载-位移曲线上（经典 2，$h_p < 0.0$）得到的极限承载力（4.149×10^5N）也要小。由于刚度阵中负特征值数目的增加，最后所能计算的变形量也小很多。由此说明对软化问题的常规有限元数值模拟结果病态地依赖于有限元网格。

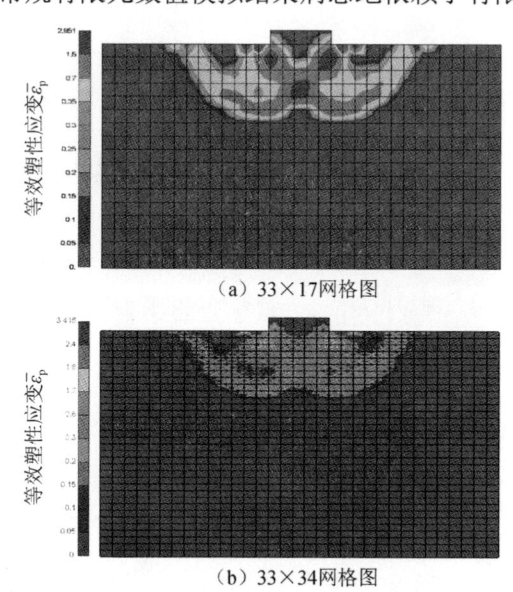

图 8.3　极限荷载作用下应变软化地基问题的等效塑性应变分布图

8.1.2　地基的极限承载力与应变局部化过程的 Cosserat 连续体有限元模拟

1. 考虑应变软化效应的 Cosserat 连续体有限元数值模拟

采用所发展的基于引入了正则化机制的 Cosserat 连续体理论的数值方法对地基问题进行模拟，图 8.2 给出荷载-位移曲线（Cosserat，$l_c = 0.06$m）。

图 8.4（a）显示了内部长度参数 $l_c = 0.06$m 在达到极限承载力（4.936×10^5N）

时地基内的等效塑性应变分布，可见此时塑性区还没有完全贯通。

由图 8.3 及图 8.4（a）的等效塑性应变分布图及其对应的极限承载力大小，可以得出两点结论：其一是采用了软化型的本构关系得到了所期待的变形局部化解答；其二是 Cosserat 连续体理论在引入正则化机制改善数值解的网格依赖性的同时，（延展性与更大的变形）提高了地基的极限承载力。

同时，可以看出这里的数值解由于采用了软化型的本构关系，出现了比极限分析理论解低的情况，这可用与变形有关的渐进破坏过程解释如下：随着变形的发展，局部土体单元处于较大的变形，越过了其峰值强度应变值而处于软化阶段，而另一部分还没达到峰值，即便达到极限荷载时也存在这样的情况，如图 8.4（a）所示；在荷载增加达到极限荷载的过程中，处于软化阶段的那部分单元所能发挥的强度在逐渐下降，而不像刚性-理想塑性材料那样强度总能保持最大值，因此总体极限荷载有可能低于极限分析理论解。这同时说明，这种渐进破坏机制对极限承载力的影响很大，尤其是降低了地基破坏时的极限荷载，如果仍采用传统的极限分析解，可能会很不安全。

在达到极限荷载后的后破坏阶段，地基的承载能力逐渐下降，但变形在局部区域急剧发展。在加载结束时等效塑性应变分布如图 8.4（b）所示，此时塑性区已完全贯通，局部区域的等效塑性应变值远大于极限荷载时的情况。

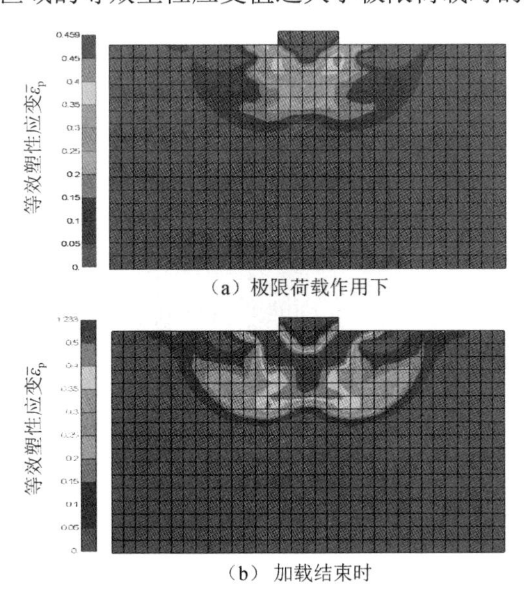

（a）极限荷载作用下

（b）加载结束时

图 8.4　采用 Cosserat 连续体理论，内部长度参数 $l_c = 0.06\text{m}$，

应变软化地基问题的等效塑性应变分布图

2. 内部长度参数对地基极限承载力模拟结果的影响

一般来讲，作为正则化机制在本构方程中所引入的内尺度参数具有“特征长

度”的意义，Cosserat 连续体本构方程中内部长度参数 l_c 也具有同样的意义。对上述地基问题另取 $l_c = 0.12\text{m}$ 和 0.24m 进行计算，荷载-位移曲线如图 8.2 所示（Cosserat，$l_c = 0.12\text{m}$，0.24m）。在达到极限荷载时的等效塑性应变分布如图 8.5 所示，在加载结束时地基的等效塑性应变分布如图 8.6 所示。可见，加载结束时

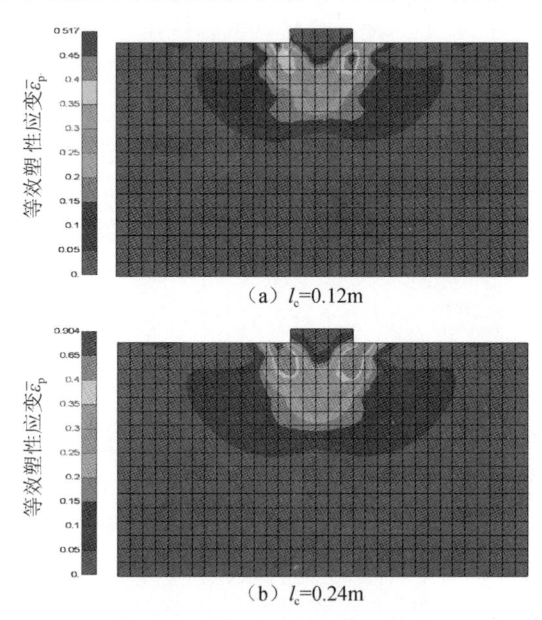

（a）l_c=0.12m

（b）l_c=0.24m

图 8.5　采用 Cosserat 连续体理论，极限荷载作用下应变软化地基问题的等效塑性应变分布

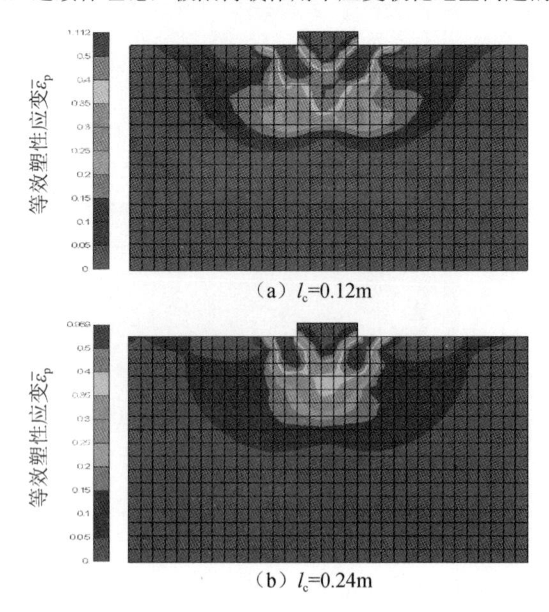

（a）l_c=0.12m

（b）l_c=0.24m

图 8.6　采用 Cosserat 连续体理论，加载结束时应变软化地基问题的等效塑性应变分布

局部区域的等效塑性应变值远大于极限荷载时的等效塑性应变值；l_c越大，极限荷载及等效塑性应变分布区域也要大一些。

另外，当$l_c = 0.24\text{m}$时，极限荷载（$5.406\times10^5\text{N}$）高于极限分析理论解，其原因在于采用了较大的内部长度尺寸增加了起到整体承载能力的局部化区域的宽度、提高了单元的刚性与模拟后破坏过程的延展性。这同时表明，合理地选取内部长度参数l_c对正确地模拟应变局部化现象很重要。这种现象和机理是常规连续体有限元和理论解所不能模拟和解释的。

3. 偏心荷载作用下地基极限承载力的 Cosserat 连续体有限元数值模拟

另外，在基础顶部作用一偏心荷载，偏心距$e = 0.2\text{m}$，按一般的处理方法，采用有效宽度$B-2e$来代替原有基础宽度B，则极限分析理论解$F = 4.114\times10^5\text{N}$。数值解的荷载-位移曲线如图 8.2 所示(Cosserat, $l_c = 0.12\text{m}$)，极限荷载为$3.853\times10^5\text{N}$。由此可见，在此情况下，传统的极限分析解也不一定偏于安全，其在极限承载力及加载结束时的等效塑性应变如图 8.7 所示，两者无论在等价塑性区的分布范围还是在等效塑性应变值的大小上相差很大，充分显示了在偏心荷载作用下渐进破坏过程对所能发挥的极限承载力的影响。

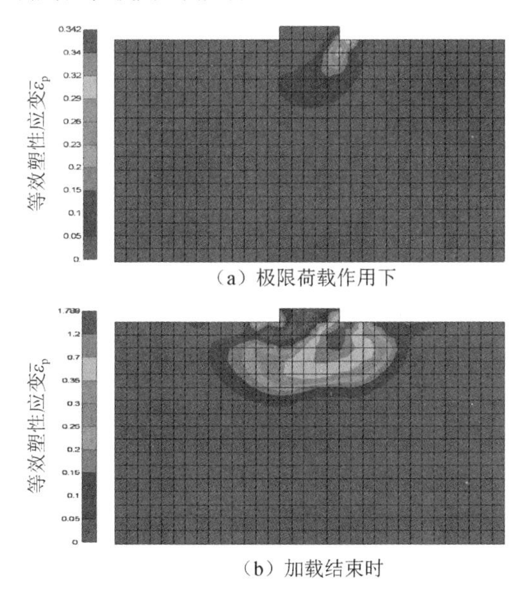

（a）极限荷载作用下

（b）加载结束时

图 8.7　偏心距$e = 0.2\text{m}$，$l_c = 0.12\text{m}$情况下地基的等效塑性应变

8.2　含软弱夹层的边坡稳定分析

具有一定倾向结构面的层状岩质边坡是工程中经常遇到的一类地质条件，不同倾向的边坡在自身重力荷载作用下的破坏模式一般不同，合理地分析和预测层

状岩质边坡的不同破坏模式在工程灾害预防中具有十分重要的意义。目前研究岩质边坡破坏模式的主要方法是基于有限单元法的数值分析，而一般在进行含有软弱结构面的层状岩体数值计算中，通常又有两种方法：一是直接将结构面和完整岩石分开，用节理单元模拟结构面，用均质同性连续体模拟完整岩石；二是将节理单元放到整个岩体中，将岩体视为横观各向同性体的等效连续体模型或是采用偶应力理论的等效连续体模型。本书根据所发展的压力相关弹塑性 Cosserat 连续体模型，采取一种折中的方法来模拟层状岩体边坡的数值问题，将结构面与完整岩石均视为均匀同性连续介质，并采用所发展的压力相关 Cosserat 连续体的理论进行模拟，结构面与岩石层之间假设为理想连接。为了模拟不同节理产状的岩质边坡在重力荷载作用下可能存在的破坏模式以及评价其稳定性，本书采取重度增加法，通过不断增加土体的重度，使土体逐渐发生塑性破坏，获得其稳定性评价指标。

对于边坡的稳定性问题，主要的研究方法有极限平衡法、有限元强度折减法、重度增加法等。极限平衡法由于不能考虑土体的应力-应变关系以及无法处理实际工程中复杂的边界条件而存在一定的局限性；后两种方法基于有限元理论能考虑比较复杂的荷载工况及岩土体本构关系，得到了越来越多的研究和应用[191-194]。这其中，重度增加法的基本原理是：在计算过程中，保持土体的强度参数 c 、φ 值不变，逐步增加重力加速度以增加土体的重度，反复进行有限元计算，直至边坡达到临界破坏状态，而此时采用的重力加速度 g' 与实际重力加速度 g 的比值称为重度增加系数或超载系数[195]；而强度折减法的基本原理则与此相反，其假定土体的重度不变，通过不断降低土体的强度指标，使其逐渐达到临界破坏状态，将此时采用的强度参数的折减系数定义为边坡的安全系数，并作为边坡整体的稳定性指标。可以看出，这两种方法分别从外因和内因的角度出发，通过保持某一因素不变，增加或是减弱另一因素的作用，诱发边坡整体破坏产生，分析实际状态与破坏状态受控制因素的变化方式，给出合理的稳定性指标，指导实际的工程应用。

8.2.1　数值模型与方法

本例考虑一坡度为 45° 的层状岩质边坡，坡体内存在一组相同倾向的优势结构面，将其视为软弱结构面，图 8.8 给出了该模型的几何尺寸及边界条件。在该边坡中结构面厚度为 2m，结构面之间岩体厚度为 8m，结构面与水平方向夹角为 β，并考虑 β 为各种不同值的情况，结构面与岩体在边坡内均匀分布，边坡各部分材料参数取值如表 8.1 所示。

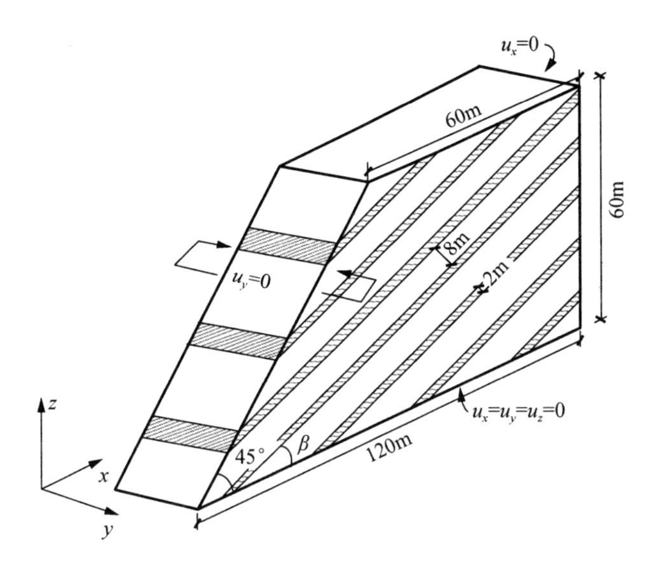

图 8.8 层状边坡的几何尺寸及边界条件

表 8.1 坡体的各部分材料性质[196]

材料介质	弹性模量 E/GPa	泊松比 υ	初始黏聚力 c_0/kPa	内摩擦角 φ / (°)
岩体	16	0.21	800	36
结构面	2	0.3	100	20

关于 Cosserat 连续体内部长度参数的取值问题，文献[197]认为，在使 Cosserat 连续体产生正则化效果的前提下，l_t 和 l_b 尽量取小值，对于连续体一般取约 0.01H（H 为所计算区域尺寸的较小值）为宜，为能说明问题，本例中内部长度参数取值为 $l_t = l_b = 0.06\text{m}$；对于 Cosserat 剪切模量，宜取 $G_c \geqslant 0.5G$ 。这里考虑结构面的软化行为对于坡体稳定性的影响，将结构面假设为应变软化材料进行模拟，软化模量取 $h_p = -50\text{kPa}$，岩体则用理想弹塑性模型进行模拟，即在程序中将其软化模量设为 0，实际重力加速度值为 g=9.8m/s^2。

本例中容重增加法的实现过程为：在有限元程序中将重力加速度设定为按照增量步逐步增加，从而模拟实现土体容重增加的过程，由于不像均质边坡模型那样不受材料非均匀性（就本例而言主要指结构面的存在）的影响，因此本例无法利用坡体内塑性区贯通以及坡体上特征点的位移突变来作为边坡失稳的判断依据，仅能以有限元计算迭代不收敛作为层状岩体达到变形破坏失稳的依据。为了保证初始时计算的收敛性，设定两个分析步，第一个分析步中将边坡的初始重力加速度设定为实际重力加速度的一半，从第二个分析步开始，使重力加速度按照增量步数每步增加 0.05g，直到计算因不收敛而中止，每个增量步中重力加速度的计算值如下

$$g' = g_0 + (\text{kinc} - 1) \times \Delta_g g \tag{8.1}$$

式中，g_0为第一个分析步中设定的初始重力加速度，在本例中为$g_0 = 0.5\text{g}$，kinc为第二个分析步中计算达到的增量步数，由于不收敛的增量步中重力增量并未加上，最后求解时需要减去一个增量步数，这里Δ_g为重力加载系数，在本例中$\Delta_g = 0.05$。这样本例中第二个分析步的某一增量步下的重力加速度为

$$g' = g_0 + (\text{kinc} - 1) \times \Delta_g g = \left(0.5 + (\text{kinc} - 1) \times \Delta_g\right) g \tag{8.2}$$

这样，将计算出现不收敛时的重力加速度与实际加速度的比值定义为边坡的超载系数F，即

$$F = \frac{g'}{g} = 0.5 + (\text{kinc} - 1) \times \Delta_g \tag{8.3}$$

并将其作为边坡的稳定性指标。

8.2.2 结果分析与讨论

图 8.9 和图 8.10 分别给出了不同结构面产状的层状边坡，在逐渐增加重力荷载作用下发生的不同变形破坏模式以及等效塑性应变的等值线分布图。其中，编号（a）所示为水平层状边坡的计算结果，可见随着重力荷载的增加，坡体变形自坡顶开始产生，并主要集中在靠近坡面附近；由于底层为软弱节理层，坡体在坡脚处沿水平向滑出，塑性区也主要集中在这一地带；坡体内结构面由于应变软化出现沿水平方向分布的塑性区，部分岩体由于剪切变形也出现少量的塑性区域并从底部向上逐渐发展，预示了该层状坡体的破坏发展趋势。上述分析表明，该产状的层状岩体主要发生压剪性质的破坏模式。

编号（b）～（f）所示为顺倾向层状边坡的变形破坏模式及等效塑性应变等值线分布图。顺倾向指的是坡体内的结构面与边坡具有相同的倾向，一般情况下其主要受自重引起的顺层滑移力作用，稳定性受岩层走向、夹角大小、坡角与结构面倾角组合关系、结构面的发育程度及强度所控制。由所示的几种产状的边坡计算结果可以看出：当结构面倾角小于坡角时（如图 8.9 中的（b）和（c）），边坡主要出现的是沿最接近坡脚稳定岩体的结构面发生的错位滑动，坡体其他部分基本无破坏。从图 8.10 中的（b）和（c）也可以看出，塑性应变区集中出现在最接近坡脚稳定岩体的结构面上，坡体其他部分塑性应变值很小且基本也是沿着结构面分布的；当结构面倾角等于或大于坡角时（如图 8.9 中的（d）～（f）），随着重力荷载的不断增加，此时靠近坡顶附近的岩层发生沿软弱结构面向下滑动的现象，产生明显的后缘拉裂区，坡体前缘的变形逐渐积累在靠近坡脚处的岩层中，为了抵抗不断提高的重力坡向分力和由此产生的竖向位移，靠近坡脚处的岩体由内向外产生剧烈的弯曲变形。此类层状边坡主要以浅层岩体的溃曲变形破坏为主要模式，且随着结构面倾角与坡角的差距增大，岩层倾向逐渐变陡，发生溃曲的

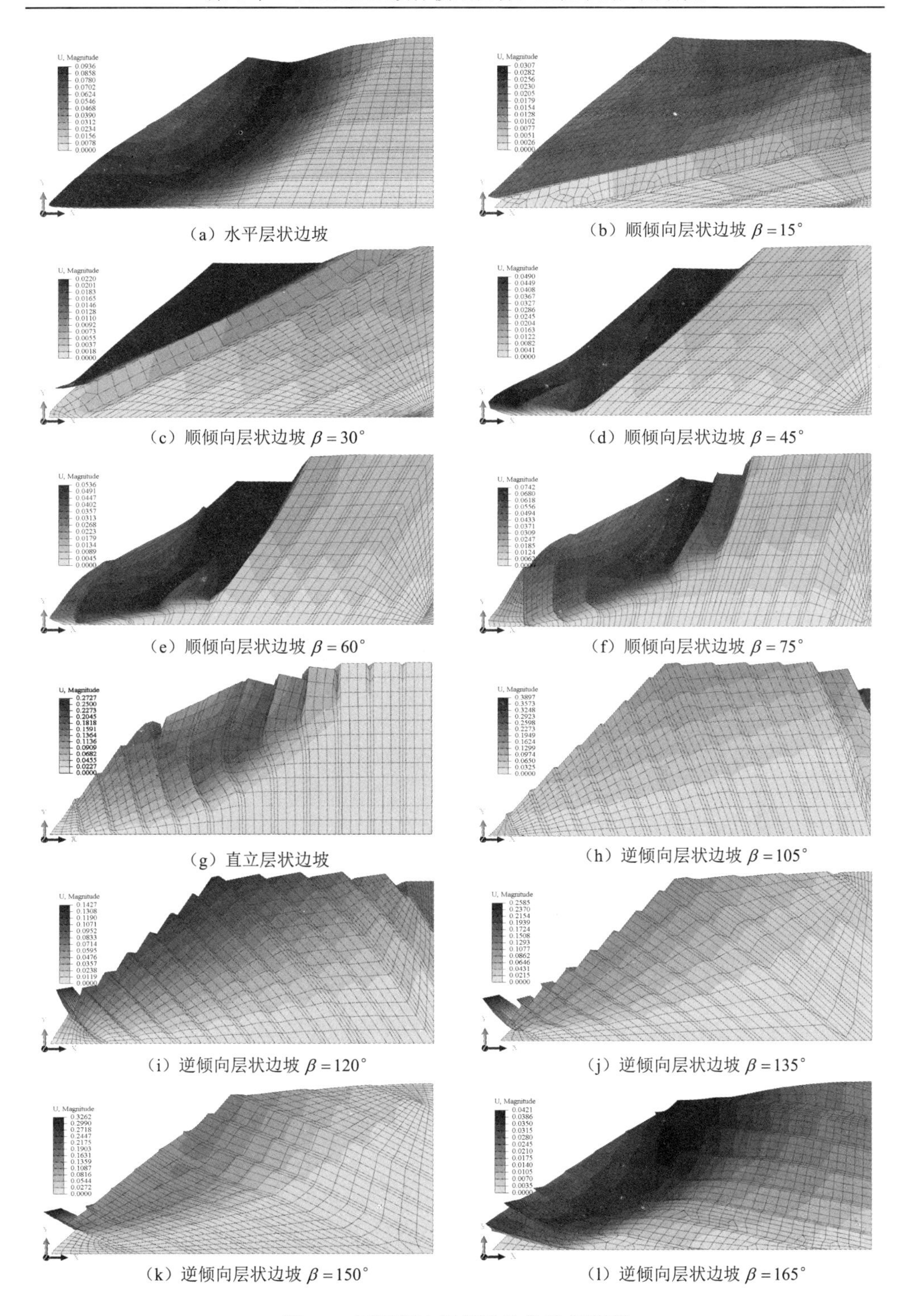

（a）水平层状边坡　　（b）顺倾向层状边坡 $\beta=15°$

（c）顺倾向层状边坡 $\beta=30°$　　（d）顺倾向层状边坡 $\beta=45°$

（e）顺倾向层状边坡 $\beta=60°$　　（f）顺倾向层状边坡 $\beta=75°$

（g）直立层状边坡　　（h）逆倾向层状边坡 $\beta=105°$

（i）逆倾向层状边坡 $\beta=120°$　　（j）逆倾向层状边坡 $\beta=135°$

（k）逆倾向层状边坡 $\beta=150°$　　（l）逆倾向层状边坡 $\beta=165°$

图 8.9　不同倾向层状边坡位移变形图

岩体范围也不断增大，溃曲点的位置逐渐向上向后移到坡体内部，此时坡体中的塑性应变区域除了集中在多条薄弱的结构面上，在坡体内的岩体中也出现了比较大范围的塑性区域，并与结构面塑性区互相贯通，显示了整个边坡变形破坏的发展趋势。

编号（g）所示的是直立节理产状的层状边坡的变形破坏情况，由这两幅图可看出，坡体内主要出现两种变形模式：一是坡面下方临空岩体为抵抗重力荷载而产生溃曲变形；二是坡体表面的岩体和结构面交界处发生微小的层间滑移错动，这是由于岩体和结构面强度不同，引起的变形差异所致，随着层间错动的积累，在坡顶附近的坡面上也出现了较大的张拉变形和拉裂区。等效塑性应变等值线的计算结果［图 8.10（g）］也显示，塑性区集中出现在靠近坡体表面的软弱结构面内，坡顶下方岩体中也出现了近似沿坡面方向分布的塑性区。

图 8.9（h）～（l）及图 8.10（h）～（l）显示的是具有逆倾向结构面的层状边坡的变形破坏模式以及坡体内等效塑性应变等值线的分布情况，逆倾向层状边坡稳定性受坡角与结构面倾角组合、岩层厚度、层间结合能力及反倾结构面发育与否所决定。可以看出，结构面的反倾向角度比较大时，坡体主要出现岩层间沿结构面的微小错动变形，高强度的岩体基本不产生明显的变形，塑性区也集中出现在各软弱结构面内。这主要是由于较大的倾角使重力主要产生沿结构面的下滑力，而沿结构面法向的重力分量较小。重力的下滑力分量作用在不同强度的岩体和结构面上，产生差异变形，引起层间错动，而重力的法向分量使得岩体互相挤压软弱的结构面，使其产生更大的塑性变形，边坡的破坏模式以岩层的倾倒-弯曲变形为主。随着岩层倾向逐渐变缓，重力的两个分量在岩体变形中担当的角色发生转变，结构面法向重力分量变大，并引起岩体产生弯曲变形。计算得到的等效塑性应变分布区也显示，倾角 $\beta=135°$，150° 及 165° 的三个反倾向层状边坡中，自靠近坡脚处的岩体向坡体内出现了逐渐贯通的塑性区［图 8.10 中的（j）～（l）所示］。此时边坡的破坏模式主要以临空面岩层的倾倒弯曲变形以及坡脚处岩体沿结构面的滑移错动变形为主。

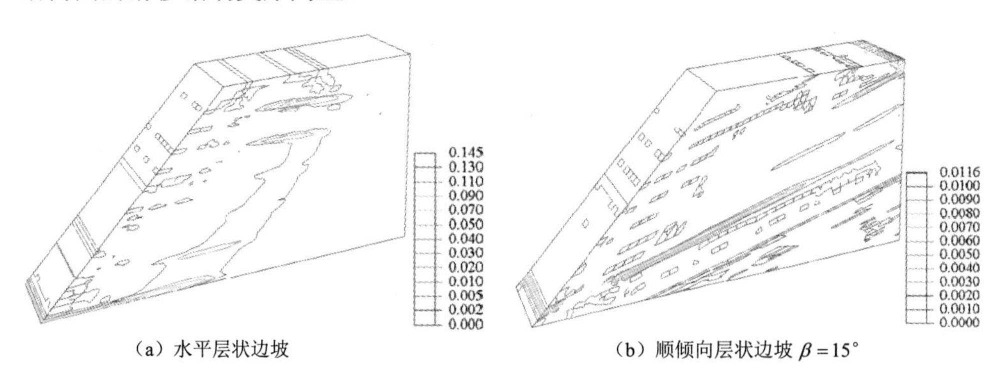

（a）水平层状边坡　　（b）顺倾向层状边坡 $\beta=15°$

图 8.10　不同倾向层状边坡等效塑性应变等值线分布图

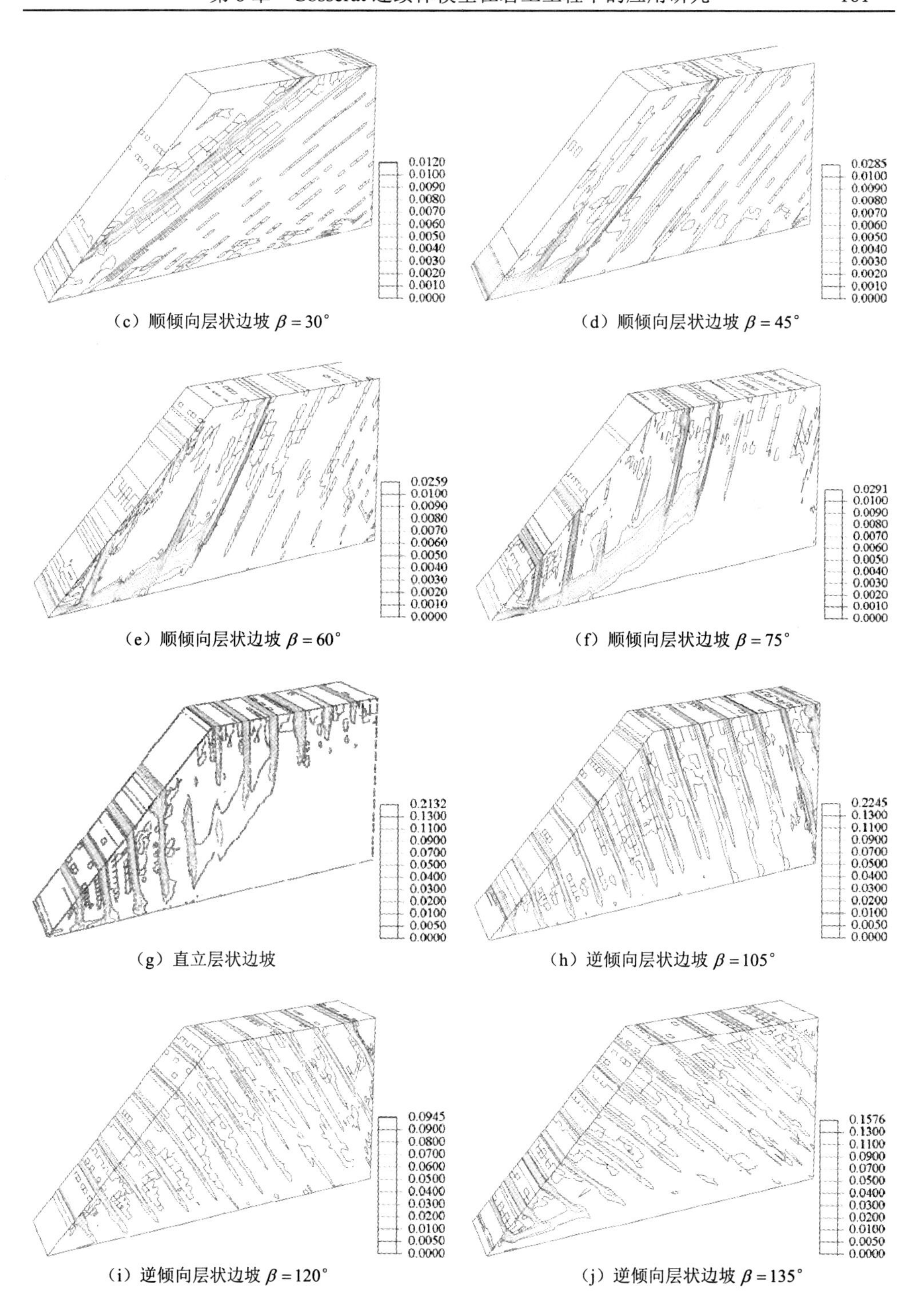

（c）顺倾向层状边坡 $\beta=30°$

（d）顺倾向层状边坡 $\beta=45°$

（e）顺倾向层状边坡 $\beta=60°$

（f）顺倾向层状边坡 $\beta=75°$

（g）直立层状边坡

（h）逆倾向层状边坡 $\beta=105°$

（i）逆倾向层状边坡 $\beta=120°$

（j）逆倾向层状边坡 $\beta=135°$

图 8.10（续）

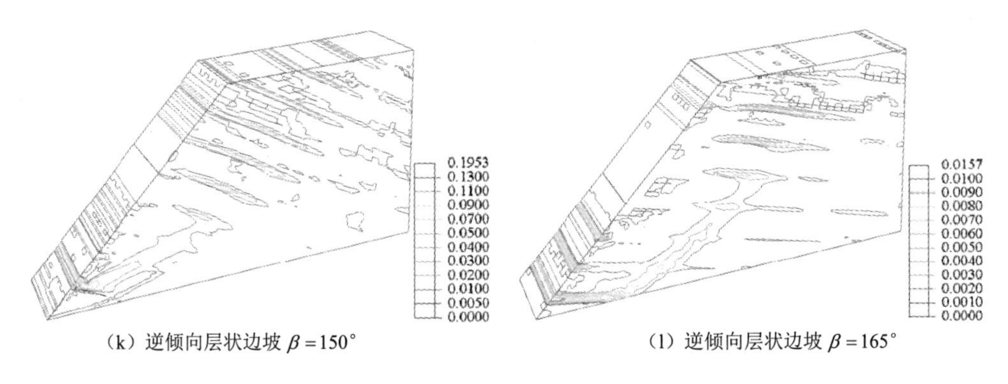

（k）逆倾向层状边坡 $\beta=150°$　　（l）逆倾向层状边坡 $\beta=165°$

图 8.10（续）

采用重度增加法计算结构面倾角与边坡失稳时的超载系数的关系，该超载系数由式（8.3）的计算关系确定，计算结果如图 8.11 所示，为了表达的方便，图中逆倾向边坡的倾角 β 改成了结构面与水平面的夹角中的锐角表示。从图可知，对于顺倾向边坡，结构面的倾角小于坡角的缓倾向边坡的超载系数要远小于结构面倾角大于坡角的陡倾向边坡的超载系数，$\beta=30°$ 时，求得的边坡超载系数最小，而 $\beta=90°$ 的边坡超载系数要高于 $\beta=0°$ 的边坡。以超载系数来反映边坡的稳定性，显示顺倾向边坡随结构面倾角的增加，稳定性出现先降低后增加的趋势，并且以与坡角相等的结构面倾角为界；缓倾向边坡的稳定性要远低于陡倾向的边坡，这一趋势与林杭等[196]的研究结果是一致的。对于逆倾向边坡，超载系数的变化趋势则与顺倾向边坡不同，求得的超载系数随 β 角的增加呈现先增加后减小而后又增加的趋势，并且大部分逆倾向的边坡超载系数要高于顺倾向的边坡，说明逆倾向边坡的稳定性要好于顺倾向的边坡，这也符合实际的情况。

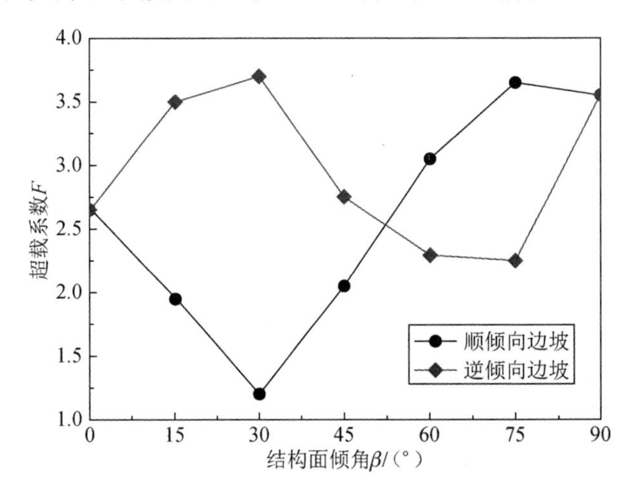

图 8.11　结构面倾角与超载系数的关系

为了进一步说明所发展压力相关 Cosserat 弹塑性模型的特点，针对本例，选取其中两种产状的层状边坡，分别用经典连续体模型和 Cosserat 连续体模型进行计算，并结合数值模拟结果加以对比分析和讨论。这里选取结构面倾角为 30° 和 75° 的两个顺倾向的层状边坡，由经典连续体模型和 Cosserat 连续体模型计算得到的两种产状边坡坡体内的等效塑性应变分布情况如图 8.12 所示。

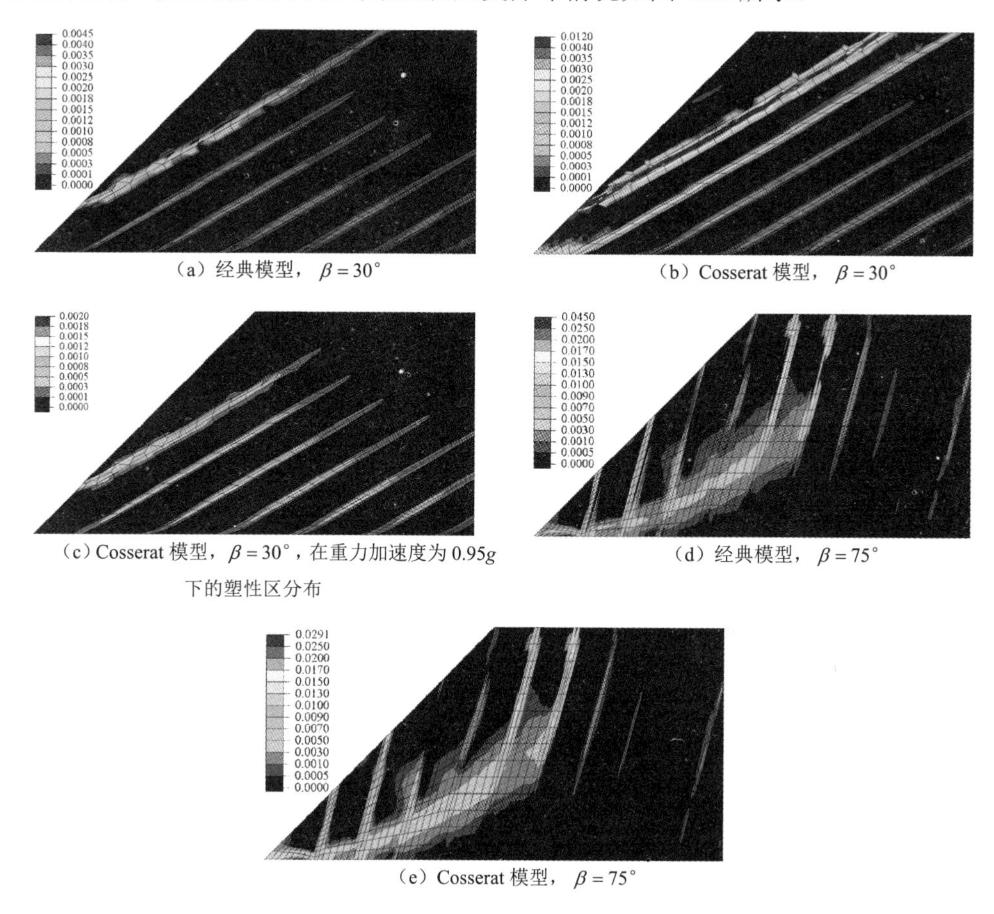

（a）经典模型，$\beta=30°$

（b）Cosserat 模型，$\beta=30°$

（c）Cosserat 模型，$\beta=30°$，在重力加速度为 $0.95g$ 下的塑性区分布

（d）经典模型，$\beta=75°$

（e）Cosserat 模型，$\beta=75°$

图 8.12　由经典模型和 Cosserat 模型计算得到的结构面倾角 β 分别为 30° 和 75° 的两个层状边坡内的等效塑性应变分布情况

由计算结果可以看出，对于结构面倾角 $\beta=30°$ 的层状边坡，Cosserat 模型计算得到的塑性区效果要比经典模型的计算结果更为明显，其计算得到的最大塑性应变值也比经典模型的更大；同时，采用 Cosserat 模型计算分析得到的最大重力加速度值达到 $1.2g$，经典模型为 $0.95g$，而在 $0.95g$ 的加速度下，Cosserat 模型计算得到的该边坡内的最大塑性应变值远小于计算最终结果，这说明对于稳定状况比较差的缓倾向顺层边坡，Cosserat 模型能够更完整地模拟出边坡的渐进破坏过

程，而经典连续体模型由于过早出现不收敛的情况，因此会得出偏安全的结果。而对于倾角为 75° 的层状边坡，由 Cosserat 模型计算达到的最终重力加速度值为 3.65g，经典模型为 3.6g，稳定性结论比较一致，但 Cosserat 模型计算的最大塑性应变值要略小于经典模型，其计算结果表面上看似乎与倾角为 30° 的边坡得到的结论相悖，实际上是由于 Cosserat 模型中存在偶应力，能够更合理地模拟和反映出岩体受力后的弯曲效应，加之内部长度参数的存在相较于经典模型增加了起到整体承载能力的局部化区域的宽度、提高了单元的刚性，反映在土体塑性发展的结果上即是在同样的变形情况下所得到的最大等效塑性应变值要低于经典模型的结果。

本例采用重度增加法以不同节理产状的层状边坡计算不收敛时的超载系数作为其稳定性评价依据，对比文献[196]所采用的强度折减法研究层状边坡稳定性的结果，本例所得到的稳定性结论与文献[196]的结果所反映的趋势基本一致，但也存在一些差异，这主要是由于两个算例中对边坡材料的假设不一样，且模型的坡角以及所选取的边坡计算区域也不一致。同时也可发现，利用本文模型计算得到的不同产状边坡的稳定性状况多数情况下要弱于文献[196]中相同产状坡体稳定性的计算结果，这是由于将结构面假设为应变软化材料，结构面的强度将随着变形的发展逐渐降低，从而削弱了坡体的整体稳定性。由此可见，基于本文所发展的适用于 Cosserat 弹塑性模型的重度增加法，将材料的软化特性考虑到分析之中，将结构面假设为应变软化材料，而岩体则假设为理想弹塑性材料，发挥了 Cosserat 连续体理论在模拟应变软化特征的变形局部化问题中的数值计算优势，也为后续的研究奠定了基础。

8.3　挡土墙问题数值分析

8.3.1　二维挡土墙分析

考虑墙后土体材料的剪胀性（非关联塑性流动），来分析被动土压力作用下的重力式挡土墙问题。对于非关联塑性流动材料，Pande 与 Pietruszczak 的研究表明[164]，对于理想弹塑性材料，在某些情况下（如当泊松比 υ 大于 1/3 时），等效于关联塑性流动及应变软化材料，此时违背了 Drucker 关于稳定材料的公设，基于经典连续体的有限元分析遇到了数值困难。另外，对于剪胀型土体，Manzari 与 Nour 的研究表明[198]，当摩擦角与剪胀角的差异较大时，基于经典连续体的有限元分析将面临明显的收敛性缺乏而得不到有意义的解。本例的分析将表明，基于 Cosserat 连续体的有限元分析可以保持这类问题的适定性，数值结果将收敛到有意义的解。

如图 8.13 所示，挡土墙墙高 3.2m，墙背垂直，墙后土体的计算区域取长 13.2m，高 6.8m，区域的右边界及下边界固定，挡土墙下的左边界固定，挡土墙墙背光滑，单元网格划分如图 8.13 所示。材料参数为 $\rho = 2.0 \times 10^3 \mathrm{kg/m^3}$，$\upsilon = 0.35$，$E = 5.0 \times 10^7 \mathrm{N/m^2}$，$G_c = 1.0 \times 10^7 \mathrm{N/m^2}$，$l_c = 0.12\mathrm{m}$。为了研究摩擦角与剪胀角的差异等对数值计算的影响，其余材料参数分以下几种情况取值，情况①：$c_0 = 5.0 \times 10^4 \mathrm{N/m^2}$，$\varphi = 25°$，$\psi = 0°$；情况②：$c_0 = 5.0 \times 10^4 \mathrm{N/m^2}$，$\varphi = 35°$，$\psi = 0°$；情况③：$c_0 = 5.0 \times 10^4 \mathrm{N/m^2}$，$\varphi = 40°$，$\psi = 0°$；情况④：$c_0 = 4.0 \times 10^4 \mathrm{N/m^2}$，$\varphi = 35°$，$\psi = 0°$。对以上四种情况，分别采用经典连续体理论与 Cosserat 连续体理论进行分析，所得作用于挡土墙上的荷载与墙体位移的关系曲线如图 8.14 所示。

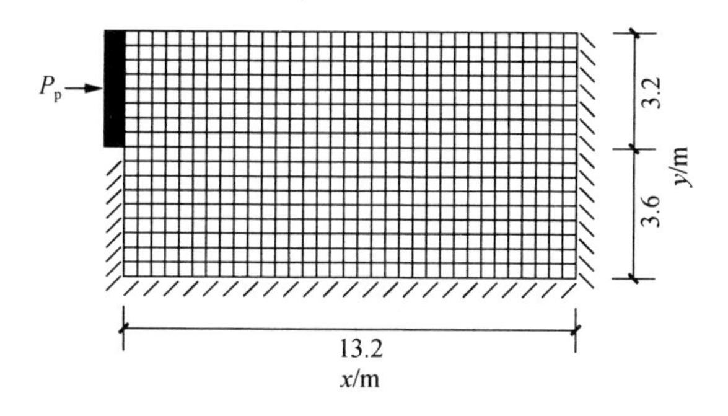

图 8.13　被动土压力作用下的挡土墙计算模型

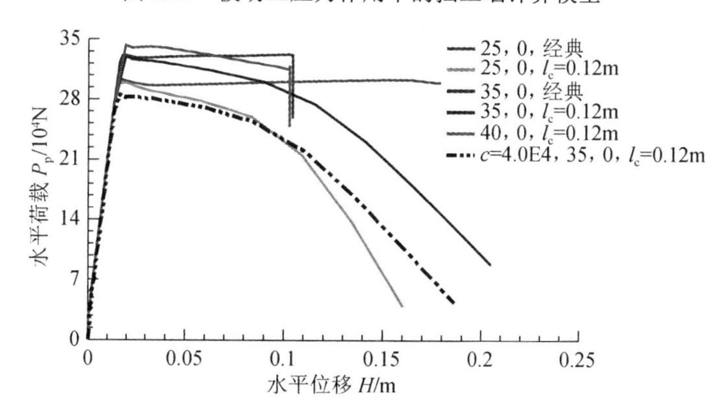

图 8.14　挡土墙上作用力与位移关系曲线

材料参数按第①种情况取值时，摩擦角与剪胀角的差异较小，基于经典连续体的分析得到的结果类似于理想弹塑性材料（图 8.14 中图例标为 25,0,经典所指的曲线），而基于 Cosserat 连续体的分析得到的结果则表现出等效于应变软化材料的行为（图 8.14 中图例标为 25,0, $l_c = 0.12\mathrm{m}$ 所指的曲线）。这种情况下均能计算到较大的变形量，得到的极限荷载一致。

与第①种情况相比，第②种情况中摩擦角有所增大，基于经典连续体的分析得到的结果仍类似于理想弹塑性材料（图 8.14 中图例标为 35,0,经典所指的曲线），但能计算到的变形量比第①种情况小很多，这是由于内摩擦角与剪胀角差异的增大数值失稳所致。但对基于 Cosserat 连续体的分析来说不存在这样的数值失稳问题，从图中可以看到由于峰值极限荷载的提高（因为摩擦角增大了），能计算到的变形量甚至比第①种情况还要大（图 8.14 中图例标为 35,0, $l_c = 0.12\text{m}$ 所指的曲线），结果仍表现出等效于应变软化材料的行为。基于两种连续体分析得到的峰值极限荷载仍然一致。

为进一步阐明两种连续体理论对非关联塑性流动材料的适应性，将材料参数按第③种情况与第④种情况取值。与第②种情况相比，第③种情况的内摩擦角进一步提高，导致其与剪胀角的差异进一步增大。在这种情况下，基于经典连续体的分析在较早阶段遇到了数值失稳困难，在进入塑性变形阶段后计算不能进行下去，因此在图中没有显示；而基于 Cosserat 连续体的分析仍能进行下去，只是能计算到的变形量小于前面的情况，结果仍表现出等效于应变软化材料的行为（图 8.14 中图例标为 40,0, $l_c = 0.12\text{m}$ 所指的曲线）。

在第④种情况下，内摩擦角与剪胀角的取值与第②种情况一样，但黏聚力变小了，以此来突出内摩擦角与剪胀角的差异。此时基于经典连续体的分析也在较早阶段遇到了数值失稳困难，在进入塑性变形阶段后计算不能进行下去，在图中也没有显示；而基于 Cosserat 连续体的分析仍能进行下去，能计算到的变形量也较大，结果依然表现出等效于应变软化材料的行为（图 8.14 中图例标为 $c = 4.0\text{E}4$, 35,0, $l_c = 0.12\text{m}$ 所指的曲线）。

图 8.15 所示为第②种情况下基于经典连续体的分析得到的变形图与等效塑性应变分布图，从图中可以看出局部化变形较为突出，塑性区分布狭窄，这是由于本构关系的局部特性导致的变形的局部化行为，即一点的变形与其他点的变形无关。图 8.16 所示为第②种情况下基于 Cosserat 连续体的分析得到的变形图与等效塑性应变分布图，从图中可以看出局部化变形较为缓和，塑性区分布有一定的范围，这是由于本构方程中内部长度参数的引入导致变形的非局部化行为，即一点的变形与一定范围内周围点的变形有关。

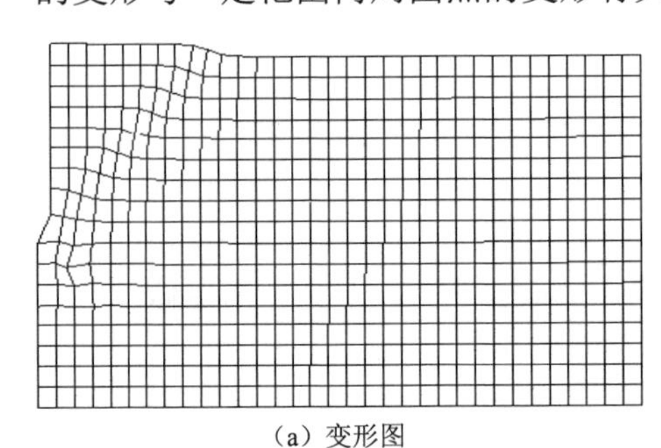

（a）变形图

（b）等效塑性应变分布

图 8.15　经典连续体理论在 $\varphi = 35°$，$\psi = 0$ 时计算得到的变形图与等效塑性应变分布

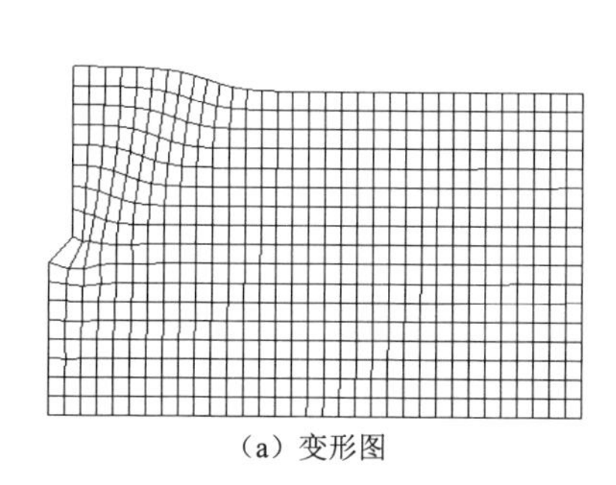

（a）变形图

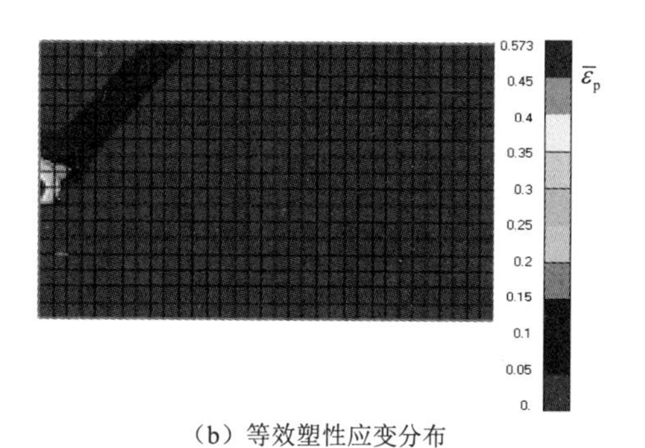

（b）等效塑性应变分布

图 8.16　Cosserat 连续体理论在 $\varphi=35°$，$\psi=0$，$l_c=0.12\text{m}$ 时计算得到的变形图与等效塑性应变分布

8.3.2　三维挡土墙分析

由于挡土墙土压力问题的土体计算区域通常是长度尺寸远大于其他两个方向尺寸，挡土墙土压力计算问题也可以被当作二维问题来模拟计算，并能得到比较精确的计算结果。本例主要目的是为了考察 Cosserat 连续体模型能否在计算三维稳定破坏问题中发挥作用，并由此考察所提出软化模型的计算参数在模拟应变局部化问题时对于计算过程及结果的影响。冯吉利等[199]用非局部连续 Mohr-Coulomb 模型及亚塑性模型，分别模拟了边坡和挡土墙的变形局部化破坏过程，其结果表明采用以统计平均的方式表达的岩土体的特征尺度，能够反映岩土材料的微观特性，使得基于此理论模拟岩土体材料的变形局部化问题不会出现对于网格的病态依赖结果，因而保证了有限元计算结果的客观性；本书前面基于二维 Cosserat 连续体理论提出了压力相关的弹塑性模型，并着重考虑具有剪胀特性土体受挡土墙被动土压力的问题，其计算结果表明，由于在本构方程中引入了正则化机制，Cosserat 连续体的有限元分析在土体摩擦角和剪胀角差异较大时仍能保持问题的适定性，模拟完整的土体渐进破坏过程，比经典有限元分析在处理此类问题时更具优势。以上研究工作表明，在处理受被动土压力作用的土体渐进破坏计算问题时，具有正则化机制的连续体模型要比经典连续体模型的有限元计算更能保证结果的客观性和适定性，在处理具有应变局部化特征的其他岩土问题时，其适用性是同样的。然而就本文所提出的压力相关三维 Cosserat 连续体弹塑性模型，仅仅考虑这些显而易见的问题已不能进一步满足研究与应用的需要，为了更深入地了解所提出模型的理论特点，下面就挡土墙被动土压力计算问题做更进一步的探讨。

考虑一矩形土体区域，模型尺寸为：长 3m，宽 2.4m，高 1.5m。为简便起见，在土体侧向施加法向约束以模拟三维土体的侧限条件，土体承受由挡土墙传递而来的被动土压力，受载范围及边界条件如图 8.17 所示，挡土墙高 1m，墙背垂直且光滑。土体的各项材料参数为：弹性模量 $E=100\text{MPa}$，初始黏聚力 $c_0=20\text{kPa}$，软化模量 $h_p=-20\text{kPa}$，内摩擦角 $\varphi=25°$，Cosserat 剪切模量 $G_c=50\text{MPa}$，内部长度参数 $l_c=0.1\text{m}$，采用非关联的流动准则（即考虑土体的剪胀行为），这里令剪胀角 $\psi=0°$。为了对比需要，经典连续体理论的有限元计算由 ABAQUS 中的 Mohr-Coulomb 模型提供，该模型通过设置黏聚力与塑性应变间的变化关系可以模拟实现材料的硬化、软化过程，这一思想与本书的处理方法类似，只不过本书采用的是 M-C 准则的外角外接圆 DP 模型，并且能够同时考虑黏聚力、摩擦角的软化行为。

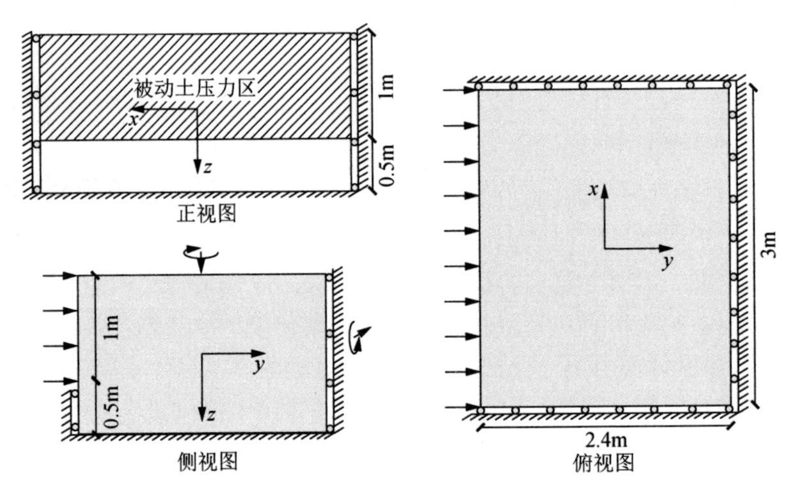

图 8.17　模型尺寸及边界条件

分别将土体区域划分为 1440，4760，8740 个单元，采取位移加载模式来模拟被动土压力加载过程，基于经典理论及 Cosserat 理论的有限元计算结果如图 8.18～图 8.20 所示。其中图 8.18 和图 8.19 为两种理论有限元计算得到的变形图和等效塑性应变分布云图，由于经典理论在网格较密时出现比较严重的收敛问题，能计算到的位移比网格较疏以及 Cosserat 理论计算到的位移小很多。为了说明问题和比较方便，经典理论的计算结果与 Cosserat 理论的计算结果是在挡土墙发生相近的位移值下进行的比较。

图 8.18 说明经典理论计算得到的挡土墙被动土压力变形对于网格的划分方式具有明显的依赖性，即网格划分越密集滑动带越窄；而 Cosserat 理论计算得到的变形结果在三种网格密度下基本一致，显示了有限元数值解对于网格划分方式非依赖性质，从而说明了结果的客观性，并且由 Cosserat 理论计算得到的土体变形更光滑。图 8.19 给出了不同网格密度下两种理论计算得到的塑性区分布，从图中可以看出经典理论塑性应变总是大致集中在滑动面两侧两个单元宽度的范围内，因此随着网格的加密，塑性带越窄，显示出结果对于网格划分方式的依赖性质；

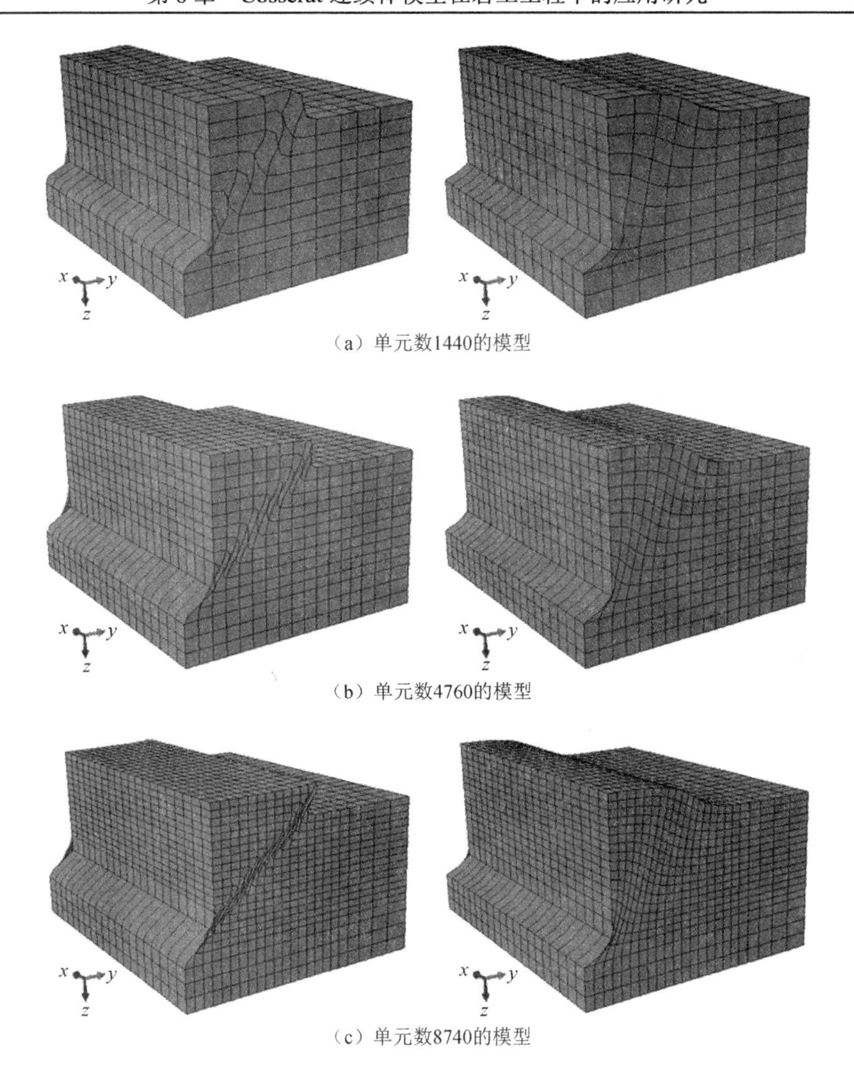

（a）单元数1440的模型

（b）单元数4760的模型

（c）单元数8740的模型

图 8.18　不同网格密度下 ABAQUS 自带 MC 模型及 Cosserat 模型计算得到的土体变形图（左侧图和右侧图分别代表经典理论及 Cosserat 理论的计算结果）

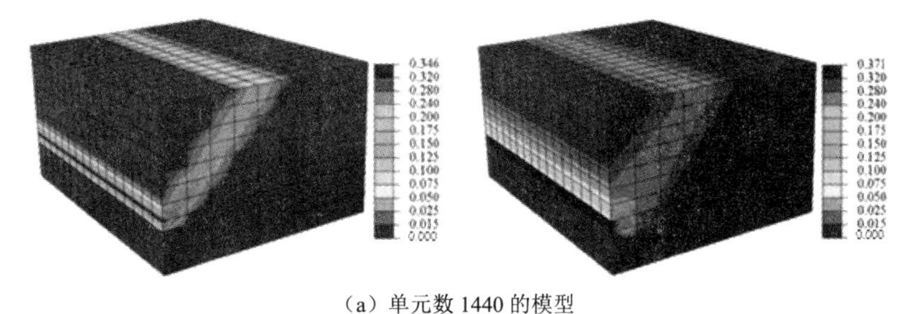

（a）单元数 1440 的模型

图 8.19　不同网格密度下 ABAQUS 自带 MC 模型及 Cosserat 模型计算得到的土体等效塑性应变云图（左侧图和右侧图分别代表 ABAQUS 自带 MC 模型及 Cosserat 模型的计算结果）

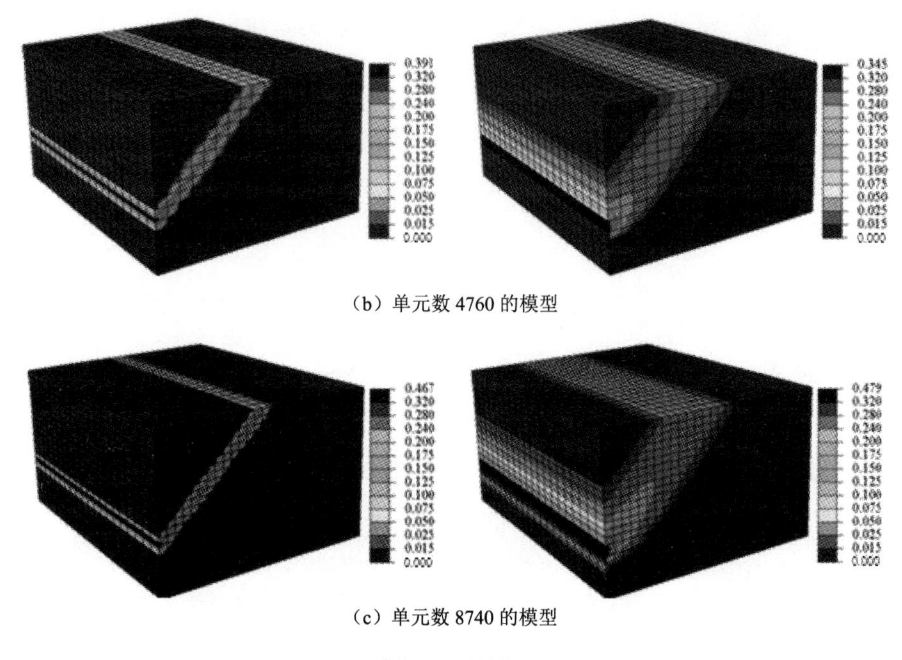

（b）单元数 4760 的模型

（c）单元数 8740 的模型

图 8.19（续）

Cosserat 理论计算结果则显示网格密度基本不影响塑性带宽度，不同网格密度下塑性区分布范围大致相同，体现出结果的客观性。

图 8.20 所示为两种理论计算得到的荷载-位移曲线，M-C 模型计算结果在三种网格密度下差异性比较明显，且荷载-位移曲线随着网格密度的减小而变陡，分叉点位置和极限荷载也依赖网格划分，由此预测的局部化破坏模式不唯一；基于 Cosserat 理论压力相关 DP 模型的数值计算结果则体现出对于网格划分方式的非依

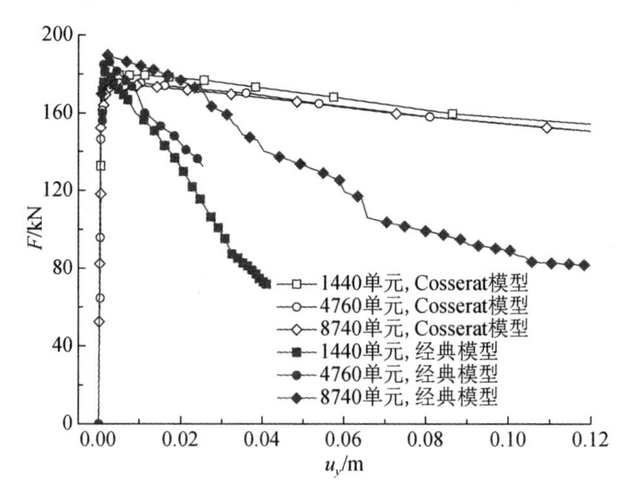

图 8.20　荷载-位移曲线

赖性，三种网格密度下挡土墙荷载-位移曲线基本一致，体现了引入了正则化机制的 Cosserat 弹塑性模型能够客观的模拟挡土墙后土体在被动土压力下的渐进破坏过程。

导致土体应变软化的原因十分复杂，但仅从描述土体强度行为的屈服函数来看，控制土体强度的主要因素是黏聚力和内摩擦角的大小，一般的计算模型中很少将这两种因素都考虑在内来研究应变软化导致的岩土体变形局部化行为。本文所发展的压力相关 Cosserat 弹塑性模型通过在屈服函数中引入黏聚力软化模量和内摩擦角软化系数，从而能够同时考虑两个强度参数对于土体应变软化行为的影响。下面仍以土体在被动土压力作用下的破坏问题为例，考察黏聚力和内摩擦角的软化方式对于土体应变软化行为的影响。如图 8.21 所示，考虑黏聚力、内摩擦

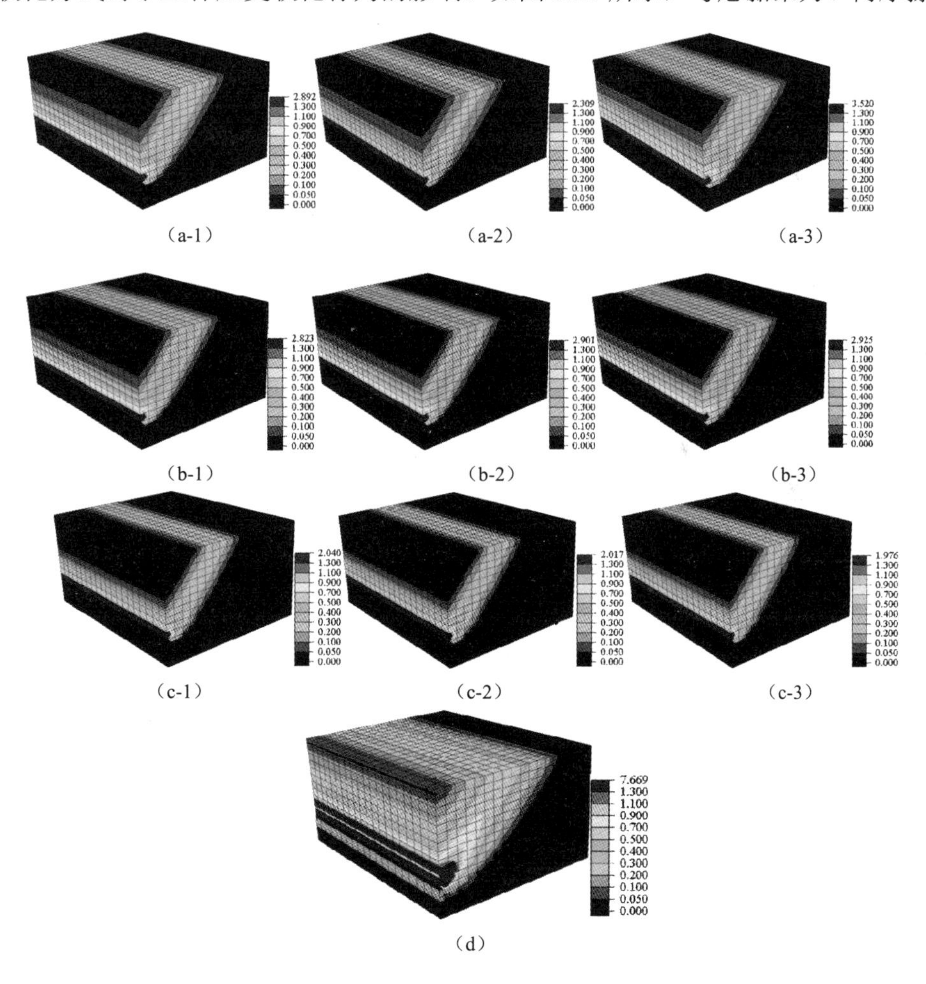

图 8.21　不同软化模量情况下计算得到的土体等效塑性应变分布

a，b，c—黏聚力软化模量为 $h_{\mathrm{p}} = -20\mathrm{kPa}, -40\mathrm{kPa}, -60\mathrm{kPa}$ 的情况；d—理想弹塑性情况；

1，2，3—代表内摩擦角软化值分别为 $h_{\varphi} = 0°, -5°, -10°$ 的情况

角的不同软化行为作了 10 个算例，第一个算例假设黏聚力软化模量为 $h_{\mathrm{p}}=0$ 、内摩擦角软化值为 $h_{\varphi}=0$ ，即考虑土体为理想弹塑性材料；其他 9 组算例则将黏聚力软化模量分别假设为 $h_{\mathrm{p}}=-20\mathrm{kPa},-40\mathrm{kPa},-60\mathrm{kPa}$ 内摩擦角软化值分别假设为 $h_{\varphi}=0^{\circ},-5^{\circ},-10^{\circ}$ ，取它们之间的两两组合进行计算分析。

由于计算采取自动增量步控制求解过程，因此每个算例计算得到的最大位移值并不相同，其中采用理想弹塑性模型最终计算达到收敛，其他将土体假设为软化材料的算例计算均为收敛到指定的位移大小。图 8.21 给出了这 10 个算例计算结束时等效塑性应变的分布情况，从图中可以看出，理想弹塑性模型的计算结果（如图 8.21（d）所示）显示其等效塑性应变分布范围最大，而软化模型的计算结果则显示塑性区的分布面积随软化模量绝对值的增加而明显减小，这说明软化模量的取值对应变局部化问题的数值结果与剪切带宽度有很大的影响。

图 8.22 给出了不同组合情况下计算得到的荷载-位移曲线，可以看出，无论是黏聚力软化模量还是内摩擦角的软化值，在控制其中一个不变的情况下，另一个值越小，荷载-位移曲线越陡，即土体的软化程度越剧烈。这其中黏聚力仍是控制土体软化行为的更为关键的一个因素，黏聚力软化模量越小越显著地改变土体的软化趋势，而内摩擦角也对土体的软化行为有一定的影响。究其原因黏聚力与内摩擦角虽然量纲不同，但黏聚力数值要远大于内摩擦角，因而在屈服函数中对屈服应力的控制起主导作用，黏聚力的显著变化能够引起材料屈服行为的显著变化。同时，计算结果也表明软化模量的大小并不明显影响土体的承载能力，这是由于土体的承载能力主要取决于其初始强度。为了方便观察，这里理想弹塑性模型的荷载-位移曲线仅显示其计算到 0.2m 时的情况，实际上由于该模型计算达到收敛，其最终位移值为 0.5m。

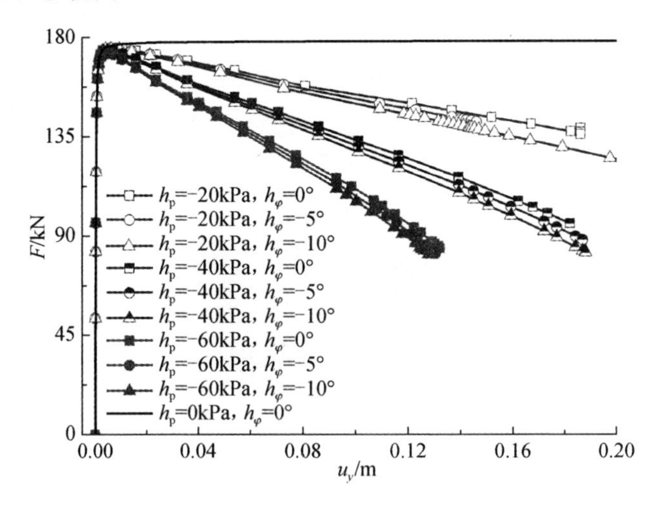

图 8.22　不同软化模量情况下计算得到的土体荷载-位移曲线

8.4　基坑开挖分析

8.4.1　二维基坑开挖分析

本例考虑具有应变软化弹塑性土体材料的基坑在垂直开挖情况下的稳定性。取一长方形的计算区域，长 13.2m，高 6.8m，长度方向划分 33 个单元，高度方向划分 17 个单元。材料参数为 $E=5.0\times10^7\mathrm{N/m^2}$，$\upsilon=0.3$，$G_\mathrm{c}=10\times10^7\mathrm{N/m^2}$，$c_0=3.0\times10^4\mathrm{N/m^2}$，$h_\mathrm{p}=-3.0\times10^4\mathrm{N/m^2}$，密度 $\rho=2.0\times10^3\mathrm{kg/m^3}$。在开挖之前，取 $h_\mathrm{p}=0$，通过逐渐增加重力加速度到 $9.81\,\mathrm{m/s^2}$，算出土体中的初始应力状态，然后将土体内的位移与应变重设为零。通过从左边界开始每次去掉同一水平的 8 个单元，这样从上到下逐次模拟分层开挖过程。采用 Mana 法计算开挖荷载[200]，即开挖荷载包括用被开挖单元高斯点处的应力求出的等效节点力及重力两部分。另外，为了模拟土体单元挖除后体系的刚度变化，且为方便起见，采用“空气单元”代替被开挖掉的单元，即在不改变单元和节点编号的情况下，将挖掉部分的单元刚度取一相对的极小值。

首先采用经典连续体模型进行分析，当计算第 11 开挖步时遇到了数值困难，计算难以进行下去。图 8.23（a）所示为开挖完第 10 步时的等效塑性应变分布，从图中可以看出，此时等效塑性应变区远未贯通而形成剪切带，还没有达到完全破坏。

其次采用 Cosserat 连续体模型进行分析，当计算到第 12 开挖步时遇到了数值困难，计算难以进行下去。图 8.23（b）所示为开挖完第 10 步时的等效塑性应变分布，从图中可以看出，塑性区比图 8.23（a）所示的采用经典连续体模型计算开挖到第 10 步时的塑性区范围还要小。当开挖完第 11 步时，采用 Cosserat 连续体模型计算得到的等效塑性应变的最大值及塑性区范围突然增大，塑性区完全贯通，如图 8.23（c）所示。图 8.24 所示分别为开挖完第 10 步及第 11 步时的变形图，可以看出坑壁在第 11 步开挖结束时比第 10 步开挖结束时有更明显的沿塑性区向下的滑动变形。

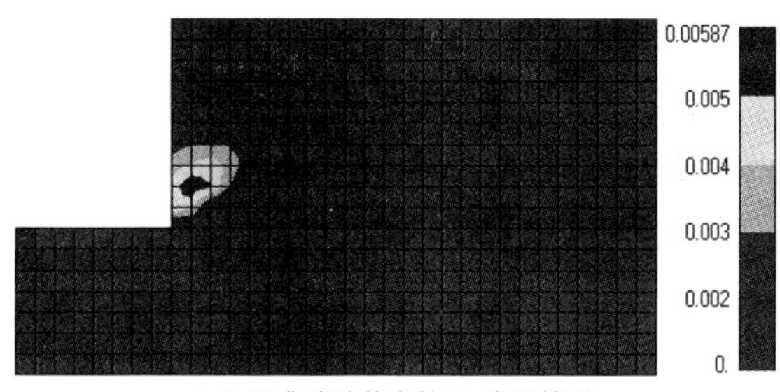

（a）经典连续体在第 10 步开挖后

图 8.23　垂直开挖问题的等效塑性应变分布

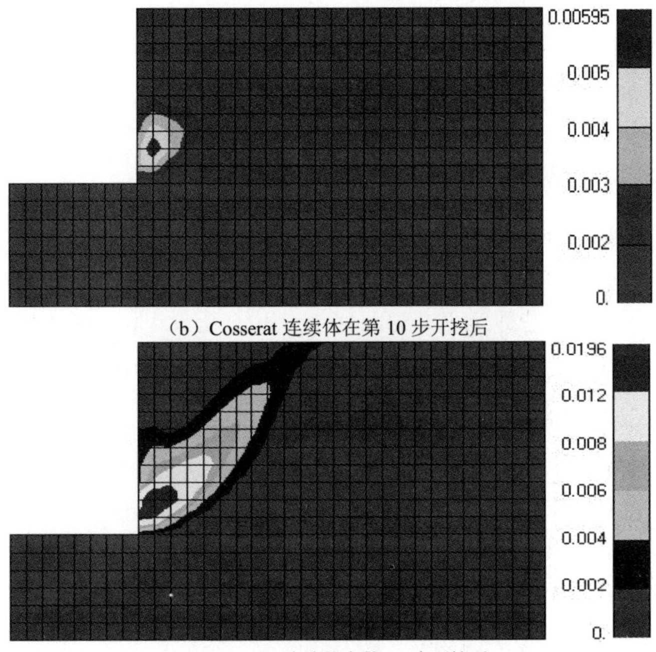

（b）Cosserat 连续体在第 10 步开挖后

（c）Cosserat 连续体在第 11 步开挖后

图 8.23（续）

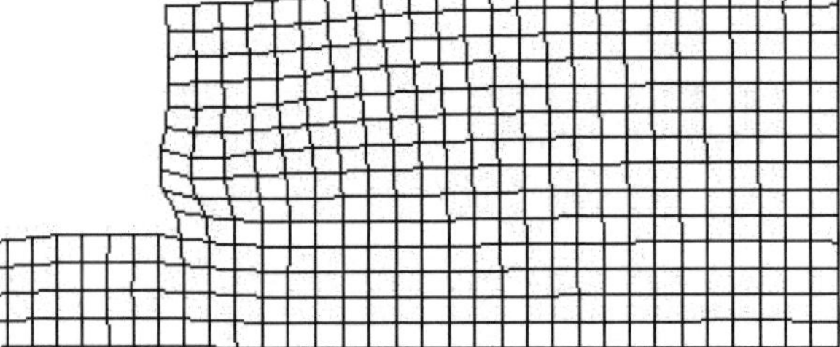

（a）第 10 步开挖后

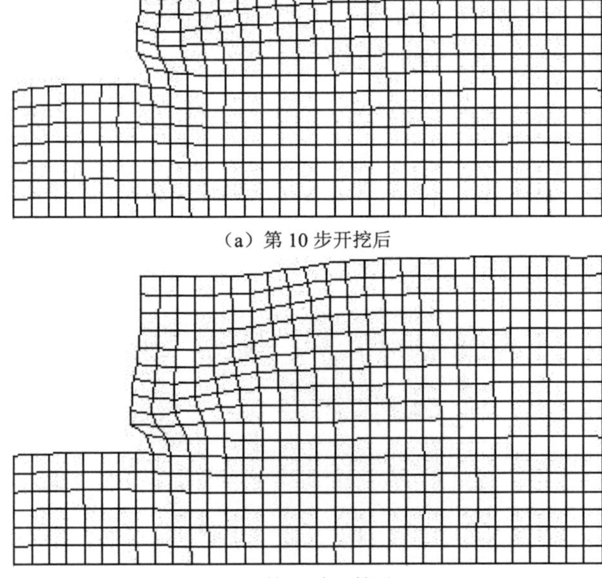

（b）第 11 步开挖后

图 8.24　Cosserat 连续体中垂直开挖问题的变形图

对开挖问题分析表明，基于经典连续体的有限元分析在开挖的较早阶段就停止了，而基于 Cosserat 连续体的有限元分析能继续进行且不会遇到在经典连续体有限元分析中通常会面临的数值困难，直到出现明显的失稳坍塌现象。

8.4.2　三维基坑开挖分析

本例考察具有应变软化弹塑性土体材料的方形基坑在垂直开挖情况下的稳定性问题。待开挖基坑面积范围为 5m×5m，预计开挖深度为 12m。为减少计算量，利用对称性取 1/4 尺寸建立模型，土体计算范围为基坑边长的 4 倍（即 20m）；约束模型 4 个侧面的法向位移自由度以模拟土体的侧限状态，底部约束土体 3 个方向上的位移自由度，具体模型尺寸及边界条件如图 8.25 所示。将待开挖的土体自上而下划分为 12 个开挖层，每层开挖深度为 1m，在开挖之前，取 $h_{\rm p}=0$，通过逐渐增加重力加速度到 9.8m/s2，算出土体中的初始应力状态，然后将土体内的位移与应变重设为零；开挖时，采用 ABAQUS 提供的单元移除技术，从上到下每次挖去一层厚 1m 的开挖区单元，开挖时将开挖层单元及其上的边界条件同时移除。土体的材料参数分别为：弹性模量 $E=50{\rm MPa}$，泊松比 $\upsilon=0.3$，密度 $\rho=2000{\rm kg/m^3}$，初始黏聚力 $c_0=30{\rm kPa}$，软化模量 $h_{\rm p}=-30{\rm kPa}$，内摩擦角 $\varphi=20^\circ$，剪胀角 $\psi=0^\circ$，重力加速度 $g=9.8{\rm m/s^2}$，Cosserat 剪切模量 $G_{\rm c}=10{\rm MPa}$，内部长度参数 $l_{\rm c}=0.05{\rm m}$。

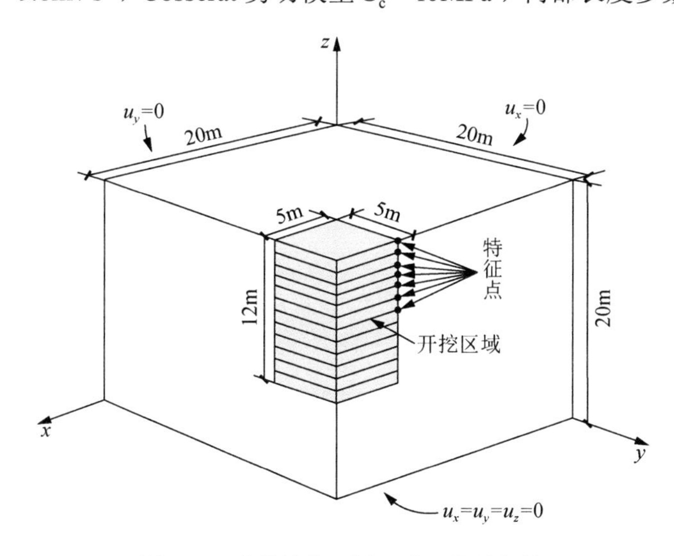

图 8.25　土体计算区域尺寸及边界条件

首先采用经典连续体理论对该模型进行分析，计算结果表明，当开挖进行到第 7 步时，土体局部达到破坏条件而失稳，此时计算遭遇数值困难而不能继续进行下去。图 8.26 给出了两种方法不同开挖步下的变形及位移云图，其中图（a）为经典模型开挖至最终不收敛时的位移计算结果，此时坑壁达到的最大位移值为

1.1cm，坑壁的破坏变形并不十分明显。图 8.27 给出了对应于图 8.26 中两种方法不同开挖步的基坑中等效塑性应变云图，其中图（a）为经典模型的计算结果，从图中可以看出，此时等效塑性应变区远未贯通而形成剪切带，没有达到完全破坏。

其次采用 Cosserat 连续体模型进行分析，当计算到第 8 开挖步时遇到了数值困难，计算难以进行下去。图 8.26（b）、（c）分别为开挖完第 7、8 步时的基坑变形及位移云图分布情况，在第 7 步末时，坑壁最大位移值为 5.2cm，第 8 步不收敛时坑壁最大变形位移值为 7.66cm，此时坑壁破坏变形十分明显，远远比经典模型计算得到的坑壁破坏变形效果要强；图 8.27（b）、（c）分别为开挖完第 7、8 步时的等效塑性应变分布，从图中可以看出，当开挖完第 8 步时，采用 Cosserat 连续体模型计算得到的等效塑性应变的最大值及塑性区范围较大，塑性区形成完全贯通的剪切带而完全失稳破坏；图 8.28 为开挖完第 8 步后各点总旋转量（取各节点 3 个旋转量的平方和再开方）的分布图，可见在基坑的局部滑动区域有明显的旋转，这是应变局部化发生的一个很重要现象。

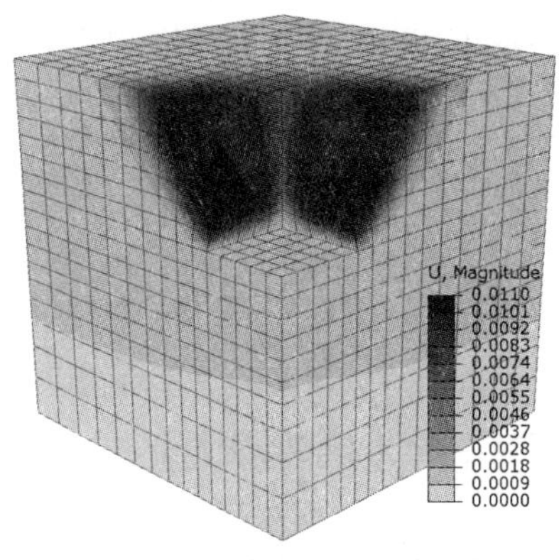

（a）经典连续体在第 7 步开挖后

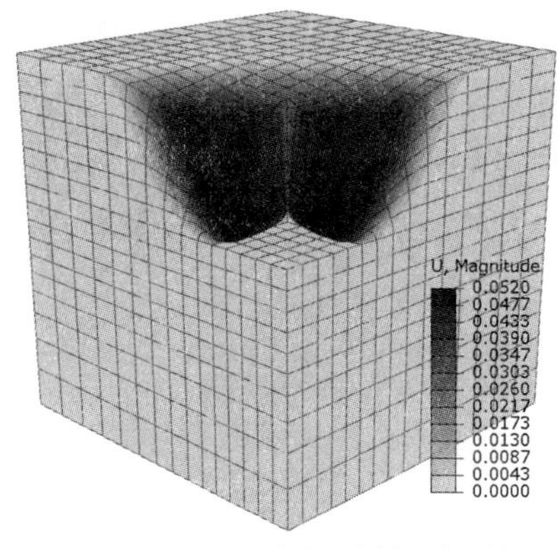

（b）Cosserat 连续体在第 7 步开挖后

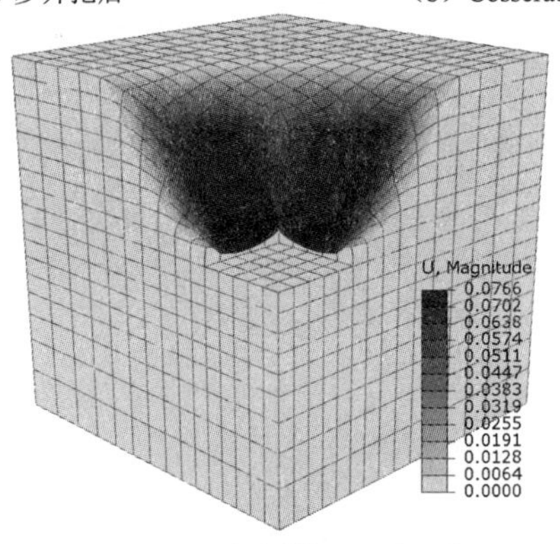

（c）Cosserat 连续体在第 8 步开挖后

图 8.26　同样变形因子下，基坑开挖过程中的变形图及位移云图

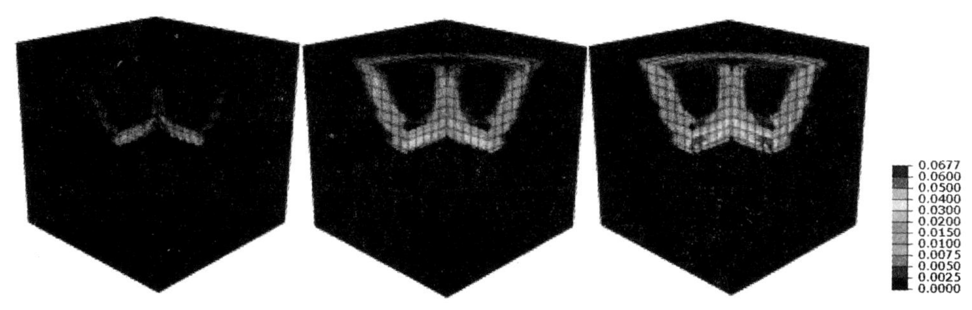

（a）经典连续体在第 7 步开挖后　（b）Cosserat 连续体在第 7 步开挖后　（c）Cosserat 连续体在第 8 步开挖后

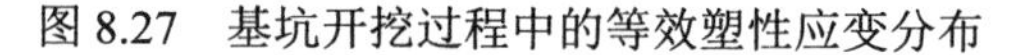

图 8.27　基坑开挖过程中的等效塑性应变分布

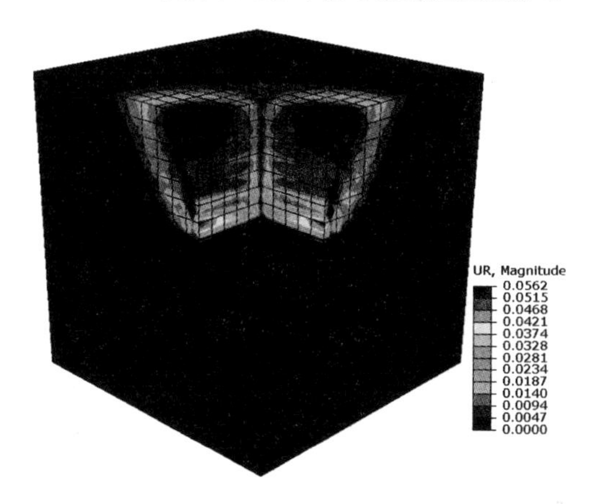

图 8.28　基坑开挖完第 8 层后的旋转量分布

图 8.29 给出了选取的沿基坑边缘分布的 7 个特征点（每层一个）位移随时间步长的变化曲线，可以看出经典模型与 Cosserat 模型在第七个开挖步中特征点的位移出现突变，说明在突变点上坑壁已接近失稳破坏极限，但是对比两种模型的位移曲线结果显示，经典模型在突变点之后位移增加并不多（计算不收敛所致），而 Cosserat 模型则显示坑壁达到失稳后变形继续发生，这表明 Cosserat 模型对于土体后破坏过程模拟的适定性，结合图 8.31 则能更直观反映这一现象。图 8.30 则给出了经典模型与 Cosserat 模型在突变点附近计算得到的地基中塑性应变区的分布情况，可以看出经典模型在突变点处的计算由于不收敛而终止，此时土体内的塑性区远未贯通，可以认为坑壁并未达到完全破坏；而对于 Cosserat 模型，在突变点上塑性区分布情况与经典模型计算结果接近，但在紧接着的一个荷载增量步下，其塑性区范围急剧扩大，并在土体内贯通，说明此时坑壁达到了完全破坏状态，即便如此 Cosserat 模型的计算也并未中止，而是继续发展到第八个开挖步，坑壁的变形与塑性区（如图 8.26 和图 8.27 所示）范围继续增加，从而模拟了基坑开挖坑壁渐进失稳破坏的整个过程。

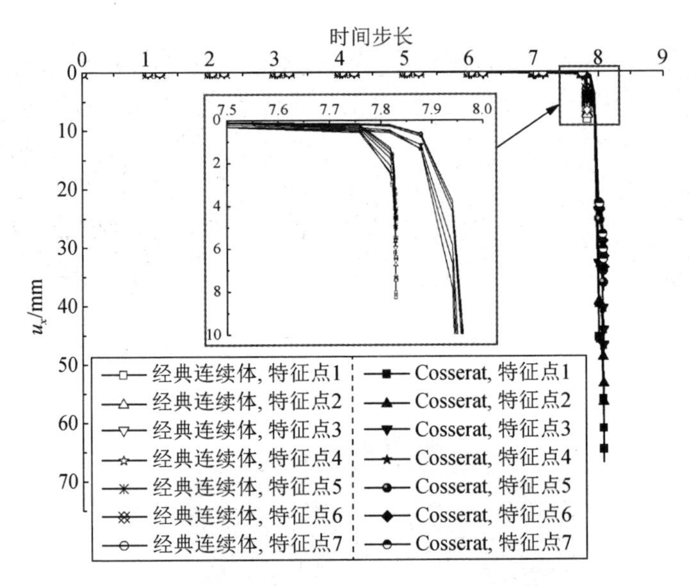

图 8.29　特征点位移随时间步长的变化曲线

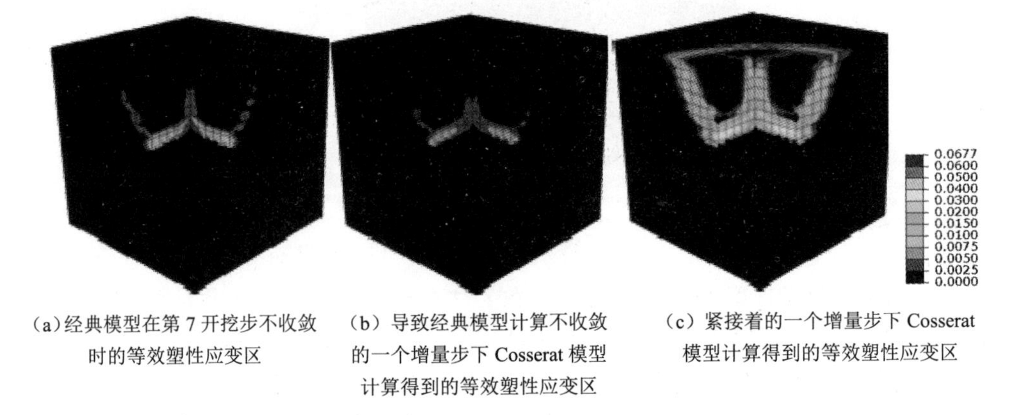

(a) 经典模型在第 7 开挖步不收敛时的等效塑性应变区

(b) 导致经典模型计算不收敛的一个增量步下 Cosserat 模型计算得到的等效塑性应变区

(c) 紧接着的一个增量步下 Cosserat 模型计算得到的等效塑性应变区

图 8.30　经典模型与 Cosserat 模型在突变点附近计算得到的地基中塑性应变区的分布情况

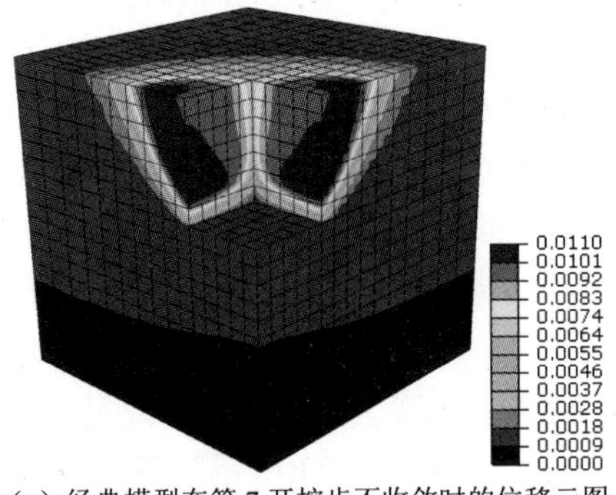

(a) 经典模型在第 7 开挖步不收敛时的位移云图

图 8.31　沿基坑边缘分布的特征点上计算得到的位移随时间步长的变化情况

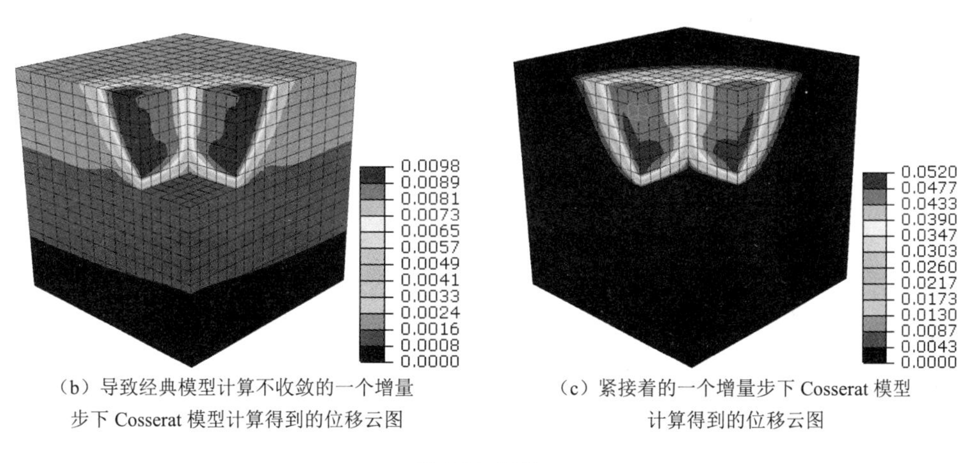

（b）导致经典模型计算不收敛的一个增量步下 Cosserat 模型计算得到的位移云图

（c）紧接着的一个增量步下 Cosserat 模型计算得到的位移云图

图 8.31（续）

对开挖问题分析表明，基于经典连续体的有限元分析在开挖的较早阶段由于数值困难不能继续进行下去；而基于 Cosserat 连续体的有限元分析能继续进行下去完成整个分析过程，直到出现明显的失稳坍塌现象，并进一步模拟出土体的后破坏过程，充分体现出 Cosserat 连续体对应变局部化问题的适定性。

8.5　Senise 滑坡分析

8.5.1　滑坡情况简介[201]

1986 年 7 月 26 日，在意大利南部 Senise 山上发生了大范围的滑坡，导致 8 人死亡、几座建筑物被毁或严重损坏，同年 9 月 6 日滑坡体又一次活动引起了滑坡体的进一步滑动。

经过现场勘察，Senise 山的地层上部由中间有黏土质淤泥夹层的砂土组成。砂土中这些夹层具有几厘米到几分米不等的厚度，倾角约 18°，如图 8.32 所示。砂土非常密实，由于石灰质的胶结，具有明显的岩化作用特征。砂土下面的基底层由蓝-灰色黏土组成。现场勘察表明，第一次滑坡和第二次滑坡的运动基本上是平移滑动，主要的滑动面沿着砂土中的薄黏土质淤泥夹层发展，距坡的表面约 10～14m。地下水位线在坡脚地表以下 23m 的深处，因而远在滑坡体的下面，而且，需要指出的是，滑坡发生在一个雨水非常少的季节，因此基本上排除了雨水入渗引起滑坡的可能性。

通过对砂土及黏土质淤泥夹层取样进行固结排水三轴试验，可见应力-应变曲线在很小的变形之后达到峰值，然后出现了陡降的应变软化行为，在应变为 4% 左右后出现水平段，达到残余强度。

尽管目前对滑坡的原因有各种不同的解释，但所有的研究者都认为滑坡是由在建造这几座已被损毁的建筑物之前，在坡脚进行的深开挖所触发的，或至少受其重要影响。开挖是从上至下逐步进行的，开挖深度逐渐增加，最后达到 9～10m，以加筋混凝土挡土墙作支撑，滑坡在开挖完一段时间之后发生。

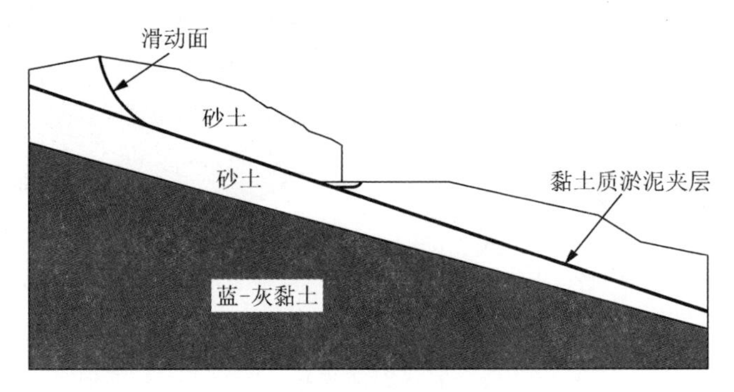

图 8.32　Senise 山地层及开挖后使用极限平衡方法分析得到的滑动面

8.5.2　应变软化土体边坡的滑动破坏分析

具有应变软化行为土体的边坡的稳定性分析是一个较为复杂的问题。类似于本边坡的土体材料有明显的峰值和残余强度，在峰值和残余强度之间抗剪强度随着应变的增长而迅速降低。根据 Bjerrum[1]的研究，这类材料的破坏表现为材料体内产生非均匀的应变并导致抗剪强度沿潜在滑动面非均匀的变化，最终表现为渐进破坏。

Troncone 曾经用传统的极限平衡方法（Sarma 法）对开挖之后滑坡的稳定性进行过分析[201]，使用峰值强度得到的稳定安全系数为 1.73，而使用残余强度得到的稳定安全系数仅为 0.6，是不稳定的。实际的破坏在开挖完之后很长一段时间才发生，这意味着沿着滑动面的实际强度在峰值和残余值之间变化，这是一个渐进破坏过程。由此也可以看出，在用极限平衡方法分析此类问题的稳定性时，会有抗剪强度参数取值难的问题。如果为偏于安全取残余强度，不仅造成浪费，而且在本例的情况下，即使在开挖之前也不满足稳定性要求。

为合理地分析这种由应变软化引起的渐进破坏现象，需要采用有限元等数值方法。但基于经典连续体的有限元数值方法在数值模拟应变软化材料时会遇到收敛性和网格依赖性的困难，为克服这些困难，有必要采用应变局部化理论进行分析。Troncone 采用黏弹塑性本构模型对此案例进行了数值模拟[201]，结果表明，由于在坡脚处的深开挖，触发下层土体产生了渐进破坏，进而引发了整体的滑坡。本文则基于所发展的 Cosserat 连续体模型，对这个案例进行了有限元数值模拟。同时，为了比较，也采用基于经典连续体的有限元数值方法对此问题进行了数值分析。

取图 8.32 所示的断面为分析断面，采用四边形 8 节点单元，划分的有限元网格如图 8.33 所示，虚线部分的单元为边坡体中挖掉的部分，断面左右边界的水平向位移固定、竖向位移自由，下边界为固定边界。网格中各区域的土类如图 8.32 所示。根据实验资料所取各类土体参数如表 8.2 所示。土体的剪胀角取为零意味着采用非关联的流动法则，在塑性屈服中没有体积变化；而 $k_{\text{shear}}^{\text{p}}$ 取为零则考虑了各土体试验结果的脆性特性。

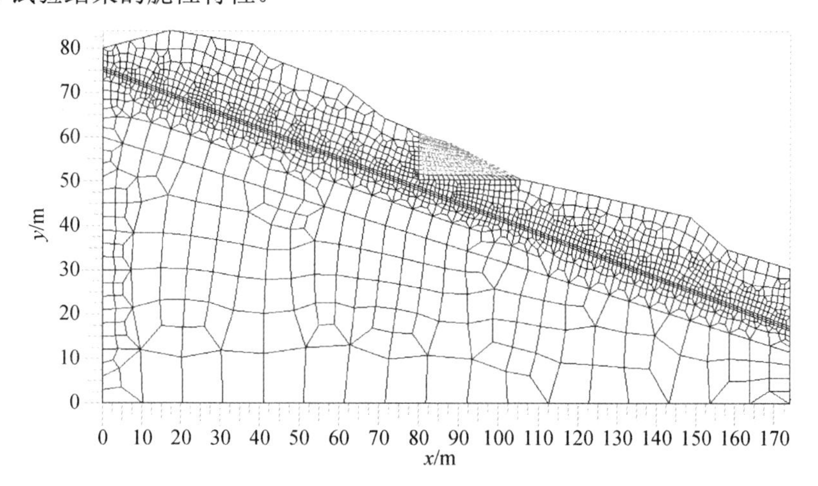

图 8.33 Senise 滑坡分析的有限元网格与边界条件

表 8.2 分析中所用的土体参数

参数	γ /（kN·m^{-3}）	E /kPa	υ	c_{p}' /kPa	φ_{p}' /（°）	c_{r}' /kPa	φ_{r}' /（°）	ψ /（°）	$k_{\text{shear}}^{\text{p}}$ /%	$k_{\text{shear}}^{\text{r}}$ /%	G_{c} /kPa	l_{c} /m
黄砂	20	70 000	0.25	37	43	0	35	0	0	4	14 000	0.15
黏土质淤泥	20	25 000	0.25	15	30	0	2	0	0	4	5 000	0.15
蓝-灰黏土	20	70 000	0.25	150	31	150	31	0	0	0	14 000	0.15

注：表中 p 代表峰值，r 代表残余。如 $k_{\text{shear}}^{\text{p}}$ 代表峰值剪应变等。

在开挖之前，假定土体为理想弹塑性材料，通过逐渐增加重力加速度到 9.81m/s^2，计算出土体中初始应力状态，然后将土体内的位移与应变重设为零。用线弹性单元模拟坡脚竖直开挖面 9m 高的挡土墙，这并没有影响边坡体内的应力状态。采用 Mana 法计算开挖荷载[200]，即开挖荷载包括用被开挖单元高斯点处的应力求出的等效节点力及重力两部分。另外，为了模拟土体单元挖除后体系的刚度变化和方便起见，采用“空气单元”代替被挖掉的单元，即在不改变单元和节点编号的情况下，将挖掉部分的单元刚度取一相对的极小值。

首先，基于经典连续体理论对这一开挖过程进行分析。将开挖掉的边坡体部分分为 9 层逐层进行开挖，直到开挖深度达到 9m。图 8.34 显示了在开挖最后几层时边坡体内等效塑性应变的发展情况，在第 7 层、第 8 层开挖完成时黏土质淤泥层中出现了很明显的局部塑性应变场。但是，当开挖第 9 层时，计算不再收敛，此时塑性应变场仅局限于黏土质淤泥层中，完整的破坏面还远未形成。因而，由于经典连续体模型在开挖达到破坏时不能保持问题适定性的缺陷，不能模拟开挖边坡的完整破坏过程。

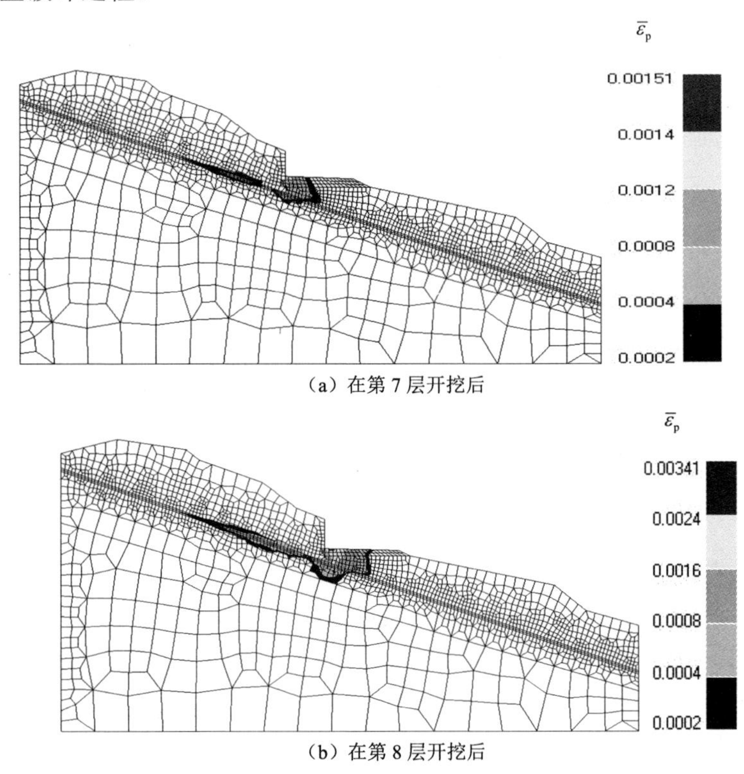

（a）在第 7 层开挖后

（b）在第 8 层开挖后

图 8.34　经典连续体理论分析得到的开挖过程中边坡体内等效塑性应变的分布

利用基于 Cosserat 连续体的数值方法重复上述的分析过程。图 8.35 显示了在开挖最后几层时边坡体内等效塑性应变的发展情况，在第 7 层及以前开挖中等效塑性应变分布主要局限于黏土质淤泥层［如图 8.35（a）所示］，从开挖第 8 层开始局部塑性应变场不仅在黏土质淤泥层中出现，而且开始向上延伸到砂土层中［如图 8.35（b）所示］，等效塑性应变值也远大于同等情况下由经典连续体理论计算得到的结果。开挖第 9 层时，等效塑性应变从黏土质淤泥层中发展延伸并贯通砂土层，形成完整的条带状破坏区域［如图 8.35（c）所示］，即滑动带，其形状及位置与极限平衡方法分析得到的结果较为一致，但砂土层中的滑动带没有极限平衡方法分析得到的滑动面那么陡。图 8.36 为开挖完第 9 层后的变形图，可见产生了明显的滑坡现象。

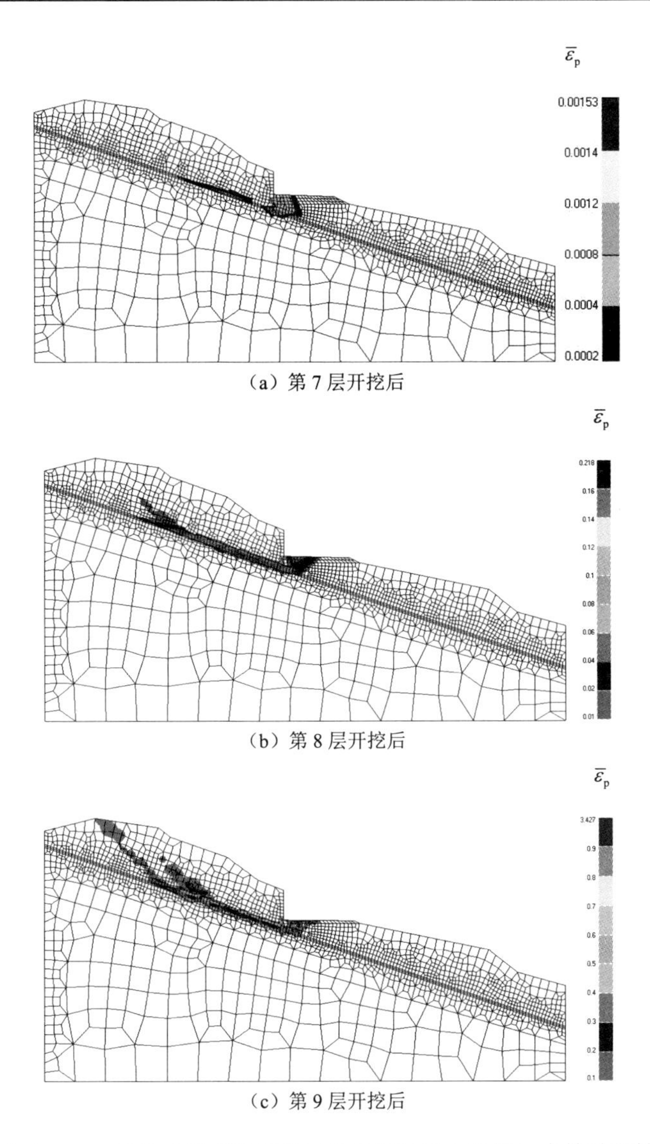

（a）第 7 层开挖后

（b）第 8 层开挖后

（c）第 9 层开挖后

图 8.35　基于 Cosserat 连续体模型计算得到的开挖过程中边坡体内等效塑性应变的分布

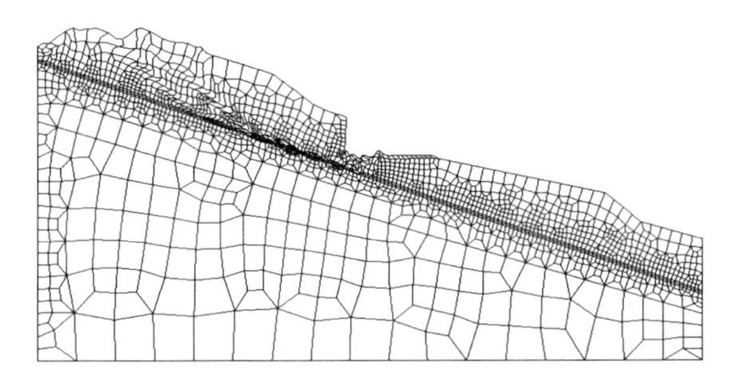

图 8.36　开挖完第 9 层后基于 Cosserat 连续体模型计算得到的边坡的变形

对本例由开挖引起滑坡的分析表明，基于经典连续体的有限元分析在开挖尚未完成时就丧失了数值模拟能力，不能模拟出局部化破坏区域的位置及渐进破坏过程。而基于 Cosserat 连续体的有限元分析可以追踪渐进破坏过程，直到出现明显的破坏现象：边坡的破坏起始于坡脚并沿着黏土质淤泥层向上发展，后又延伸并贯通砂土层，形成完整的条带状滑动区域，这与现场情况基本一致。

8.6　Carsington 坝分析

英国中部德比郡的 Carsington 黏土心墙坝[202]，坝体的最大高度为 37m，沿轴线方向长约 1200m，大坝经过分层填筑完成，填筑过程和各个部分材料分区如图 8.37 所示。1984 年 6 月，工程即将完工之前，坝体发生滑坡，滑坡带深 30m，沿坡脚方向延伸 500m，由于在破坏前测量装置已安装完毕，记录下了破坏时土体的材料参数。Carsington 失稳的过程为典型的渐进破坏过程，滑动开始时，坝顶出现沟壑状张拉裂隙，随着裂隙的延伸，滑坡带形成，滑坡体迅速向上游滑动，其破坏前后坝体的剖面图如图 8.38 所示。

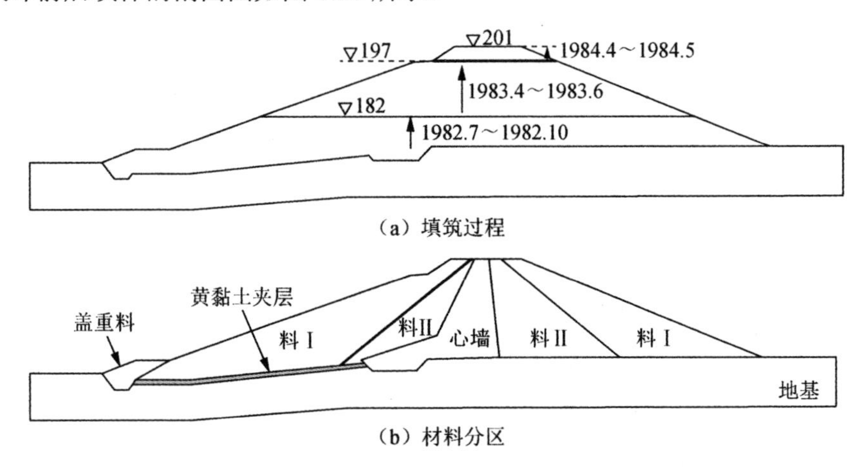

图 8.37　Carsington 坝的填筑过程和材料分区

此前许多学者通过现场调查、室内试验，或者常规有限单元法进行过分析、模拟。均肯定了上游坝体底部的黄黏土夹层和心墙强度的减弱是导致滑坡发生的主要原因。但是对于滑坡的启动机制还存在不同看法，其中一种看法认为心墙首先发生滑动，即滑坡的启动源于心墙土体的推移机制；另一种看法认为由于下伏黄黏土夹层的主动牵引机制导致了滑坡的启动。

为研究 Carsington 坝的失稳过程，可利用 Cosserat 连续体在求解渐进破坏问题中的优势，通过建立 Cosserat 连续体数值模型进行数值模拟。

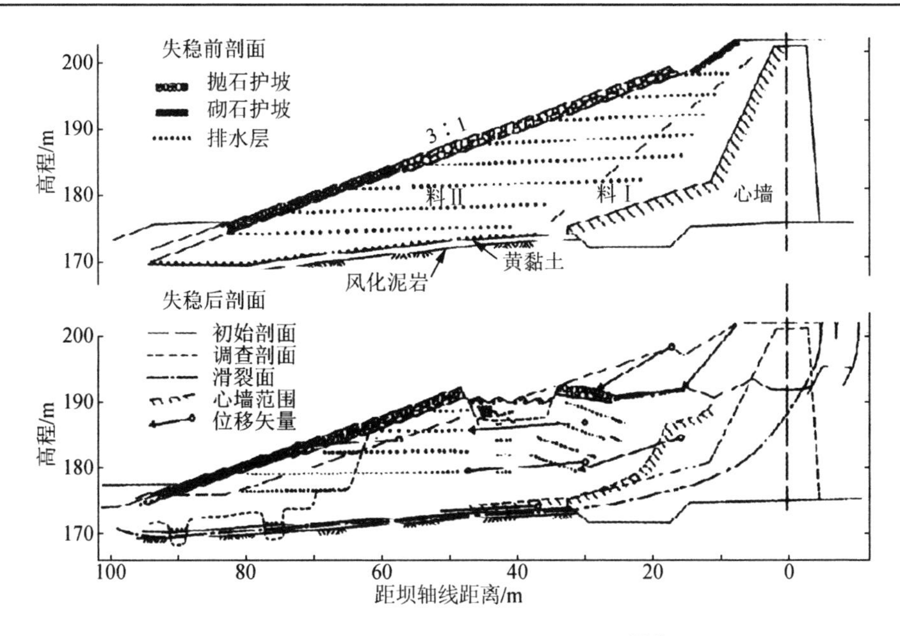

图 8.38　Carsington 坝破坏前后剖面图[212]

8.6.1　Cosserat 连续体数值模拟的材料参数及数值模型

建立 Cosserat 连续体数值模型，其网格划分及边界条件如图 8.39 所示，为还原工程实际状况，采用分层填筑坝体。参考文献[202]，选取坝体材料参数如表 8.3 所示。其中，软化模量根据参考文献[202]所给数据算得，由黄黏土夹层和心墙剪力位移-应变曲线得：心墙 $h_{\mathrm{p}} = -1.0\times10^{4}\,\mathrm{Pa}$，黄黏土夹层 $h_{\mathrm{p}} = 1.0\times10^{5}\,\mathrm{Pa}$。

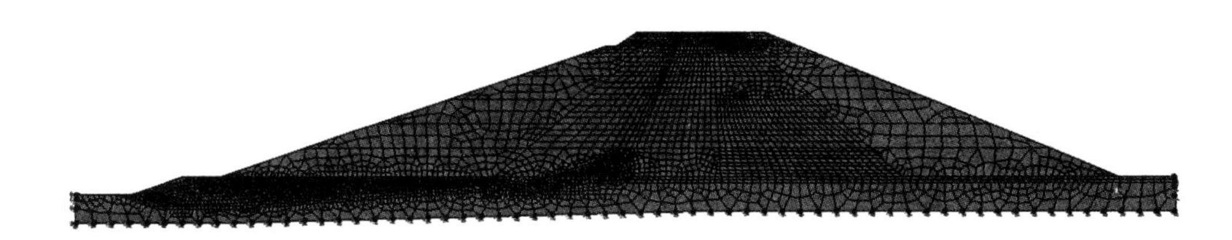

图 8.39　Carsington 坝有限元模型

表 8.3　Carsington 坝 Cosserat 材料参数表

参数	E/Pa	υ	ρ/kg·m^{-3}	G_c/G	l_c/m	C_0/Pa	φ/(°)
心墙	5.0×10^{6}	0.46	1.85×10^{3}	0.5	0.16	4.2×10^{4}	0
料 I	5.0×10^{7}	0.28	2.06×10^{3}	0.5	0.16	2.0×10^{4}	22
料 II	5.0×10^{7}	0.28	2.2×10^{3}	0.5	0.16	2.35×10^{4}	26.5
黄黏土夹层	8.0×10^{6}	0.38	6.0×10^{3}	0.5	0.16	6.0×10^{3}	19
地基	5.0×10^{7}	0.35	4.2×10^{5}	0.5	0.16	4.2×10^{5}	25

8.6.2 基于 Hu-Washizu 变分原理的 Cosserat 连续体第二类单元模拟

综合考虑精度及收敛性要求，分别采用基于 Hu-Washizu 变分原理的 Cosserat 连续体第二类单元和相应的经典连续体单元进行 Carsington 坝填筑过程数值模拟，本节先采用前者进行模拟。整个填筑过程分为 9 层，第一层将地基填平，后五层每层 4m，最后 3 层，分别为 1.5m，1m，1m，如图 8.40 所示。

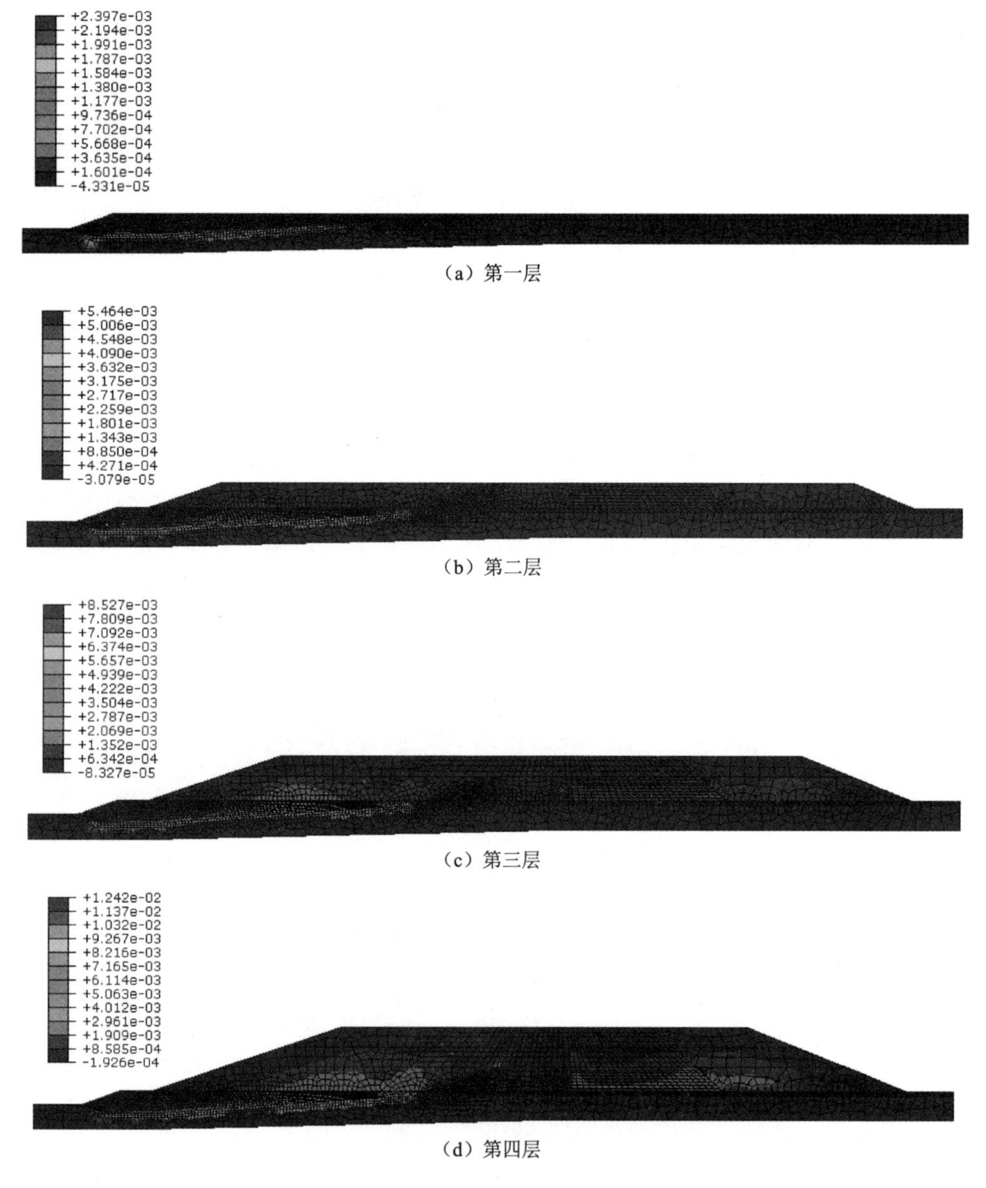

（a）第一层

（b）第二层

（c）第三层

（d）第四层

图 8.40　填筑过程中的等效塑性应变云图

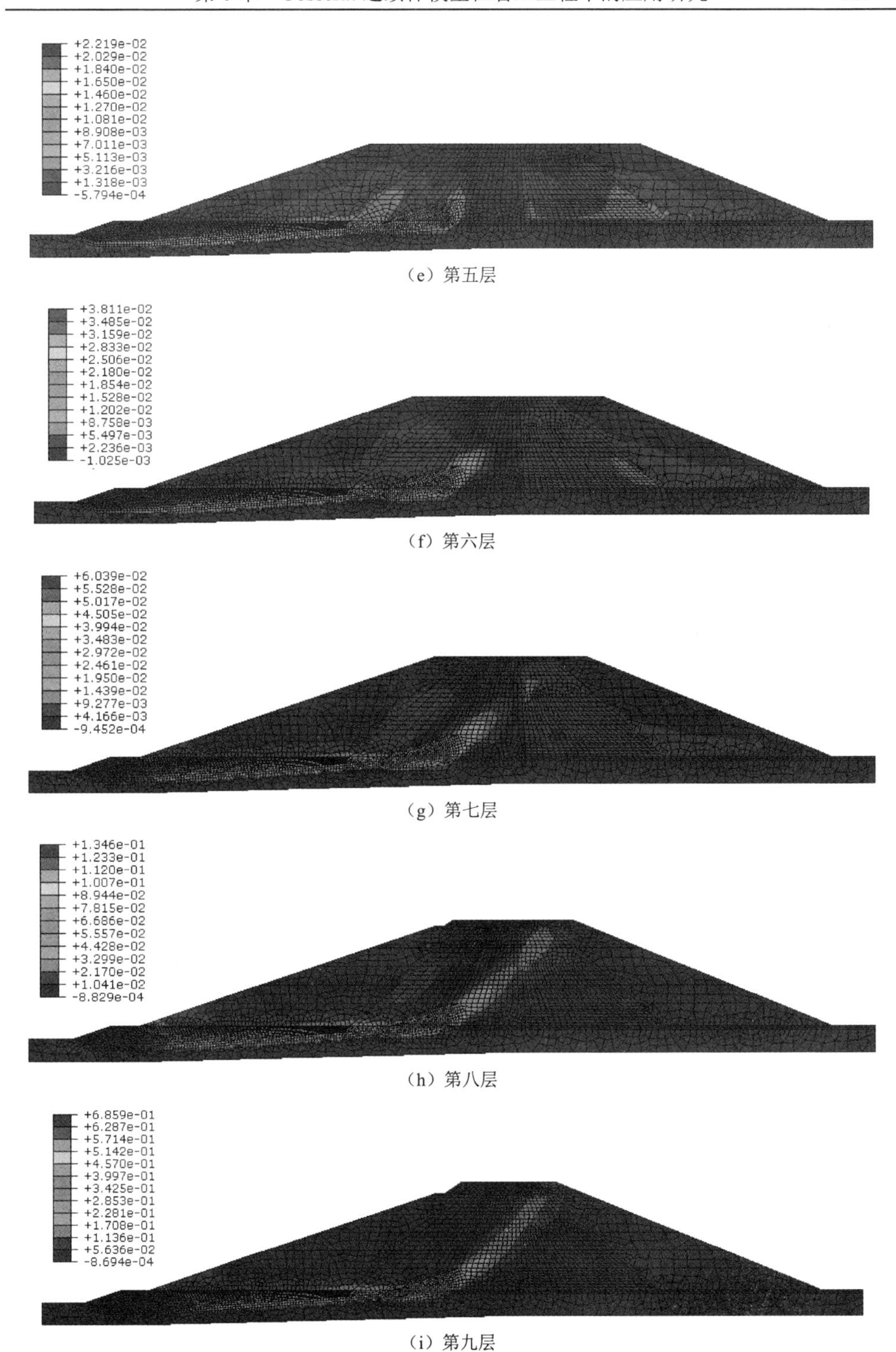

（e）第五层

（f）第六层

（g）第七层

（h）第八层

（i）第九层

图 8.40（续）

当第一层土填筑完成时，大坝上游的黄黏土层即产生塑性应变，由于塑性应变较小，并且没有与边界贯通，对整体稳定不构成影响；当第三层填筑完成时，塑性区由黄黏土层发展到与之相邻的料Ⅰ、料Ⅱ中，同时坝体下游出现塑性区，两边的塑性应变保持在 10^{-3} 的数量级；当第四层填筑完成时，塑性区继续发展，但是受到心墙靴底的限制，向心墙靴底上方发展；当第五层填筑完成时，由于心墙靴底一侧的土体均进入塑性状态，承载力降低，所剩余的部分荷载转移到心墙靴底，导致心墙靴底产生塑性应变，并发展到整个靴底；当第六层填筑完成时，塑性区由心墙靴底向心墙右侧中、上部发展，同时大坝下游塑性应变区域发展到料Ⅰ、料Ⅱ的大部分区域，但是塑性应变的值较小；当第七层填筑完成时，坝体上游塑性应变继续增大，心墙塑性区沿 45° 方向继续发展，同时坝体下游在心墙塑性区的发展方向上，塑性应变有明显增大的趋势；当第八层填筑完成时，坝体上游坝脚处塑性带上移，右侧塑性区贯穿了整个心墙，此时整个坝体内部的塑性应变较小，还不足以使坝体出现大面积的滑坡，但是此时心墙已处于承载极限状态；当第九层填筑完成，坝体内塑性应变迅速增大，塑性剪切带贯穿整个坝体，滑动带形成。

综上可知，坝体破坏起源于黄黏土夹层的软弱，在上部土体自重作用下进入塑性状态，使多余的荷载转移到心墙，引起心墙整体受剪破坏，最终导致剪切带贯穿整个坝体。在这个过程中，心墙靴底延缓了塑性区的发展，盖重料使滑移带上移。

图 8.41 和图 8.42 所示为填筑完成时的位移矢量图和位移元图，图中可以看出滑坡带前沿土体产生水平法向位移，后沿土体产生向下位移，滑坡带后沿位移最大，前沿次之，同时大坝下游土体也有较小的沿着坡面发展的位移。

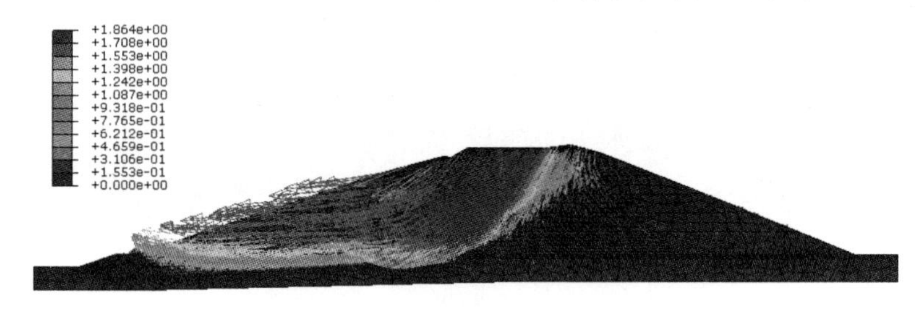

图 8.41　填筑完成时的位移矢量图

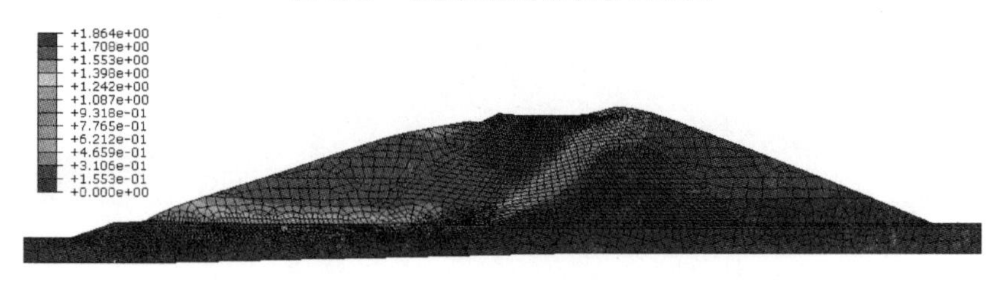

图 8.42　填筑完成时的位移云图

8.6.3　基于 Hu-Washizu 变分原理的经典连续体单元模拟

本节采用与基于 Hu-Washizu 变分原理的 Cosserat 连续体第二类单元相应的经典连续体单元进行数值模拟，选取相同的数值模型及模型参数，应用相同的加载方式，将 l_c 设为 0，Cosserat 单元即退化为经典连续体单元。

当第八层填筑完成时，计算不能继续进行，最后的等效塑性应变云图如图 8.43 所示，等效塑性应变比 Cosserat 连续体略小，塑性带刚有贯通心墙的趋势，并没有贯穿整个坝体，计算无法继续完成。对应的位移矢量图和位移云图如图 8.44 和图 8.45 所示，最大位移为 0.38m，远小于 Cosserat 连续体中达到破坏时的 1.86m，即当前位移不足以使坝体发生滑动破坏，计算已无法进行下去。

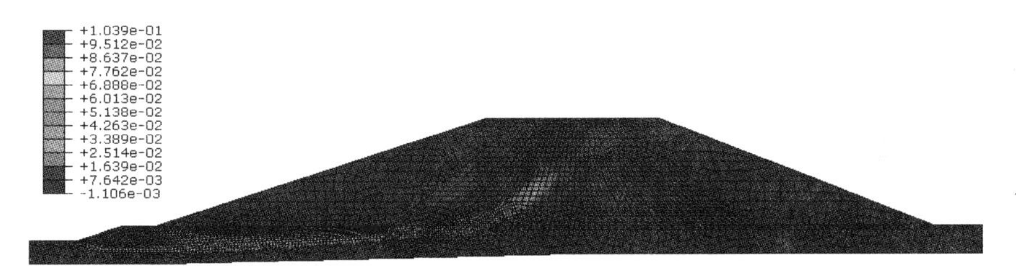

图 8.43　填筑到第八层的等效塑性应变云图

图 8.44　填筑到第八层时的位移矢量图

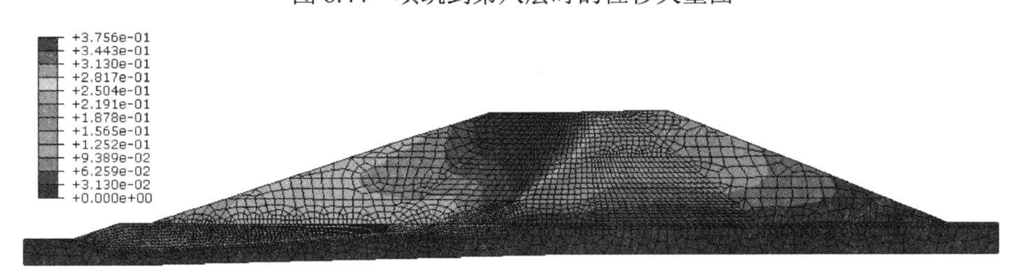

图 8.45　填筑到第八层时的位移云图

8.6.4　Carsington 坝滑坡机制分析

通过上述对 Carsington 坝滑坡的数值分析，表明：

1）随着分层加载的进行，下伏黄黏土夹层中首先出现塑性区，随后心墙靴底进入塑性状态，继续发展到整个心墙，最后一层土体填筑完成后，塑性带迅速发展，贯穿整个坝体，滑动带形成。

2）坝体建造过程中，上游的盖重料阻止了黄黏土夹层沿夹层的侧向推移，使滑动带转移到了盖重料的上方；心墙靴底的设计在一定程度上限制了塑性区的发展，但是不足以保证坝体的稳定。

3）在分层填筑的过程中，到第八层塑性带贯穿整个坝体，但是滑动带并没有完全成形，第九层的加载完成，加速了塑性应变的发展，推动了整个滑动带的形成，是导致坝体最终破坏的主要因素。

4）在 Cosserat 连续体单元与经典连续体单元的对比中，可以看出，前者可以完整的模拟塑性区从产生、发展到贯穿坝体的整个过程，而后者仅模拟到塑性区刚贯穿心墙，这充分说明 Cosserat 连续体分析能保持问题的适定性，具有模拟完整破坏过程的能力。

8.7 结　　语

本章将所发展的 Cosserat 连续体模型应用于岩土工程应变局部化问题的研究中，对地基承载力、含软弱夹层的边坡稳定、挡土墙、基坑开挖，以及两个有详细资料记载的工程案例进行了数值模拟，结果表明：

1）对岩土体应变局部化问题，渐进破坏机制对极限承载力的影响很大，尤其是降低了地基破坏时的极限荷载，如果仍采用传统的极限平衡理论分析，可能会得到偏于危险的结果。

2）对于剪胀型岩土体，当摩擦角与剪胀角的差异较大时，基于经典连续体的有限元分析将面临收敛困难，而基于 Cosserat 连续体的有限元分析可以保持这类问题的适定性，数值结果将收敛到有意义的解答。

3）对于应变软化的岩土体，基于经典连续体的有限元分析将面临网格依赖性及收敛性问题，而基于 Cosserat 连续体的有限元分析可以克服网格依赖性及保持问题的适定性，结果将收敛到有意义的有限元解。

4）对开挖问题分析表明，基于经典连续体的有限元分析在开挖还没完成就丧失了数值模拟能力，不能模拟出局部化破坏区域的位置及渐进破坏过程；而基于 Cosserat 连续体的有限元分析可以追踪渐进破坏过程，直到出现完整的贯穿破坏现象。

5）对 Carsington 坝的失稳过程模拟表明，采用经典连续体单元仅能模拟到塑性区刚贯穿心墙，而采用 u4ω4p 单元可以完整的模拟塑性区从产生、发展到贯穿坝体的整个过程，这在说明 Cosserat 连续体模型有效性的同时，也表明 u4ω4p 单元具有模拟大规模工程渐进破坏过程的能力。

参 考 文 献

[1] BJERRUM L. Progressive failure in slopes of overconsolidated plastic clay and clay shales[J]. Journal of the Soil Mechanics and Foundations Division ASCE, 1967, 93(5): 1-49.

[2] FINNO R J, ATMATZIDIS D K, PERKINS S B. Observed performance of a deep excavation in clay[J]. Journal of Geotechnical Engineering, 1989, 115(8): 1045-1064.

[3] SCHULLER H, SCHWEIGER H F. Application of a multilaminate model to simulation of shear band formation in NATM-tunnelling[J]. Computers and Geotechnics, 2002, 29(7): 501-524.

[4] HANSMIRE W H, CORDING E J. Soil tunnel test section: case history summary[J]. Journal of Geotechnical Engineering, 1985, 111(11): 1301-1320.

[5] POTTS D M, KOVACEVIC N, VAUGHAN P R. Delayed callapse of cut slopes in stiff clay[J]. Geotechnique, 1997, 47: 953-982.

[6] CASTELLI M, SCAVIA C, BONNARD C. Mechanics and velocity of large landslides[J]. Engineering Geology, 2009, 109: 1-4.

[7] MORGENSTERN N R, TCHALENKO J S. Microscopic structures in kaolin subjected to direct shear[J]. Geotechnique, 1967, 17(4): 309-328.

[8] ROSCOE K H. The influence of strains in soil mechanics[J]. Geotechnique, 1970, 20(2): 129-170.

[9] SCARPELLI G, WOOD D M. Experimental observations of shear patterns in direct shear tests[C]//Nasa Sti/recom Technical Report N, Delft, Holland, 1982, 83.

[10] VARDOULAKIS I. Shear band inclination and shear modulus of sand in biaxial tests[J]. International Journal for Numerical and Analytical Methods in Geomechanics, 1980, 4(2): 103-119.

[11] VARDOULAKIS I, GRAF B. Shear band formation in fine-grained sand[C]//Proceeding Fifth International Conference Numerical Methods in Geomechanics, Nagoya, Rotterdam: Balkema, 1985.

[12] ORD A, VARDOULAKIS I, KAJEWSKI R. Shear band formation in Gosford sandstone[J]. International Journal of Rock Mechanics and Mining Sciences and Geomechanics Abstracts, 1991, 28(5): 397-409.

[13] PERICE D, RUNESSON K, STURE S. Evaluation of plastic bifurcation for plane strain versus axisymmetry[J]. Journal of Engineering Mechanics, 1992, 118(3): 512-524.

[14] FINNO R J, HARRIS W W, MOONEY M A, et al. Shear bands in plane strain compression of loose sand[J]. Geotechnique, 1997, 47(1): 149-165.

[15] FINNO R J, ALARCON M A, MOONEY M A, et al. Shear bands in plane strain active tests of moist tamped and pluviated sands[C]//Proceedings of the Fourteenth International Conference on Soil Mechanics and Foundation Engineering, Hamburg, Rotterdam: Balkema, 1997.

[16] YOSHIDA T. Deformation property of shear band in sand subjected to plane strain compression and its relation to particle characteristics[C]//Proceedings of the Fourteenth International Conference on Soil Mechanics and Foundation Engineering, Hamburg, Rotterdam: Balkema, 1997.

[17] ODA M, KAZAMA H. Microstructure of shear bands and its relation to the mechanisms of dilatancy and failure of dense granular soils[J]. Geotechnique. 1998, 48(4): 465-481.

[18] DESRUES J, LANIER J, STUTZ P. Localization of the deformation in tests on sand sample[J]. Engineering Fracture Mechanics, 1985, 21(4): 909-921.

[19] 张启辉，李蓓，赵锡宏，等. 上海粘性土剪切带形成的平面应变试验研究[J]. 大坝观测与土工测试，2000, 24(5): 40-43.

[20] 李蓓，赵锡宏，董建国. 上海粘性土剪切带倾角的试验研究[J]. 岩土力学, 2002, 23(4): 423-427.

[21] JIANG M J, SHEN Z J. Microscopic analysis of shear band in structured clay[J]. Chinese Journal of Geotechnical Engineering-Chinese Edition, 1998, 20(2): 102-108.

[22] 潘一山, 杨小彬, 马少鹏, 等. 岩土材料变形局部化的实验研究[J]. 煤炭学报, 2002, 27(3): 281-284.
[23] TAKE W A, BOLTON M D. The use of centrifuge modelling to investigate progressive failure of overconsolidated clay embankments[J]. Constitutive and Centrifuge Modelling: Two Extremes, 2002, 191-197.
[24] LEROUEIL S. Natural slopes and cuts: movement and failure mechanisms[J]. Geotechnique, 2001, 51(3): 197-243.
[25] 沈珠江. 理论土力学[M]. 北京: 中国水利水电出版社, 2000.
[26] RUDNICKI J W, RICE J R. Conditions for the localization of deformation in pressure-sensitive dilatant materials[J]. Journal of the Mechanics and Physics of Solids, 1975, 23: 371-394.
[27] LI X K, ZHANG J B, ZHANG H W. Instability of wave propagation in saturated poroelastoplastic media[J]. International Journal for Numerical and Analytical Methods in Geomechanics, 2002, 26: 563-578.
[28] 钱建固，黄茂松. 土体应变局部化现象的理论解析[J]. 岩土力学, 2005, 26(3): 432-436.
[29] DESAI C S, SOMASUNDARAM S, FRANTZISKONIS G. A hierarchical approach for constitutive modelling of geologic materials[J]. International Journal for Numerical and Analytical Methods in Geomechanics, 1986, 10: 225-257.
[30] CIVIDINI A, GIODA G. Finite element analysis of direct shear tests of stiff clays[J]. International Journal for Numerical and Analytical Methods in Geomechanics, 1992, 16: 869-886.
[31] STERPI D. An analysis of geotechnical problems involving strain softening effects[J]. International Journal for Numerical and Analytical Methods in Geomechanics, 1999, 23: 1427-1454.
[32] HILL R. A general theory of uniqueness and stability in elastic-plastic solids[J]. Journal of the Mechanics and Physics of Solids, 1958, 6(3): 236-249.
[33] HILL R, HUTCHINSON J W. Bifurcation phenomena in the plane tension test[J]. Journal of the Mechanics and Physics of Solids, 1975, 23 :239-264.
[34] THOMAS T Y. Plastic flow and fracture in solids[M]. New York: Acacemic Press, 1961.
[35] HILL R. Acceleration waves in solids[J]. Journal of the Mechanics and Physics of Solids, 1962, 10(1): 1-16.
[36] RICE J R. The localization of plastic deformation[C]//Proceedings of the 14th International Congress on Theoretical and Applied Mechanics, Delft, 1976, 207-220.
[37] VARDOULAKIS I, GOLDSCHEIDER M, GUDEHUS G. Formation of shear bands in sand bodies as a bifurcation problem[J]. International Journal for Numerical and Analytical Methods in Geomechanics, 1978, 2: 99-128.
[38] MANDEL J. Conditions de Stabilite et postulat de Drucker[C]//IUTAM. Symposium on Rheology and Soil Mechanics, Grenoble, 1964.
[39] VERMEER P A. A simple shear-band analysis using compliance[C]//Proceedings of IUTAM Conference on Deformation and Failure of Granular Material, Balkema, 1982, 493-499.
[40] ARTHUR J F R, DUSTAN T, AL-ANI Q A J, et al. Plastic deformation and failure in granular media[J]. Geotechnique, 1977, 27: 53-74.
[41] VARDOULAKIS I. Shear band inclination and shear modulus of sand in biaxial tests[J]. International Journal for Numerical and Analytical Methods in Geomechanics, 1980, 4:103-119.
[42] de BORST R. Bifurcations in finite element models with a non-associated flow law[J]. International Journal for Numerical and Analytical Methods in Geomechanics, 1988, 12: 99-116.
[43] MODARESSI A, VOSSOUGHI K C, GOUVENOT D. Continuous finite element analysis of localization and failure in geostructures[J]. Computer Methods and Advances in Geomechanics, 2001, 565-570.
[44] VAN DER VEEN H, VUIK K, de BORST R. Branch switching techniques for bifurcation in soil deformation[J]. Computer Methods in Applied Mechanics and Engineering, 2000, 190: 707-719.
[45] 赵锡宏, 张启辉, 等. 土的剪切带试验与数值分析[M]. 北京: 机械工业出版社, 2003.
[46] SMITH P R, JARDINE R J, HIGHT D W. The yielding of Bothkennar clay[J]. Geotechnique, 1992, 42(2): 257-274.

[47] ANANDARAJAH A, SOBHAN K, KUGANENTHIRA N. Incremental stress-strain behavior of granular soil[J]. Journal of Geotechnical Engineering, 1995, 121(1): 57-68.

[48] GUTIERREZ M, ISHIHARA K, TOWHATA I. Flow theory for sand during rotation of principal stress direction[J]. Soils and Foundations, 1991, 31(4): 121-132.

[49] ODA M, KONISHI J. Rotation of principal stresses in granular material during simple shear[J]. Soils and Foundations, 1974, 14(4): 39-53.

[50] 钱建固，黄茂松. 土体变形分叉的非共轴理论[J]. 岩土工程学报, 2004, 26(6): 777-781.

[51] BIOT M A. Theory of three-dimensional consolidation[J]. Journal of the Applied Physics, 1941, 12: 155-164

[52] BIOT M A. Theory of propagation of elastic waves in a fluid-saturated porous solid[J]. The Journal of the Acoustical Society of America, 1956, 28(2): 168-178.

[53] PREVOST J H. Nonlinear transient phenomena in saturated porous media[J]. Computer Methods in Applied Mechanics and Engineering, 1982, 20:3-8.

[54] ZIENKIEWICZ O C, SHIOMI T. Dynamic behavior of saturated porous media: the generalized Biot formulation and its numerical solution[J]. International Journal for Numerical and Analytical Methods in Geomechanics, 1984, 8: 71-96.

[55] TAKUO Y, FENG T Q, JIANG J C. A coupled finite element analysis for cut slopes considering swelling and softening effects[C]//Proceeding of the special Sino-Japanese forum on performance and evaluation of soil slopes under earthquakes and rainstorms, Dalian,1998,166-172.

[56] ASAOKA A, NODA T, TAKAINE T. Progressive failure of excavated slopes[J]. Computer Methods and Advances in Geomechanics, 2001, 731-736.

[57] KOLYMBAS D. Bifurcation analysis for sand samples with a non-linear constitutive equation[J]. Ingenieur-Archive, 1981, 50(2): 131-140.

[58] WU W, SIKORA Z. Localized bifurcation in hypoplasticity[J]. International Journal of Engineering Science, 1991, 29: 195-201.

[59] BAUER E. Analysis of shear band bifurcation with a hypoplastic model for a pressure and density sensitive granular material[J]. Mechanics of Materials, 1999, 31: 597-609.

[60] VALANIS K C, PETERS J F. Ill-posedness of the initial and boundary value problems in non-associative plasticity[J]. Acta Mechanica, 1996, 114: 1-25.

[61] MANZARI M T. Application of micropolar plasticity to post failure analysis in geomechanics[J]. International Journal for Numerical and Analytical Methods in Geomechanics, 2004, 28:1011-1032.

[62] CUNDALL P A. Numerical experiments on localization in frictional materials[J]. Ingenieur-archiv, 1989, 59(2): 148-159.

[63] BARDET J P, PROUBET J. Numerical investigation of the structure of persistent shear bands in granular media[J]. Geotechnique, 1991, 41(4): 599-613.

[64] ASARO R J, RICE J R. Strain localization in ductile single crystals[J]. Journal of the Mechanics and Physics of Solids, 1977, 25(5): 309-338.

[65] BAZANT Z P, BELYTSCHKO T B, CHANG T P. Continuum theory for strain-softening[J]. Journal of Engineering Mechanics, 1984, 110(12): 1666-1692.

[66] de BORST R, MÜHLHAUS H B, PAMIN J, et al. Computational modelling of localisation of deformation[M]. Swansea: Pineridge Press, 1992: 483-508.

[67] LARSSON R, RUNESSON K, STURE S. Finite element simulation of localized plastic deformation[J]. Archive of Applied Mechanics, 1991, 61(5): 305-317.

[68] 李锡夔. 多孔介质中非线性耦合问题的数值方法[J]. 大连理工大学学报, 1999, 39(2): 166-171.

[69] WU W. Non-linear analysis of shear band formation in sand[J]. International Journal for Numerical and Analytical Methods in Geomechanics, 2000, 24(3): 245-263.

[70] ORTIZ M, LEROY Y, NEEDLEMAN A. A finite element method for localized failure analysis[J]. Computer

Methods in Applied Mechanics and Engineering, 1987, 61(2): 189-214.
[71] OLIVER J. A consistent characteristic length for smeared cracking models[J]. International Journal for Numerical Methods in Engineering, 1989, 28(2): 461-474.
[72] REGUEIRO R A, BORJA R I. Plane strain finite element analysis of pressure sensitive plasticity with strong discontinuity[J]. International Journal of Solids and Structures, 2001, 38(21): 3647-3672.
[73] OLIVER J, CERVERA M, MANZOLI O. Strong discontinuities and continuum plasticity models: the strong discontinuity approach[J]. International Journal of Plasticity, 1999, 15(3): 319-351.
[74] BORJA R I, REGUEIRO R A, LAI T Y. FE modeling of strain localization in soft rock[J]. Journal of Geotechnical and Geoenvironmental Engineering, 2000, 126(4): 335-343.
[75] CERVERA M, CHIUMENTI M, AGELET DE SARACIBAR C. Softening, localization and stabilization: capture of discontinuous solutions in J_2 plasticity[J]. International Journal for Numerical and Analytical Methods in Geomechanics, 2004, 28(5): 373-393.
[76] LORET B, PREVOST J H. Dynamic strain localization in fluid-saturated porous media[J]. Journal of Engineering Mechanics, 1991, 117(4): 907-922.
[77] BELYTSCHKO T, CHIANG H Y, PLASKACZ E. High resolution two-dimensional shear band computations: imperfections and mesh dependence[J]. Computer Methods in Applied Mechanics and Engineering, 1994, 119(1-2): 1-15.
[78] LEMONDS J, NEEDLEMAN A. Finite element analyses of shear localization in rate and temperature dependent solids[J]. Mechanics of Materials, 1986, 5(4): 339-361.
[79] NEEDLEMAN A. Material rate dependence and mesh sensitivity in localization problems[J]. Computer Methods in Applied Mechanics and Engineering, 1988, 67(1): 69-85.
[80] SHAWKI T G, CLIFTON R J. Shear band formation in thermal viscoplastic materials[J]. Mechanics of Materials, 1989, 8(1): 13-43.
[81] SLUYS L J, de BORST R. Wave propagation and localization in a rate-dependent cracked medium—model formulation and one-dimensional examples[J]. International Journal of Solids and Structures, 1992, 29(23): 2945-2958.
[82] WRIGGERS P, MIEHE C, KLEIBER M, et al. On the coupled thermomechanical treatment of necking problems via finite element methods[J]. International Journal for Numerical Methods in Engineering, 1992, 33(4): 869-883.
[83] BAZANT Z P, PIJAUDIER-CABOT G. Nonlocal continuum damage, localization instability and convergence[J]. Journal of Applied Mechanics, 1988, 55(2): 287-293.
[84] PIJAUDIER-CABOT G, BAZANT Z P. Nonlocal damage theory[J]. Journal of Engineering Mechanics, 1987, 113(10): 1512-1533.
[85] MINDLIN R D. Second gradient of strain and surface-tension in linear elasticity[J]. International Journal of Solids and Structures, 1965, 1(4): 417-438.
[86] MÜHLHAUS H, ALFANTIS E C. A variational principle for gradient plasticity[J]. International Journal of Solids and Structures, 1991, 28(7): 845-857.
[87] ZBIB H M, AIFANTIS E C. On the gradient-dependent theory of plasticity and shear banding[J]. Acta Mechanica, 1992, 92(1-4): 209-225.
[88] de BORST R, MÜHLHAUS H B. Gradient-dependent plasticity: Formulation and algorithmic aspects[J]. International Journal for Numerical Methods in Engineering, 1992, 35(3): 521-539.
[89] LI X K, CESCOTTO S. Finite element method for gradient plasticity at large strains[J]. International Journal for Numerical Methods in Engineering, 1996, 39(4): 619-633.
[90] LI X K, CESCOTTO S. A mixed element method in gradient plasticity for pressure dependent materials and modelling of strain localization[J]. Computer Methods in Applied Mechanics and Engineering, 1997, 144(3): 287-305.
[91] de BORST R, SLUYS L J. Localisation in a Cosserat continuum under static and dynamic loading conditions[J].

Computer Methods in Applied Mechanics and Engineering, 1991, 90(1): 805-827.

[92] de BORST R. Simulation of strain localization: a reappraisal of the Cosserat continuum[J]. Engineering Computations, 1991, 8(4): 317-332.

[93] de BORST R. A generalisation of J_2-flow theory for polar continua[J]. Computer Methods in Applied Mechanics and Engineering, 1993, 103(3): 347-362.

[94] MINDLIN R D. Influence of couple-stresses on stress concentrations[J]. Experimental Mechanics, 1963, 3(1): 1-7.

[95] STERNBERG E, MUKI R. The effect of couple-stresses on the stress concentration around a crack[J]. International Journal of Solids and Structures, 1967, 3(1): 69-95.

[96] GREEN A E, MCINNIS B C, Naghdi P M. Elastic-plastic continua with simple force dipole[J]. International Journal of Engineering Science, 1968, 6(7): 373-394.

[97] PROVIDAS E, KATTIS M A. Finite element method in plane Cosserat elasticity[J]. Computers and Structures, 2002, 80(27): 2059-2069.

[98] 刘俊，黄铭，葛修润. 考虑偶应力影响的应力集中问题求解[J]. 上海交通大学学报, 2001, 35(10): 1481-1485.

[99] CRAMER H, FINDEISS R, STEINL G, et al. An approach to the adaptive finite element analysis in associated and non-associated plasticity considering localization phenomena[J]. Computer Methods in Applied Mechanics and Engineering, 1999, 176(1): 187-202.

[100] DIETSCHE A, STEINMANN P, WILLAM K. Micropolar elastoplasticity and its role in localization[J]. International Journal of Plasticity, 1993, 9(7): 813-831.

[101] STEINMANN P. A micropolar theory of finite deformation and finite rotation multiplicative elastoplasticity[J]. International Journal of Solids and Structures. 1994, 31(8): 1063-1084.

[102] STEINMANN P. Theory and numerics of ductile micropolar elastoplastic damage[J]. International Journal for Numerical Methods in Engineering, 1995, 38(4): 583-606.

[103] RISTINMAA M, VECCHI M. Use of couple-stress theory in elasto-plasticity[J]. Computer Methods in Applied Mechanics and Engineering, 1996, 136(3): 205-224.

[104] PAPANASTASIOU P C, VARDOULAKIS I G. Numerical treatment of progressive localization in relation to borehole stability[J]. International Journal for Numerical and Analytical Methods in Geomechanics, 1992, 16(6): 389-424.

[105] IORDACHE M M, WILLAM K. Localized failure analysis in elastoplastic Cosserat continua[J]. Computer Methods in Applied Mechanics and Engineering, 1998, 151(3): 559-586.

[106] MÜHLHAUS H B, VARDOULAKIS I. The thickness of shear bands in granular materials[J]. Geotechnique, 1987, 37(3): 271-283.

[107] MÜHLHAUS H B. Application of Cosserat theory in numerical solutions of limit load problems[J]. Archive of Applied Mechanics, 1989, 59(2): 124-137.

[108] TEJCHMAN J, WU W. Numerical study on patterning of shear bands in a Cosserat continuum[J]. Acta Mechanica, 1993, 99(1-4): 61-74.

[109] LI X K, TANG H X. A consistent return mapping algorithm for pressure-dependent elastoplastic Cosserat continua and modelling of strain localisation[J]. Computers and Structures, 2005, 83(1): 1-10.

[110] 李锡夔，唐洪祥. 压力相关弹塑性 Cosserat 连续体模型与应变局部化有限元模拟[J]. 岩石力学与工程学报, 2005, 24(9): 1497-1505.

[111] TEJCHMAN J, BAUER E. Numerical simulation of shear band formation with a polar hypoplastic constitutive model[J]. Computers and Geotechnics, 1996, 19(3): 221-244.

[112] TEJCHMAN J, HERLE I, WEHR J. FE-studies on the influence of initial void ratio, pressure level and mean grain diameter on shear localization[J]. International Journal for Numerical and Analytical Methods in Geomechanics, 1999, 23(15): 2045-2074.

[113] BAUER E. Analysis of shear band bifurcation with a hypoplastic model for a pressure and density sensitive granular material[J]. Mechanics of Materials, 1999, 31(9): 597-609.

[114] TEJCHMAN J, GUDEHUS G. Shearing of a narrow granular layer with polar quantities[J]. International Journal for Numerical and Analytical Methods in Geomechanics, 2001, 25(1): 1-28.

[115] HUANG WX, NÜBEL K, BAUER E. Polar extension of a hypoplastic model for granular materials with shear localization[J]. Mechanics of Materials, 2002, 34(9): 563-576.

[116] HUANG WX, BAUER E. Numerical investigations of shear localization in a micro-polar hypoplastic material[J]. International Journal for Numerical and Analytical Methods in Geomechanics, 2003, 27(4): 325-352.

[117] MAIER T. Comparison of non-local and polar modelling of softening in hypoplasticity[J]. International Journal for Numerical and Analytical Methods in Geomechanics, 2004, 28(3): 251-268.

[118] VON WOLFFERSDORFF P A. A hypoplastic relation for granular materials with a predefined limit state surface[J]. Mechanics of Cohesive-Frictional Materials, 1996, 1(3): 251-271.

[119] KRUYT N P. Statics and kinematics of discrete Cosserat-type granular materials[J]. International Journal of Solids and Structures, 2003, 40(3): 511-534.

[120] TORDESILLAS A, PETERS J F, Gardiner B S. Shear band evolution and accumulated microstructural development in Cosserat media[J]. International Journal for Numerical and Analytical Methods in Geomechanics, 2004, 28(10): 981-1010.

[121] TOUPIN R A. Elastic materials with couple-stresses[J]. Archive for Rational Mechanics and Analysis, 1962, 11(1): 385-414.

[122] MINDLIN R D. Micro-structure in linear elasticity[J]. Archive for Rational Mechanics and Analysis, 1964, 16(1): 51-78.

[123] AIFANTIS E C. On the microstructural origin of certain inelastic models[J]. Journal of Engineering Materials and Technology, 1984, 106(4): 326-330.

[124] FLECK N A, HUTCHINSON J W. A phenomenological theory for strain gradient effects in plasticity[J]. Journal of the Mechanics and Physics of Solids, 1993, 41(12): 1825-1857.

[125] 黄克智，邱信明. 应变梯度理论的新进展（一）：偶应力理论和 SG 理论[J]. 机械强度, 1999, 21(2): 81-87.

[126] 陈少华，王自强. 应变梯度理论进展[J]. 力学进展, 2003, 33(2): 207-216.

[127] 陈万吉. 应变梯度理论有限元: C^{0-1} 分片检验及其变分基础[J]. 大连理工大学学报, 2004, 44(4): 474-477.

[128] SHU J Y, FLECK N A. The prediction of a size effect in microindentation[J]. International Journal of Solids and Structures, 1998, 35(13): 1363-1383.

[129] FLECK N A, HUTCHINSON J W. Strain gradient plasticity[J]. Advances in Applied Mechanics, 1997, 33: 296-361.

[130] NIX W D, GAO H. Indentation size effects in crystalline materials: a law for strain gradient plasticity[J]. Journal of the Mechanics and Physics of Solids, 1998, 46(3): 411-425.

[131] GAO H, HUANG Y, NIX W D, et al. Mechanism-based strain gradient plasticity—I. Theory[J]. Journal of the Mechanics and Physics of Solids, 1999, 47(6): 1239-1263.

[132] HUANG Y, GAO H, NIX W D, et al. Mechanism-based strain gradient plasticity—II. Analysis[J]. Journal of the Mechanics and Physics of Solids, 2000, 48(1): 99-128.

[133] SHU J Y, KING W E, FLECK N A. Finite elements for materials with strain gradient effects[J]. International Journal for Numerical Methods in Engineering, 1999, 44(3): 373-391.

[134] YANG F, CHONG A C M, LAM D C C, et al. Couple stress based strain gradient theory for elasticity[J]. International Journal of Solids and Structures, 2002, 39(10): 2731-2743.

[135] CHAMBON R, CAILLERIE D, MATSUCHIMA T. Plastic continuum with microstructure, local second gradient theories for geomaterials: localization studies[J]. International Journal of Solids and Structures, 2001, 38(46): 8503-8527.

[136] TROVALUSCI P, MASIANI R. Non-linear micropolar and classical continua for anisotropic discontinuous materials[J]. International Journal of Solids and Structures, 2003, 40(5): 1281-1297.

[137] CERROLAZA M, SULEM J, ELBIED A. A Cosserat non-linear finite element analysis software for blocky

structures[J]. Advances in Engineering Software, 1999, 30(1): 69-83.

[138] FOREST S, BARBE F, CAILLETAUD G. Cosserat modelling of size effects in the mechanical behaviour of polycrystals and multi-phase materials[J]. International Journal of Solids and Structures, 2000, 37(46): 7105-7126.

[139] SUIKER A S J, METRIKINE A V, de BORST R. Comparison of wave propagation characteristics of the Cosserat continuum model and corresponding discrete lattice models[J]. International Journal of Solids and Structures, 2001, 38(9): 1563-1583.

[140] FOREST S, BOUBIDI P, SIEVERT R. Strain localization patterns at a crack tip in generalized single crystal plasticity[J]. Scripta Materialia, 2001, 44(6): 953-958.

[141] ZHANG H W, SCHREFLER B A. Analytical and numerical investigation of uniqueness and localization in saturated porous media[J]. International Journal for Numerical and Analytical Methods in Geomechanics, 2002, 26(14): 1429-1448.

[142] OKA F, YASHIMA A, SAWADA K, et al. Instability of gradient-dependent elastoviscoplastic model for clay and strain localization analysis[J]. Computer Methods in Applied Mechanics and Engineering, 2000, 183(1): 67-86.

[143] EHLERS W, VOLK W. On shear band localization phenomena of liquid-saturated granular elastoplastic porous solid materials accounting for fluid viscosity and micropolar solid rotations[J]. Mechanics of Cohesive - frictional Materials, 1997, 2(4): 301-320.

[144] EHLERS W, VOLK W. On theoretical and numerical methods in the theory of porous media based on polar and non-polar elasto-plastic solid materials[J]. International Journal of Solids and Structures, 1998, 35(34): 4597-4617.

[145] MINDLIN R D, TIERSTEN H F. Effects of couple-stresses in linear elasticity[J]. Archive for Rational Mechanics and Analysis, 1962, 11(1): 415-448.

[146] ALTENBACH H, EREMEYEV V A. Generalized Continua from the Theory to Engineering Applications[M]. Vienna: Springer, 2013.

[147] TRUESDELL C, TOUPIN R. The classical field theories[M]. Berlin, Heidelberg: Springer, 1960.

[148] GAUTHIER R D, JAHSMAN W E. A quest for micropolar elastic constants[J]. Journal of Applied Mechanics, 1975, 42(2): 369-374.

[149] ERINGEN A C. Microcontinuum Field Theories—I: Foundations and Solids[M]. New York: Springer, 1999.

[150] STÖLKEN J S, EVANS A G. A microbend test method for measuring the plasticity length scale[J]. Acta Materialia, 1998, 46(14): 5109-5115.

[151] FLECK N A, MULLER G M, ASHBY M F, et al. Strain gradient plasticity: theory and experiment[J]. Acta Metallurgica et Materialia, 1994, 42(2): 475-487.

[152] TIMOSHENKO S, GOODIER J N. Theory of elasticity[M]. third edition. New York: McGraw-Hill, 1970.

[153] 孙训方, 方孝淑, 关来泰. 材料力学（一）[M]. 4 版. 北京: 高等教育出版社, 2002.

[154] 艾智勇, 曹国军. 弹性矩形板下横观各向同性多层地基分析[J]. 岩土力学, 2011(S2): 59-63.

[155] MILOVIC D. Stresses and displacements for shallow foundations[M]. Amsterdam: Elsevier, 1992.

[156] RIAHI A, CURRAN J H. Full 3D finite element Cosserat formulation with application in layered structures[J]. Applied Mathematical Modelling, 2009, 33(8): 3450-3464.

[157] STEINMANN P. Formulation and computation of geometrically non-linear gradient damage[J]. International Journal for Numerical Methods in Engineering, 1999, 46(5): 757-779.

[158] LI X K, DUXBURY P G, LYONS P. Considerations for the application and numerical implementation of strain hardening with the Hoffman yield criterion[J]. Computers and Structures, 1994, 52(4): 633-644.

[159] DUXBURY P G, LI X K. Development of elasto-plastic material models in a natural coordinate system[J]. Computer Methods in Applied Mechanics and Engineering, 1996, 135(3): 283-306.

[160] 郑颖人，沈珠江，龚晓南. 岩土塑性力学原理[M]. 北京: 中国建筑工业出版社, 2002.

[161] COLLIN F, CUI Y J, SCHROEDER C, et al. Mechanical behaviour of Lixhe chalk partly saturated by oil and water: experiment and modelling[J]. International Journal for Numerical and Analytical Methods in

Geomechanics, 2002, 26(9): 897-924.

[162] SIMO J C, HUGHES T J R. Computational inelasticity[M]. New York: Springer Science and Business Media, 2006.

[163] LI X K, THOMAS H R, FAN Y. Finite element method and constitutive modelling and computation for unsaturated soils[J]. Computer Methods in Applied Mechanics and Engineering, 1999, 169(1): 135-159.

[164] PANDE G N, PIETRUSZCZAK S. Symmetric tangential stiffness formulation for non-associated plasticity[J]. Computers and Geotechnics, 1986, 2(2): 89-99.

[165] 唐洪祥. 基于 Cosserat 连续体模型的应变局部化有限元模拟[D]. 大连: 大连理工大学, 2007.

[166] TANG H X, LI X K. Application of Cosserat continuum model to geotechnical engineering[C]//Proceeding of the 4th Asian Joint Symposium on Geotechnical and Geo-Environmental Engineering, Dalian, 2006: 317-320.

[167] NOWACKI W, NOWACKI W K. The axially symmetrical Lamb's problem in a semi-infinite micropolar elastic solid (Axisymmetric Lamb wave propagation in semiinfinite micropolar elastic solid, considering time varying load on half space boundary)[J].Proceedings of Vibration Problems, 1969,10(2):97-112.

[168] PURI P. Axisymmetric stress concentration problems in Cosserat elasticity[J]. Zeitschrift für Angewandte Mathematik und Physik ZAMP, 1971, 22(2): 320-325.

[169] DHALIWAL R S. The steady-state axisymmetric problem of micropolar thermoelasticity (Micropolar thermoelasticity steady state axisymmetric problem solution from equilibrium equations, considering uniform surface temperature and surface heat doublet cases)[J]. Archives of Mechanics, 1971, 23(5): 705-714.

[170] DHALIWAL R S. The axisymmetric Boussinesq problem in the micropolar theory of elasticity[J]. Archives of Mechanics, 1972, 24(4): 645-653.

[171] KHAN S M, DHALIWAL R S. Axisymmetric problem for a half-space in the micropolar theory of elasticity[J]. Journal of Elasticity, 1977, 7(1): 13-32.

[172] ETSE G, NIETO M, STEINMANN P. A micropolar microplane theory[J]. International Journal of Engineering Science, 2003, 41(13-14): 1631-1648.

[173] GARG N, HAN C S. Axisymmetric couple stress elasticity and its finite element formulation with penalty terms[J]. Archive of Applied Mechanics, 2015, 85(5): 587-600.

[174] ZHAO J, CHEN W J, JI B. A weak continuity condition of FEM for axisymmetric couple stress theory and an 18-DOF triangular axisymmetric element[J]. Finite Elements in Analysis and Design, 2010, 46(8): 632-644.

[175] 辛公锋. 竖向受荷超长桩承载变形机理与侧阻软化研究[D]. 杭州: 浙江大学, 2003.

[176] TANG H X, ZHANG X, JI S Y. Discrete element analysis for shear band modes of granular materials in triaxial tests[J]. Particulate Science and Technology, 2016,35(3):277-290.

[177] de BORST R. Numerical methods for bifurcation analysis in geomechanics[J]. Ingenieur-Archiv, 1989, 59(2): 160-174.

[178] YU H S, NETHERTON M D. Performance of displacement finite elements for modelling incompressible materials[J]. International Journal for Numerical and Analytical Methods in Geomechanics, 2000, 24(7): 627-653.

[179] 宋二祥. 结构极限荷载及软化性态的有限元分析[C]//第四届全国结构工程学术会议论文集（上）. 北京：清华大学出版社，1995: 85-93.

[180] BELYTSCHKO T, LIU W K, MORAN B, et al. Nonlinear finite elements for continua and structures[M]. Chichester: John Wiley & Sons, 2000.

[181] MOLENKAMP F, SELLMEIJER J B, SHARMA C B, et al. Explanation of locking of four-node plane element by considering it as elastic Dirichlet-type boundary value problem[J]. International Journal for Numerical and Analytical Methods in Geomechanics, 2000, 24(13): 1013-1048.

[182] 王勖成. 有限单元法[M]. 北京: 清华大学出版社, 2003.

[183] ZHANG H W, SCHREFLER B A. Gradient-dependent plasticity model and dynamic strain localisation analysis of saturated and partially saturated porous media: one dimensional model[J]. European Journal of Mechanics-A/ Solids, 2000, 19(3): 503-524.

[184] BIOT M A. General theory of three-dimensional consolidation[J]. Journal of Applied Physics, 1941, 12(2): 155-164.

[185] PREVOST J H. Nonlinear transient phenomena in saturated porous media[J]. Computer Methods in Applied Mechanics and Engineering, 1982, 30(1): 3-18.

[186] ZIENKIEWICZ O C, SHIOMI T. Dynamic behaviour of saturated porous media; the generalized Biot formulation and its numerical solution[J]. International Journal for Numerical and Analytical Methods in Geomechanics, 1984, 8(1): 71-96.

[187] 沈珠江. 关于固结理论和有效应力的讨论[J]. 岩土工程学报, 1995, 17(6): 118-119.

[188] CHEN W F. Limit Analysis and Soil Plasticity, Developments in Geotechnical Engineering[M]. Elsevier Scientific Publishing Company, 1975.

[189] 陈祖煜，高锋. 地基承载力的数值分析方法[J]. 岩土工程学报, 1997, 19(5): 6-13.

[190] PREVOST J H. Localization of deformations in elastic-plastic solids[J]. International Journal for Numerical and Analytical Methods in Geomechanics, 1984, 8(2): 187-196.

[191] 赵尚毅，郑颖人，时卫民，等. 用有限元强度折减法求边坡稳定安全系数[J]. 岩土工程学报, 2002, 24(3): 343-346.

[192] 陈菲，邓建辉. 岩坡稳定的三维强度折减法分析[J]. 岩石力学与工程学报, 2006, 25(12): 2546-2551.

[193] 栾茂田，武亚军，年廷凯. 强度折减有限元法中边坡失稳的塑性区判据及其应用[J]. 防灾减灾工程学报, 2003, 23(3): 1-8.

[194] 唐春安，唐烈先，李连崇，等. 岩土破裂过程分析 RFPA 离心加载法[J]. 岩土工程学报, 2007, 29(1): 71-76.

[195] 康亚明，杨明成，胡艳香，等. 基于重度增加法的边坡稳定性三维有限元分析[J]. 建筑科学与工程学报, 2006, 23(4): 49-53.

[196] 林杭，曹平，李江腾，等. 层状岩质边坡破坏模式及稳定性的数值分析[J]. 岩土力学, 2010, 31(10): 3300-3304.

[197] 唐洪祥，李锡夔. Cosserat 连续体模型中本构参数对应变局部化模拟结果影响的数值分析[J]. 计算力学学报, 2008, 25(5): 676-681.

[198] MANZARI M T, NOUR M A. Significance of soil dilatancy in slope stability analysis[J]. Journal of Geotechnical and Geoenvironmental Engineering, 2000, 126(1): 75-80.

[199] 冯吉利，孙东亚，丁留谦，等. 边坡及挡土墙变形局部化分析[J]. 水利学报, 2004, 35(12): 21-26.

[200] MANA A I, CLOUGH G W. Prediction of movements for braced cuts in clay[J]. Journal of the Geotechnical Engineering Division.ASCE, 1981, 107(6): 759-777.

[201] TRONCONE A. Numerical analysis of a landslide in soils with strain-softening behaviour[J]. Geotechnique, 2005, 55(8): 585-596.

[202] DOUNIAS G T, POTTS D M, VAUGHAN P R. Finite element analysis of progressive failure of Carsington embankment[J]. Geotechnique, 1990, 40(1): 79-101.